U0223783

国 家 出 版 基 金 资 助 项 目
"十三五"国家重点出版物出版规划项目
先进制造理论研究与工程技术系列
黑 龙 江 省 精 品 图 书 出 版 工 程

机器人先进技术研究与应用系列

星球探测着陆缓冲 吸能技术

The Energy Absorption Technology for Planetary Explorating Lander

刘荣强 李 萌 王 闯 著
邓宗全 主审

哈爾濱工業大學出版社
HITP HARBIN INSTITUTE OF TECHNOLOGY PRESS

内 容 简 介

星球着陆探测对于探索宇宙起源、开发利用星球资源、推动行星科学发展具有十分重要的作用,着陆缓冲技术是决定星球着陆探测任务成败的关键技术之一。本书以星球探测着陆器为研究对象,进行蜂窝结构静、动态压缩力学特性分析和动态冲击仿真研究;论述薄壁金属管、胀管式、刨削式等冲击吸能结构的特点;提出腿式着陆器缓冲装置设计与性能评价方法;对腿式着陆器进行构型优化、动力学分析、稳定性分析;研制腿式着陆器实验样机,开展模拟着陆实验研究。

本书可供高等院校、科研院所从事星球着陆探测的教师、研究生、工程技术人员等阅读和参考。

图书在版编目(CIP)数据

星球探测着陆缓冲吸能技术/刘荣强,李萌,王闯
著.—哈尔滨:哈尔滨工业大学出版社,2021.1
(机器人先进技术研究与应用系列)
ISBN 978－7－5603－9073－4

Ⅰ.①星…　Ⅱ.①刘…　②李…　③王…　Ⅲ.①航天器
着陆-缓冲　Ⅳ.①V448.233

中国版本图书馆 CIP 数据核字(2020)第 181587 号

策划编辑　　王桂芝　　甄淼淼
责任编辑　　刘　瑶　张　荣　鹿　峰
出版发行　　哈尔滨工业大学出版社
社　　　址　　哈尔滨市南岗区复华四道街 10 号　邮编 150006
传　　　真　　0451-86414749
网　　　址　　http://hitpress.hit.edu.cn
印　　　刷　　辽宁新华印务有限公司
开　　　本　　720 mm×1 000 mm　1/16　印张 18.25　字数 365 千字
版　　　次　　2021 年 1 月第 1 版　2021 年 1 月第 1 次印刷
书　　　号　　ISBN 978－7－5603－9073－4
定　　　价　　109.00 元

国家出版基金资助项目

机器人先进技术研究与应用系列

编 审 委 员 会

序

机器人技术是涉及机械电子、驱动、传感、控制、通信和计算机等学科的综合性高新技术,是机、电、软一体化研发制造的典型代表。随着科学技术的发展,机器人的智能水平越来越高,由此推动了机器人产业的快速发展。目前,机器人已经广泛应用于汽车及汽车零部件制造业、机械加工行业、电子电气行业、医疗卫生行业、橡胶及塑料行业、食品行业、物流和制造业等诸多领域,同时也越来越多地应用于航天、军事、公共服务、极端及特种环境下。机器人的研发、制造、应用是衡量一个国家科技创新和高端制造业水平的重要标志,是推进传统产业改造升级和结构调整的重要支撑。

《中国制造 2025》已把机器人列为十大重点领域之一,强调要积极研发新产品,促进机器人标准化、模块化发展,扩大市场应用;要突破机器人本体、减速器、伺服电机、控制器、传感器与驱动器等关键零部件及系统集成设计制造等技术瓶颈。2014 年 6 月 9 日,习近平总书记在两院院士大会上对机器人发展前景进行了预测和肯定,他指出:我国将成为全球最大的机器人市场,我们不仅要把我国机器人水平提高上去,而且要尽可能多地占领市场。习总书记的讲话极大地激励了广大工程技术人员研发机器人的热情,预示着我国将掀起机器人技术创新发展的新一轮浪潮。

随着我国人口红利的消失,以及用工成本的提高,企业对自动化升级的需求越来越迫切,"机器换人"的计划正在大面积推广,目前我国已经成为世界年采购机器人数量最多的国家,更是成为全球最大的机器人市场。哈尔滨工业大学出版社出版的"机器人先进技术研究与应用系列"图书,总结、分析了国内外机器人

技术的最新研究成果和发展趋势，可以很好地满足机器人技术开发科研人员的需求。

"机器人先进技术研究与应用系列"图书主要基于哈尔滨工业大学等高校在机器人技术领域的研究成果撰写而成。系列图书的许多作者为国内机器人研究领域的知名专家和学者，本着"立足基础，注重实践应用；科学统筹，突出创新特色"的原则，不仅注重机器人相关基础理论的系统阐述，而且更加突出机器人前沿技术的研究和总结。本系列图书重点涉及空间机器人技术、工业机器人技术、智能服务机器人技术、医疗机器人技术、特种机器人技术、机器人自动化装备、智能机器人人机交互技术、微纳机器人技术等方向，既可作为机器人技术研发人员的技术参考书，也可作为机器人相关专业学生的教材和教学参考书。

相信本系列图书的出版，必将对我国机器人技术领域研发人才的培养和机器人技术的快速发展起到积极的推动作用。

蔡鹤皋

2020 年 9 月

前 言

　　星球探测是人类航天技术发展的一大壮举,是探索宇宙与生命起源、探查星球物质与形貌、开发利用星球资源的有效途径,是一个国家航天科技实力的重要标志。迄今为止,人类已发射了130多个月球探测器和40多个火星探测器,其中成功实现月球软着陆探测21次、火星软着陆探测9次。通过星球探测,人类可获取星球的地形地貌、物理特性、化学组成、星表环境等丰富的资料和大量科学信息,深化人类对星球的认识,同时带动和促进一系列科学技术的进步与发展。

　　星球探测器在软着陆过程中,在距离星球表面一定高度上自由下降,在着陆瞬间存在一定的碰撞速度,因此需要通过缓冲吸能装置来降低着陆冲击,以保护探测器及其所搭载的仪器设备。星球探测的着陆缓冲吸能技术成为决定软着陆任务成败的关键。着陆器主要分为腿式着陆器、气囊式着陆器等形式,其中腿式着陆器是应用最为广泛的结构形式。腿式着陆器的机械结构包括着陆舱体、主副着陆腿、展收机构、着陆缓冲装置等。着陆舱体是推进系统、通信系统、有效载荷等的承载结构,主副着陆腿在发射阶段收拢于着陆舱体的侧面,着陆前主着陆腿通过展收机构展开成倾斜状态,着陆时安装在着陆腿内的缓冲装置工作,吸收着陆冲击能量,使着陆器平稳地降落在星球表面上。

　　为保证星球着陆探测器能够实现软着陆,需要开展着陆探测器构型设计与优化研究,以获得最佳的着陆器舱体构型和着陆腿布局方案,需要研究着陆器着陆过程的动力学仿真分析,以确保着陆过程的稳定性。而着陆缓冲装置作为着陆器核心元件,需要具有优良的缓冲吸能性能、紧凑和轻质的结构、良好的星球环境适应性。腿式着陆器常用的缓冲吸能装置有一次性缓冲装置和重复性缓冲装置两种,其中一次性缓冲装置所采用的缓冲吸能结构包括蜂窝、泡沫金属、薄壁管、胀管、缩管、刨削等形式,重复性缓冲装置的缓冲吸能结构主要有金属橡胶、液压阻尼、磁流变液、胶泥等。一次性缓冲装置具有结构紧凑、体积小、缓冲性能可控、吸能效率高等优点，目前的星球着陆缓冲装置主要采用一次性缓冲形式。

本书是作者结合多年的理论研究和工程实践成果撰写而成的，全书共分为11章：第1章主要介绍星球探测器和星球着陆探测技术的发展现状，以及腿式着陆缓冲装置的分类与工作原理；第2章阐述蜂窝结构静态压缩变形过程、变形应力与压缩实验；第3章建立蜂窝结构动态压缩应力模型和比吸能计算模型，分析结构参数对蜂窝结构吸能特性的影响，进行动态冲击实验研究；第4章分别开展蜂窝Y形胞元、整体结构、二级串联结构的动态冲击仿真研究，分析不同拓扑蜂窝结构的吸能特性；第5章介绍薄壁金属管、胀管式、泡沫金属、组合式、刨削式等常用冲击吸能结构；第6章阐述腿式着陆缓冲装置的工作原理、缓冲性能及评价方法、优化设计等；第7章阐述腿式着陆器设计准则、舱体构型、结构方案选择、四腿桁架式着陆器结构及其优化设计等；第8章论述腿式着陆器模态分析有限元模型、振动分析、着陆冲击模拟、着陆过程动力学仿真等；第9章提出着陆器的翻倒模式，建立着陆稳定性简化分析模型，分析着陆过程的稳定性和受力状态；第10章介绍腿式着陆器的实验样机和着陆冲击实验等；第11章介绍星球探测着陆缓冲技术的挑战与展望、缓冲技术在其他领域的应用，以及智能材料和折纸技术在缓冲吸能领域的应用。

本书作者均为从事星球着陆缓冲吸能技术研究的科研人员，具体分工如下：第1、2、5、6章由刘荣强执笔，第3、4、11章由李萌执笔，第7、8、9、10章由王闯执笔。全书由刘荣强统稿。罗昌杰博士参与了第2、3、5、6章的撰写工作，博士生黄江平参与了第3章和第6章部分内容的撰写工作，博士生魏伟参与了第5章部分内容的撰写工作，博士生王晨、黄江平、翟家跃，硕士生吴桐、仝照远、崔程博对全书文字进行了编辑与校对，深圳市乾行达科技有限公司为本书提供了缓冲技术的部分应用案例，中国空间技术研究院总体设计部杨建中研究员为本书提出了很多宝贵的修改意见。全书内容由邓宗全院士审定。在此一并表示感谢。

本书所涉及的研究工作得到了国家自然科学基金项目"着陆探测器新型缓冲结构智能设计方法与着陆稳定性分析"（50775048）的资助，同时得到了载人航天预研、中国空间技术研究院总体设计部的项目资助，在此对项目资助单位表示感谢。

由于作者水平有限，书中难免存在疏漏或不妥之处，恳请读者批评指正。

作　者

2020 年 3 月

目 录

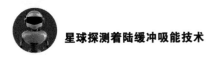

第 1 章

绪　　论

1.1　概　　述

自 1959 年以来,人类已完成了多次成功的星球探测活动。美国、苏联通过探测,在月球地形地貌、物理特性和化学组成、月球环境等方面获得了大量科学信息,深化了人类对月球的认识,同时带动和促进了一系列科学技术的进步和发展[1-3]。在月球探测基础上,美国、苏联又先后实现了对金星、火星、水星、土星、木星、天王星、海王星及其他彗星、小行星的探测,使人类对宇宙及太阳系的产生与发展演化过程有了更深刻的认识[4-9]。2013 年,我国的嫦娥三号月球探测器成功在月面上实施软着陆,并开展了月球车巡视探测,使我国成为世界上第三个实现月球软着陆探测的国家。2019 年嫦娥四号月球探测器在世界上首先实现了月球背面软着陆与巡视探测。即将发射的嫦娥五号月球探测器将在月面上采集月壤样品并返回地球,未来我国还将计划开展火星、小行星等的着陆探测。这将极大地推动我国深空探测事业的发展。

在星球探测活动中,着陆器扮演着极为重要的角色,其上承载着必要的行星探测仪器(如摄影机、质谱仪、磁场探测仪及土样分析仪等)及行星探测机器人。着陆器在着陆时,会以一定的速度撞击星球表面,在撞击瞬间着陆器将承受很大的冲击,若冲击加速度过大,将损坏着陆器上所承载的行星探测仪器和探测机器人,从而导致探测任务的失败。因此,能否实现着陆器在所探测星球表面软着陆

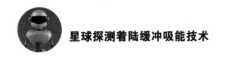
对于深空探测技术的发展及空间科学的突破具有重要意义。

目前,星球着陆器大致可分为气囊式和腿式两类,其中气囊着陆器是以充气气囊作为着陆缓冲吸能装置。包覆在着陆器外侧的充气气囊首先充气膨胀,而后在着陆过程中气囊通过不同气腔间排气孔的排气作用,使冲击能量得以耗散。其优点是缓冲效果好,能够缓冲较大的冲击,但着陆器着陆后反弹次数多,姿态不宜控制,若停止后着陆器姿态不正确,还需利用专门的装置对着陆器姿态进行调整。它适用于着陆速度较高的小型着陆器。人类第一个在月球表面软着陆成功的着陆器 —— 苏联 Luna 9 月球探测器采用的就是气囊着陆器。另外,2003 年美国成功利用气囊着陆器配合降落伞实现了 Spirit 和 Opportunity 两个火星探测器的软着陆[10-13]。腿式着陆器的着陆腿内部安装有缓冲器,在着陆过程中通过缓冲器的压缩变形吸收冲击能量。它具有着陆姿态稳定、可靠性高、易于控制、着陆不反弹等优点[12-15]。综合两类着陆器的特点可知,腿式着陆器的可靠性更高,更能适应复杂的着陆地点。迄今为止,已成功实现星球表面软着陆的着陆器多为腿式着陆器。我国嫦娥三号、嫦娥四号、嫦娥五号月球探测器也均采用了腿式着陆器。

1.2　星球探测器国外发展现状

月球有一个非常稀薄、接近真空的大气层[16],所以探测器需要采用主动减速的方案;此外几乎整个月球表面都覆盖着表岩屑,只有非常陡峭的火山口壁和偶尔有一些熔岩渠道上才会有基岩裸露出来,在月海由表岩屑构成的月壤的厚度通常在 4 ~ 5 m,而在较老的高地区域月壤的厚度甚至达到 10 ~ 15 m[17-18]。所以在探测器着陆时要充分考虑月球土壤的力学特性等,防止着陆时倾斜摔倒。

1.2.1　月球探测器的研究现状

人类最先开展的星球探测是月球探测,从 1959 年苏联发射人类历史上第一个月球探测器至今,月球探测活动大致可分为以下三个阶段[3-4]:

(1)1959 年至 1976 年。这一时期是月球探测的黄金时期,共成功发射了 45 个月球探测器,其中美国占 25 枚,苏联占 20 枚。美国发射了 Ranger 系列(1961—1965 年)、Surveyer 系列(1966—1968 年)、Lunar Orbiter 系列(1966—1967 年)及 Apollo 系列(1963—1972 年)月球探测器;苏联发射了 Luna 系列(1959—1976 年)和 Zond 系列(1965—1970 年)月球探测器。

(2)1976 年至 1989 年。这一时期未进行任何成功的月球探测。其主因是需要有时间来消化、分析与综合研究浩如烟海的月球探测资料,并将月球探测成果向各种军用和民用领域转化;以月球探测所取得的技术为基础,完善航天技术系统,为进一步开发利用月球资源进行科学和技术准备。

(3)1990 年至 2000 年。随着现代技术的进步和探测技术的发展,人们重新发现了月球的应用和开发价值。1994 年,美国提出了重返月球的计划,并于 1994 年发射 Clementine 月球探测器,揭开了新一轮探月高潮的序幕。

人类历史上第一个成功降落到月球表面的探测器是由苏联在 1959 年 9 月 12 日发射成功的 Luna 2 月球探测器,它直接"撞击"到月球表面,而不是软着陆[19-20]。

第一个成功实现月球表面软着陆并传回图像数据的着陆器是由苏联在 1966 年 1 月 31 日发射的 Luna 9 月球探测器,其总质量为 99 kg,缓冲方式为气囊式[21-23]。

美国的 Apollo 系列月球探测器实现了六次载人登月并安全返回地球,取回 381.7 kg 月球样品,对月球各领域开展了较全面的研究与探测,是人类历史上对月球进行的最宏伟的探测活动。其中 Apollo 11 月球探测器(图 1.1)是人类历史上第一个载人月球探测器,它由美国在 1969 年 7 月 16 日发射,并于 1969 年 7 月 20 日成功着陆到月球表面。该着陆器的主着陆腿和辅助着陆腿均采用多级铝蜂窝缓冲装置来吸收着陆冲击能量[24-28]。

继美国 Apollo 11 月球探测器、Apollo 12 月球探测器后,苏联于 1970 年 9 月 12 日成功发射了 Luna 16 月球探测器(图 1.2)。Luna 16 月球探测器实现了月球表面的软着陆并完成了采样返回[29-30]。

图 1.1　Apollo 11 月球探测器[24]　　　图 1.2　Luna 16 月球探测器[29]

1990 年日本发射了 Hiten 月球探测器,该探测器的主要任务是验证借助月球引力的飞行技术和进入绕月轨道的精确控制技术,飞行中它还释放了绕月飞行的微型羽衣号探测器[31]。1994 年 1 月,美国发射了 Clementine 月球探测器,获得了详细的月球表面图像。该探测器在对月球南极进行探测时,首次发现月球南极可能存在水的直接证据。1998 年 1 月,美国发射了 Lunar Prospector 月球探测器,它的主要任务是寻找月球上的水,其携带的中子谱仪的探测数据表明,月球南北两极可能存在凝结的水冰。Lunar Prospector 月球探测器完成绕月探测使命后,高速撞向月球上可能存在水冰的区域,以便通过巨大撞击能量产生水汽云,以进一步证明水的存在,但最终没有观测到期待的水汽云[31-32]。

欧洲空间局(Eurpean Space Agency,ESA)及其他一些国家也提出了一些月球探测器的概念设计方案。比较有代表性的是 ESA 计划发射的 EuroMoon 2000 月球探测器。其着陆冲击的衰减是通过着陆腿中的多级可压缩蜂窝缓冲装置来实现的。EuroMoon 2000 月球探测器能把加速度峰值衰减到 $7.5g$,可在坡度不大于 15° 的月球表面软着陆[33-37]。

大量月球探测活动的实施,使人类对月球的了解程度仅次于地球,准确地向人类揭示了月球的表面景观、构造特征以及月球上的土壤和岩石的真实面貌。而且从月球带回来的岩石和月壤标本,对研究月球表面的岩石及其与地球对比起到了非常重要的作用,为研究月球和地球的起源提供了直接的证据。

1.2.2　火星探测器的研究现状

火星处于地球轨道外侧,平均半径为 3 389.5 km,是地球的 0.53 倍;质量为 6.421 9 $\times 10^{23}$ kg,是地球的 0.11 倍;平均密度为 3.94 g/cm³;表面重力加速度为 3.71 m/s², 相当于地球的 0.38 倍[38]。火星大气层很稀薄,平均大气密度仅相当于地球的 1%。虽然火星表面空气稀薄,但由于温度分布不均匀,因此火星上大气的运动非常剧烈,平均风速达 4.3 m/s,且风向变幻不定,并常常伴有尘暴。火星的表面温度会随地理位置、时间和表面性质发生变化。根据记录,火星上的平均温度为 – 63 ℃,最高温度为 20 ℃,最低温度为 – 140 ℃。火星表面地形起伏较大,呈北低南高的不对称结构,北半球是占总面积 30% 的低洼平原,南半球是遍布陨石坑的古老高地[39-40]。火星独特的环境及气候特点使得其可以尝试不同于月球的着陆及缓冲方式。

苏联和美国在探测月球的过程中获得了丰富的探测经验及技术储备,为开展其他星球的探测打下了坚实的基础。苏联在 1973 年 8 月 5 日发射了 Mars 6 火星探测器(图 1.3),并于 1974 年 3 月 20 日成功到达火星,在距火星 48 000 km 处着陆舱和轨道器分离,以 5.6 km/s 的速度进入火星大气层,依靠空气动力制动使速度降到 600 m/s 时,降落伞打开,快抵达火星表面时制动火箭点火,着陆舱以大约 60 m/s 的速度撞击火星表面时,地面和着陆舱的联系一度中断,整个着陆舱重 635 kg,着陆后,共传回 224 s 的数据[41-42]。

美国在 1975 年 8 月 20 日发射了 Viking 1 火星探测器(图 1.4),它于 1976 年 6 月 19 日成功登陆火星表面,探测器总质量约为 600 kg。Viking 1 火星探测器的长边长为 1.09 m,短边长为 0.56 m,三个支撑腿安装在短边上。着陆缓冲主要通过三个着陆腿内的多级缓冲装置来实现[43-44]。

图1.3 Mars 6火星探测器[41]　　　　　图1.4 Viking 1火星探测器[43]

　　美国又相继成功发射了 Mars Pathfinder、Mars Polar Lander、Spirit 和 Opportunity、Phoenix 等火星探测器。Mars Pathfinder 火星探测器是美国于1996年12月4日发射并于1997年7月4日抵达火星的探测器,也是美国国家航天局(National Aeronautics and Space Administratin,NASA)发射的第二个低成本行星探测器,它由一个气囊着陆器和一个可移动的火星探测车组成[45-48]。

　　Spirit 火星探测器和 Opportunity 火星探测器是美国于2003年发射的两个"孪生"的火星探测器,并分别于2004年1月4日和1月25日成功登陆火星表面。Spirit/Opportunity 火星探测器和 Mars Pathfinder 火星探测器相似,也是由一个气囊着陆缓冲装置(图1.5)和一个可移动的火星探测车组成,其采用的着陆系统和着陆过程也与 Mars Pathfinder 火星探测器相似,即先采用降落伞、反冲火箭使着陆器减速,最后采用气囊着陆[49-52]。

图1.5 气囊着陆缓冲装置

　　Phoenix 火星探测器(图1.6)于2007年8月5日发射升空,它是在 NASA 前两次失败的火星探测计划(Mars Pathfinder 火星探测器和 Mars Polar Lander 火星探测器)的基础上"重装上阵"的。Phoenix 火星探测器(图1.7)采用反推力软着陆方式,其进入火星大气表面的速度约为20 000 km/h,产生的大部分能量由热挡板来吸收。当它的速度减至约1 200 km/h 时,打开其降落伞,帮助它继续减速。之后,Phoenix 火星探测器的降落速度从超音速降至亚音速,同时启用着陆雷达装置,此时降落速度约为135 km/h。接下来,Phoenix 火星探测器与降落伞分离,启动它下面的12个动力脉冲反推力火箭发动机,最终在速度为2 m/s 状态下靠着陆腿中的缓冲器实现软着陆[53-54]。

图 1.6　Phoenix 火星探测器

　　Curiosity 火星探测器(图 1.8)于 2011 年 11 月发射,2012 年 8 月成功登陆火星表面。该火星探测器进入火星的大气后,借助一个大降落伞把它的隔热板及后壳扔掉,以减慢下降速度,然后再利用被称为"天空起重机"(Sky Crane)的推进器慢慢下降。这个"天空起重机"利用电缆把该火星车放在火星表面,然后它会飞走,最后坠毁。"天空起重机"和 Curiosity 火星车组合体在经过大气摩擦减速和降落伞减速后开启八台反冲推进发动机,进入有动力的缓慢下降阶段。当反冲推进发动机将"天空起重机"和 Curiosity 火星车组合体的速度降至大约 0.75 m/s 之后,几根缆绳将 Curiosity 火星车从"天空起重机"中吊出,悬挂在下方。距离地面一定高度时,缆绳会被自动切断,"天空起重机"随后在距离 Curiosity 火星车安全距离范围内着陆。

图 1.7　Phoenix 火星探测器

图 1.8　Curiosity 火星探测器

1.2.3　其他星球探测器的现状

　　由于金星相对于地球而言更加靠近太阳,金星表面上太阳辐射强度也由地球表面的 1 353 W/m² 增加到 2 613.9 W/m²,造成了金星附近的热量远高于地球的热量,所以对于传统的热控系统需要进行一定的升级改造[55]。在金星大气中,最为活跃的地方是对流层和中间层(0 ～ 100 km),在云层顶部,带状风的最高速度可大于

100 m/s,但是在地面及中层大气顶部(100 km)的速度又减小为 0 m/s[56]。

　　苏联的金星探测器在金星探测史上首屈一指,受金星表面高温高压等环境影响,Venera 7 金星探测器只在金星表面工作了 57 min,但是它实现了首次的金星表面软着陆并传回了金星表面的数据等。

　　1981 年 10 月 30 日,苏联发射了 Venera 13 金星探测器(图1.9),于1982 年 3 月 5 日在金星表面成功着陆,系统的总质量为 760 kg。当 Venera 13 金星探测器脱离运载舱进入金星大气时降落伞打开,在距金星表面 47 km 高时释放掉降落伞,其后只靠金星大气制动减速,直到着陆金星表面,着陆器采用带有一排周向圆孔的汽车轮胎式可压缩金属组成的圆环状缓冲器吸收冲击能量[57-58]。Venera 13 金星探测器是在金星上工作时间最长的金星探测器,其完整地工作

图 1.9　Venera 13 金星探测器[61]

了 117 min。相对于其他星球的探测器而言,Venera 13 金星探测器寿命的长短不仅受到在发射过程中所遇到的低温真空环境影响,更具有挑战性的是它要适应在金星表面及其附近的高温高压环境[59]。

　　木星为太阳系最大的行星,作为一个巨大的气态行星,木星内部结构十分复杂[60]。木星的大气层相当紊乱,和其他气态行星表面一样有高速飓风,并被限制在狭小的纬度范围内,其表面风速比预料的快得多(大于 643.74 km/h)[61]。另外,木星以及其卫星附近具有强大的高能粒子场,其辐射强度超过除了太阳以外任何人类探测器到达过的地方。因此,木星本身复杂的环境条件给木星探测器的设计带来巨大的挑战,包括太阳能电池板在内的各种外部设备和内部设备都要做好各种屏蔽辐射的处理,以承受强烈的 X 射线的照射。

　　1989 年 10 月 18 日由亚特兰蒂斯号航天飞机搭载着 Galileo 木星探测器(图1.10)升空,并于1995 年 12 月 7 日进入木星轨道,在经历了多年的探测任务后于 2003 年 9 月 21 日坠入木星大气层。Galileo 木星探测器由轨道器和探测器组成,子探测器外形呈圆盘形,直径为 1.25 m,高为 0.86 m,质量为335 kg[62]。2011 年 8 月 5 日,由 NASA 研制的 Juno 木星探测器发射升空,开启了木星探测之旅[63]。2016 年 6 月 11 日,Juno 木

图 1.10　Galileo 木星探测器[62]

星探测器开始不间断地向地球收发数据;6 月 20 日,Juno 木星探测器防护罩开启,用于保护主引擎免受微小陨石和星际尘埃损坏;7 月 4 日,Juno 木星探测器关闭所有与入轨无关的设备并启动推进器进入木星轨道。2017 年 2 月 21 日,由于探测器变轨问题始终无法解决,NASA 宣布放弃 Juno 木星探测器。在过去所有距离远于火星的探测任务中,探测器都采用了核电源,而 Juno 木星探测器仍使用了太阳能,主要原因是要降低成本、缩短研制周期,同时也为了更加环保。因为按照计划,Juno 木星探测器围绕木星运行 20 个月以后将撞向木星。Juno 木星探测器采用了长 9.1 m、宽 2.7 m 的大太阳翼,搭载 18 696 个先进的太阳能电池片,相比于前期太空探索使用的硅太阳电池,其效率提高 50%,即使探测器在木星轨道上运行,其也能提供 400 W 电力。除此之外,Juno 木星探测器所携带的探测仪器均采用节能设计[64]。

Cassini-Huygens 土星探测器是 NASA、ESA 及意大利航天局的一个合作项目,总造价为 32.7 亿美元,于 1997 年 10 月 15 日从肯尼迪发射中心发射升空。它是人类迄今为止发射的规模最大、复杂程度最高的行星探测器,其前部有一个防热盾,并配备三个降落伞。Cassini-Huygens 土星探测器于 2005 年 1 月 5 日成功登陆土卫六,创造了人类探测器登陆其他天体最远距离的纪录[65-66]。

苏联于 1984 年 12 月 15 日和 21 日先后发射 Vega－1 外星探测器和 Vega－2 外星探测器。Vega－1 外星探测器的总质量为 4 t,装有质谱仪、磁强计、电子分析器、摄像机及其他科学探测装置。1986 年 3 月 6 日,Vega－1 外星探测器到达距哈雷彗核 8 900 km 处,首次拍摄到彗核照片,显示出彗核由冰雪和尘埃粒子组成。Vega－2 外星探测器于 3 月 9 日从距彗核 8 200 km 处飞过,拍摄到了更清晰的彗核照片。Vega－2 外星探测器还首次发现彗核中存在 CO_2,并找到了简单的有机分子,因此科学家认为从彗核中可寻找到生命的起源[67-68]。

1985 年 7 月 2 日,ESA 发射了一个名叫 Giotto 的哈雷彗星探测器。飞行 8 个月后,于 1986 年 3 月 14 日从距哈雷彗核中心 607 km 处掠过,拍摄了 1 480 张彗核照片。照片上显示彗核形状凸凹不平,参差不齐,彗核长为 15 km,宽为 8 km,比 Vega－1 外星探测器和 Vega－2 外星探测器测得的数据大。这些照片对哈雷彗星的探测具有重要价值[69-70]。

通过上面论述可知,因月球表面近乎真空,所以不能采用减速伞式减速装置。苏联的 Luna 系列以及美国的 Surveyor 系列和 Apollo 系列月球探测器均采用反推火箭减速,最后采用着陆缓冲装置实现软着陆。

相比地球,火星的大气十分稀薄,其密度不到地球大气的 1%,表面重力加速度为 3.71 m/s^2。典型火星着陆器的着陆过程为先通过着陆器前面的隔热盾与火星大气的摩擦作用进行减速,然后打开降落伞使着陆器减速,在距火星表面一定高度时反冲火箭点火并使着陆器减速实现软着陆。Mars Pathfinder 火星探测器、Spirit 火星探测器和 Opportunity 火星探测器均采用气囊缓冲方式并取得了成功,而 Viking‑1、Viking‑2、Phoenix 火星探测器则采用了腿式缓冲方式。对包围有浓厚大气层的行星,如金星表面的大气压力为 9.2 MPa(重力加速度为 8.87 m/s^2),着陆器可依靠大气阻力很快地把下降速度降到安全着陆速度。如苏联的 Venera 系列金星探测器,着陆器先通过其前部的保护盾减速,然后通过降落伞及碟状的刹车装置进行减速,最后通过带有周向气孔的可压缩金属组成的圆环状缓冲装置来吸收冲击能量。

1.3 我国星球着陆探测技术发展现状

我国已经成功实施了嫦娥三号月球着陆任务,并在 2013 年 12 月 14 日 21:11:19 成功着陆在月球虹湾,这是我国首次在地外天体上实施软着陆,着陆器采用"悬臂式"着陆缓冲机构,其收拢和展开锁定下的构型如图 1.11 所示,可实现 1 350 kg 的着陆器在 8° 坡面上以水平速度 3.8 m/s、垂直速度 1.0 m/s 稳定着陆。我国的嫦娥三号、嫦娥四号、嫦娥五号以及美国的阿波罗号均采用了"悬臂式"构型,这种构型的优点是每套着陆缓冲机构的三根支柱均具有缓冲吸能能力,中间的主支柱主要用来吸收竖直方向的冲击能量,两侧的辅助支柱主要用来吸收水平方向的冲击能量。着陆腿展开与收拢运动一般通过辅助支柱进行,以缩小着陆缓冲机构的径向尺寸,从而满足运载最大包络直径要求,但在高度方向上一般不具有收拢能力。对于月球探测器,由于着陆器下方空间余量较大,对高度方向约束不强,因此这种收拢设计可以满足发射包络的要求。

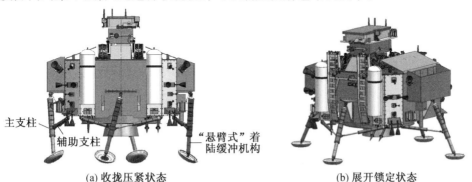

主支柱
辅助支柱
"悬臂式"着陆缓冲机构

(a) 收拢压紧状态　　　　　　　　　　　(b) 展开锁定状态

图 1.11　嫦娥三号月球探测器("悬臂式"着陆缓冲机构)

嫦娥四号月球探测器于 2019 年 1 月 3 日成功着陆在月球背面南极 ‑ 艾肯特盆地内的冯·卡门撞击坑区域,这是人类探测器首次在月球背面实施软着陆,其着陆器与嫦娥三号月球探测器相同。

正在实施的中国火星探测任务,末级缓冲采用"倒三角架式"着陆缓冲机构(图1.12),当图1.11(b)中的主支柱与辅助支柱之间的连接点向下移动,最终与足垫和主支柱之间的连接点重合时,"悬臂式"构型就演变为"倒三角架式"构型。因此,着陆缓冲机构的这两种构型具有一定的相似性,主支柱与辅助支柱之间连接点位置的改变,可以实现二者之间的相互转化。"倒三角架式"构型的着陆缓冲机构结构简单,质量较轻,受力方式简单,所有的构件仅受拉压载荷,但是这种构型的缓冲行程较短,一般适用于着陆质量较小的探测任务。对于火星探测器,为满足气动减速的需求,探测器底部安装有防热大底,从而极大地限制了着陆缓冲机构收拢后在高度方向上的包络约束。"悬臂式"着陆缓冲机构构型无法满足高度方向的包络要求。"倒三角架式"着陆缓冲机构收拢时主要为支柱上翻收起,可以很好地满足高度方向的空间要求,更适合具有防热大底的收拢构型要求。目前,世界上采用着陆缓冲机构的火星着陆器均采用了"倒三角架式"构型,如美国的 Viking – 2、Phoenix 火星探测器以及欧洲正在论证的 Exomars等。

"倒三角架式"着陆缓冲机构

图1.12 中国的火星探测器("倒三角架式"着陆缓冲机构)

1.4 腿式着陆缓冲装置

1.4.1 缓冲吸能装置的分类

腿式着陆器缓冲装置的种类有多种,其缓冲机理也不尽相同,给缓冲装置的选择与设计带来了难度。为了便于研究,本节根据缓冲装置可以工作的有效次数,将缓冲装置分为一次性缓冲装置与重复性缓冲装置。

1. 一次性缓冲装置

对于依靠金属坍塌工作的缓冲装置、薄壁金属管塑性变形缓冲装置及拉刀式缓冲装置,其工作原理可统一为:当外部输入的冲击力大于某一设定的阈值(与设计有关)时,外部的冲击能量将转换为如变形能、摩擦能等其他形式的能量,从而达到缓和冲击、保护有效载荷的作用,且转换过程不可逆,缓冲装置只能工作一次,这类缓冲器统称为一次性缓冲装置。其特点可归纳如下:

(1)通常是依靠自身的材料特性,被动地去适应外部的冲击能量,只要外部的冲击力大于某一设定的阈值,缓冲装置就会开始工作,缓冲装置失效的概率极小。此外,由于影响一次性缓冲装置性能的环节通常很少,因此减小了失效的概率,从而大大提高了缓冲装置的工作可靠性。

(2)由于缓冲装置需要工作在不同温度的环境中,缓冲装置的缓冲材料通常采用温度适用范围广的金属材料,不像液压缓冲装置一样需要专门的装置来解决温控问题,使得缓冲装置的结构简单、质量轻、体积小、工作可靠。

(3)一次性缓冲装置在缓冲过程中不存在与缓冲力相反方向的恢复力,因此整个着陆器通常不会出现反弹现象,使被保护对象不会受到二次冲击的伤害。

(4)通过合理的设计,一次性缓冲装置在缓冲过程中,其缓冲力曲线非常平稳,从而有利于被有效载荷的保护。

2. 重复性缓冲装置

对于金属橡胶缓冲装置、液压式缓冲装置、材料塑性变形式缓冲装置及磁流变液等缓冲装置,其最大的共同点是通过合理的设计,当缓冲装置工作在额定的冲击载荷下,缓冲装置可重复使用。重复性缓冲装置具有以下特点:

(1)除金属橡胶缓冲装置外,组成缓冲装置的环节均比较多,不仅导致缓冲装置的结构复杂、质量成本增加,尤其是其工作可靠性也将受到一定的影响。

(2)重复性缓冲装置在缓冲过程中,存在着一个与缓冲力方向相反的恢复力,使着陆装置容易反弹,导致被保护对象可能遭受二次冲击的伤害。

(3)金属橡胶缓冲装置的单位体积及单位质量吸收的能量较小,不利于缓冲装置的轻量化设计。因此,金属橡胶缓冲装置很难应用在大型腿式着陆器中,尤其是着陆器的主缓冲装置。

(4)在适应工作环境方面,重复性缓冲装置通常不如一次性缓冲装置需要专门的装置来对缓冲装置进行保护,进一步增加了缓冲装置的质量,不利于腿式着陆器缓冲装置的轻量化设计。

(5)重复性缓冲装置的缓冲特性可以准确地进行测试。

综上所述,表1.1给出了一次性缓冲装置和重复性缓冲装置的综合比较分析。除液压缓冲器外,其余重复缓冲装置仅在原理上可行,均未在探测器上得到成功应用。

表1.1　一次性缓冲装置和重复性缓冲装置特点综合比较分析

内　容	一次性缓冲装置	重复性缓冲装置
可工作次数	一次	多次
结构复杂程度	简单,可直接填充在着陆器的着陆腿中	复杂(除金属橡胶缓冲装置外)
工作可靠性	可靠性高	可靠性稍差
自身的质量和体积	自身的质量和体积均较小	自身的质量和体积均较大
适应工作环境的能力	适应工作环境的能力强,包括能够适应高低温、强辐射等工作环境	适应工作环境的能力差,通常需要专门的附加装置来保护缓冲装置,从而导致缓冲装置的质量大
是否易造成二次伤害	否	是
缓冲特性的测试	可通过测试同批次、同规格的缓冲装置来对一次性缓冲装置的缓冲特性进行理论预测	可通过实验对重复性缓冲装置的缓冲性能进行准确的测试

1.4.2　腿式着陆器缓冲吸能装置的主要形式及其特点

腿式着陆器缓冲装置有多种结构形式,目前主要有依靠材料塌陷式、金属橡胶式、液压式、磁流变液式、拉刀式及金属胀管式。

1. 依靠材料塌陷式

依靠材料塌陷缓冲装置是指像薄壁金属管、泡沫材料及蜂窝材料等构成的缓冲结构。当装置受到的外部冲击载荷大于一定的阈值时(与设计有关),外部冲击能量转换为缓冲装置的变形能,从而达到吸能的目的。对腿式着陆器缓冲装置,由于需要适应所探测星球表面的苛刻环境及轻量化设计需求,缓冲装置通常采用比吸能高、适应工作环境能力强的金属材料。该类缓冲装置具有质量轻、缓冲行程长、工作可靠等优点,因而得到了广泛应用。常用的缓冲吸能材料如下。

(1)金属蜂窝。蜂窝结构是一种常用的缓冲吸能结构,具有非常好的能量吸收特性。美国和苏联发射的着陆缓冲装置上曾多次采用铝蜂窝作为冲击能量吸收材料,如美国的 Apollo 11 月球探测器及 Viking 火星探测器[71],而且迄今为止,后续的大多在研及研制成功的腿式着陆器缓冲装置,也均采用了铝蜂窝构成着陆器的主缓冲装置,因此,铝蜂窝缓冲装置是腿式着陆器缓冲装置的重要选择。

(2)泡沫金属材料。泡沫金属材料具有密度小、耐热性好、抗冲击等优点,在航天领域高精度光学系统大型支架、航天承力件和热交换器等部件上有诸多应用。ESA 曾对铝蜂窝和泡沫铝的性能进行了对比,结果发现泡沫铝的质量比吸能大于铝蜂窝的质量比吸能,而其压缩强度比铝蜂窝低,泡沫金属在着陆缓冲方面有良好的应用前景[72-75]。

（3）组合材料。例如,将铝蜂窝或泡沫铝等多孔材料填充在薄壁金属圆管里的组合式缓冲装置,通过合理的设计,该类缓冲装置除具备铝蜂窝缓冲装置的优点外,其吸能能力更大,已被证明在汽车及机车等结构耐撞性领域具有广泛的应用前景,但将该类缓冲装置应用在腿式着陆器中还需要进行大量的研究工作。

2. 金属橡胶式

金属橡胶是一种适用于航天航空环境的弹性阻尼元件,它具有在很高或很低温度下仍能保持工作能力的特性。金属橡胶缓冲装置可以用在传统橡胶缓冲装置不能使用的有特殊要求的空间飞行器上,如高温、高压、高真空、超低温及剧烈振动等环境。苏联已多次成功地将金属橡胶应用在空间飞行器上。但金属橡胶缓冲装置的比吸能较小、吸能效率较低,不利于缓冲装置的轻量化设计。

3. 液压式

液压缓冲装置的液体密封在缓冲装置的缸体内部(图1.13),以防止液压油介质的外流;缓冲装置吸能时液体向两侧流动。着陆器用液压缓冲装置液体一般可压缩,如美国 Surveyor 着陆器缓冲装置的液体中加入了硅树脂,增强了液体的可压缩性。当着陆器着陆在星球表面时,着陆腿受外力 F 的作用推动活塞运动,液体流经阻尼孔,从而产生所需的缓冲阻尼力。假设活塞运动到位置 A 时,全部冲击能量被吸收,这时由于被压缩的液体反弹,推动活塞反向运动,最后使着陆器的姿态得以恢复[76]。

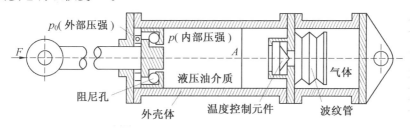

图 1.13　液压缓冲装置的结构示意图[76]

液压缓冲装置具有缓冲过程平稳、中途没有反弹等优点,因此在星球软着陆机构中得以应用。在美国的 Surveyor 系列月球探测装置上使用液压缓冲装置,均获得了成功。但液压缓冲装置必须很好地解决缓冲器的密封和温控问题。在 Surveyor 月球探测器月面软着陆探测实验中,在某次着陆完成后出现了液体介质泄漏的现象[77]。

4. 磁流变液式

磁流变液式缓冲装置是利用"电磁场变化改变液体黏度而得到所需缓冲的阻尼力"的原理来实现着陆缓冲的。它具有体积小、液体的黏度能够连续可逆地变化、缓冲完成后可以恢复、可通过计算机程序控制使用等优点。但该缓冲装置目前在航天领域尚处于研制阶段,技术还不成熟,就目前而言,出于保证着陆器的高可靠性考虑,暂时不宜将磁流变液式缓冲装置应用在航天着陆器领域[76-78]。

5. 拉刀式

拉刀式缓冲装置的结构示意图如图1.14所示。在冲击载荷达到设定的阈值时,金属套筒与拉刀之间发生相对运动,金属拉刀依次切削金属套筒,从而将冲击能量转换为金属切削能,达到缓冲吸能的目的。缓冲装置的缓冲力主要取决于套筒的材料强度、拉刀的工作齿数、切削刃的宽度和金属切削层的厚度。通常金属切削的厚度在 10^{-2} mm 数量级,而普通机械的加工精度也在这个范围内。所以该缓冲装置对拉刀、金属套筒的加工精度及装配精度要求极高。

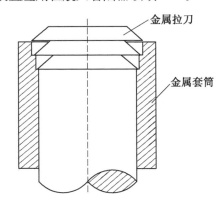

图1.14 拉刀式缓冲装置的结构示意图[71]

6. 金属胀管式

金属胀管式缓冲装置是根据在扩径变形过程中的弹塑性变形和摩擦发热来吸收冲击能量的。图1.15所示为薄壁金属管塑性变形缓冲装置结构原理图。当外部输入冲击载荷超过设定的阈值时,由于锥环大端的外径大于胀环下端的内径,所以在锥环进入胀环时胀环会发生扩径现象,外部的冲击能量一部分转换为胀环材料的弹塑性变形能,另一部分转换为胀环和锥环组件之间的摩擦热能,从而达到缓冲吸能的目的。

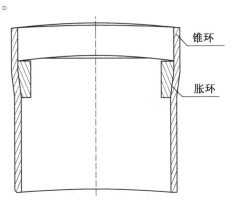

图1.15 薄壁金属管塑性变形缓冲装置结构原理图[71]

该缓冲装置具有结构简单、缓冲力平稳、适应工作环境能力强等优点。为使锥环顺利地进入胀环而不受胀环的影响,在初始位置时,锥环需要留出足够的工作空间,从而导致该缓冲器在轴向方向的尺寸较大,不利于缓冲装置的轻量化及紧凑性设计。

综上所述,六类缓冲吸收装置的综合比较参见表1.2。

表 1.2 六类缓冲吸收装置的综合比较

项 目	缓冲装置类型					
	类型 1	类型 2	类型 3	类型 4	类型 5	类型 6
自身质量和体积	质量轻 体积小	质量大 体积大	质量较大 体积较大	质量较大 体积较大	质量较轻 体积较小	质量轻 体积小
结构复杂度	简单	简单	一般	较复杂	较简单	较简单
着陆后姿态的可调整性	不可调整	不可调整	可调整	可调整	不可调整	不可调整
缓冲性能的稳定性	较好	较好	好	好	较好	较好
对环境温度敏感性	不敏感	不敏感	敏感，需温控	一般	不敏感	不敏感
工作次数	一次	多次	多次	多次	一次	一次

注:类型 1 代表依靠材料塌陷式缓冲装置;类型 2 代表金属橡胶式缓冲装置;类型 3 代表液压式缓冲装置;类型 4 代表磁流变液式缓冲装置;类型 5 代表拉刀式缓冲装置;类型 6 代表金属胀管式缓冲装置

1.5 本章小结

本章首先介绍了人类历史上在星球着陆探测方面取得的主要成就,重点介绍了月球探测器、火星探测器、其他星球探测器的发展现状,以及我国近年来在星球探测方面取得的进展。随后就腿式星球着陆缓冲装置的分类、工作原理、主要结构形式及特点进行了分析,对各种缓冲装置的优缺点进行了综合对比和分析。

本章参考文献

[1] 欧阳自远, 李春来, 邹永廖, 等. 月球探测的进展与我国的月球探测[J]. 中国科学基金, 2003, 17(4):193-197.

[2] 张莹. 月球探测器软着陆缓冲材料分析研究[D]. 南京:南京航空航天大学, 2008.

[3] 王闯, 邓宗全, 高海波, 等. 国内外月球探测器研究状况[J]. 导弹与航天运载技术, 2006(4):31-36.

［4］ROCHETTE P, GATTACCECA J, MENVIELLE M, et al. Interest and design of magnetic properties measurements on planetary and asteroidal landers［J］. Planetary & Space Science, 2004, 52(11):987-995.

［5］OKADAT, SASAKIS, SUGIHARAT. Lander and rover exploration on the lunar surface: A study for SELENE-B mission［J］. Advances in Space Research, 2006, 37(1): 88-92.

［6］NORTHEY D, MORGAN C. Improved inflatable landing systems for low cost planetary landers［J］. Acta Astronautica, 2006, 59(8):726-733.

［7］HARSTAD K, BELLAN J. On possible release of microbe-containing particulates from a Mars lander spacecraft［J］. Planetary & Space Science, 2006, 54(3):273-286.

［8］LIU X L, DUAN G R, TEO K L. Optimal soft landing control for moon lander［J］. Automatica, 2008, 44(4): 1097-1103.

［9］TAYLOR A, BENNEY R, BAGDONOVICH B. Investigation of the application of airbag technology to provide a softlanding capability for military heavy airdrop［C］. Boston:16th AIAA Aerodynamic Decelerator Systems Technology Conference and Seminar, 2001.

［10］刘志全, 黄传平. 月球探测器软着陆机构发展综述［J］. 中国空间科学技术, 2006, 26(1):33-39.

［11］SPERLING F B. The surveyor shock absorber［R］. Washington: Jet Propulsion Laboratory, 1968.

［12］MILTON B. Surveyor lander mission capability［R］. NASA N64-228969, 1964.

［13］Luna 17/Lunokhod 1［EB/OL］. NSSDC ID: 1970-095A. http://nssdc. gsfc. nass. gov/nmc/spacecraft/displouy. action? id = 1970-095A.

［14］THOMSON B J, SCHULTZ P H. The geology of the viking lander 2 site revisited［J］. Icarus, 2007, 191(2): 505-523.

［15］SWEETSER T H. Several ways to leave for Luna［J］. Advance in the Astronautical Sciences, 2000, 90(2): 1681-1690.

［16］Luna 2［OL］. NSSDC ID: 1959-014A. http:// nssdc. gsfc. nasa. gov / database/MasterCatalog? sc = 1959-014A.

［17］欧阳自远. 月球探测进展与我国的探月行动(下)［J］. 自然杂志, 2005(5):9-13.

［18］欧阳自远. 月球探测的进展与我国的月球探测［C］. 博鳌:中国科协2004年学术年会大会特邀报告汇编, 2004.

［19］肖龙, 乔乐. 月球着陆探测值得关注的主要科学问题及着陆区选址建议

[J]. 中国科学：物理学力学天文学,2016,46(2):9-30.

[20] Luna 9[OL]. NSSDC ID:1966-006A. http:// nssdc. gsfc. nasa. gov/ database/MasterCatalog? sc = 1966-006A.

[21] BASILEVSKY A T, LINKIN V M. Lunar rover sample return: Lunokhod/luna heritage and perspectives[J]. Advances in Space Research, 1996, 18(11):83-83.

[22] MÓNACO S L, LÓPEZ L, ROJAS H, et al. Applications of electron microprobe analysis (EPMA) in the study of Venezuelan source rocks: La Luna and Querecual Formations[J]. Fuel, 2007, 86(5):641-648.

[23] Apollo 11 Lunar Module/EASEP [OL]. NSSDC ID: 1969059A. http://nssdc. gsfc. nasa. gov/database/MasterCatalog? sc = 1969-059C.

[24] RAFTERY M, FOX T. The crew exploration vehicle (CEV) and the next generation of human spaceflight[J]. Acta Astronautica, 2007, 61(1):185-192.

[25] NEAL C R. The moon 35 years after Apollo: What's left to learn? [J]. Chemie der Erde-Geochemistry-Interdisciplinary Journal for Chemical Problems of the Geosciences and Geoecology, 2009, 69(1):3- 43.

[26] HORAI K I. The effect of interstitial gaseous pressure on the thermal conductivity of a simulated Apollo 12 lunar soil sample[J]. Physics of the Earth & Planetary Interiors, 1981, 27(1):60-71.

[27] KAUFFMAN J. A successful failure: NASA's crisis communications regarding Apollo 13[J]. Public Relations Review, 2001, 27(4):437- 448.

[28] Luna 17/Lunokhod 1[OL]. NSSDC ID: 1970-095A. http: //nssdc. gsfc. nasa. gov/database/MasterCatalog? sc = 1970-095A.

[29] DIKOV Y P, IVANOV A V, WLOTZKA F, et al. High enrichment of carbon and volatile elements in the surface layers of Luna 16 soil sample 1635: Result of comet or meteorite impact[J]. Earth & Planetary Science Letters, 1998, 155(3- 4):197-204.

[30] LAURANCE R J. ESA study for the first lander/rover mission: A precursor mission to the Moon[J]. Advances in Space Research, 1996, 18(11):125-127.

[31] SIEGFRIED W H. Lunar base development missions[J]. Acta Astronautica, 1999, 44(7-12):755-767.

[32] What is Euromoon 2000[OL]. http://esapub. esrin. esa. it/ br/ br122/ br122wha. htm.

[33] Lander Design[OL]. http://esapub. esrin. esa. it/br/br122/ br 122led. htm.

［34］ NOVARA M, KASSING D. The LEDA mission：Exploration opportunities prompted by a return to the Moon［J］. Advances in Space Research, 1997, 19(10):1629-1635.

［35］ PARKINSON R C. The use of system models in the EuroMoon spacecraft design［J］. Acta Astronautica, 1999, 44(7-12):437-443.

［36］ OCKELS W J. EuroMoon 2000 a plan for a European Lunar south pole expedition［J］. Acta Astronautica, 1997, 41(4-10):579-583.

［37］ Mars 6 ［OL］. NSSDC ID：1973-052A. http：//nssdc. gsfc. nasa. gov/database/MasterCatalog? sc = 1973-052A.

［38］ 贾贺,荣伟. 火星探测器减速着陆技术分析［J］. 航天返回与遥感,2010, 31(3):6-14.

［39］ 欧阳自远,肖福根. 火星探测的主要科学问题［J］. 航天器环境工程,2011, 28(3):205-217.

［40］ GENDRIN A, MANGOLD N, BIBRING J P, et al. Sulfate in martian layered terrains:the OMEGA/Mars expressview［J］. Science, 2005, 307 (5717) : 1587-1591.

［41］ Viking 1 Lander［OL］. NSSDC ID:1975-075C. http：// nssdc. gsfc. nasa. gov/database/MasterCatalog? sc = 1975-075C.

［42］ RINGROSE T J, TOWNER M C, ZARNECKI J C. Convective vortices on Mars：a reanalysis of viking lander 2 meteorological data, sols 1-60［J］. Icarus, 2003, 163(1):78-87.

［43］ Mars Pathfinder［OL］. NSSDC ID：1996-068A. http：// nssdc. gsfc. nasa. gov/database/MasterCatalog? sc = 1996-068A.

［44］ WITHERS P, SMITH M D. Atmospheric entry profiles from the Mars Exploration Rovers Spirit and Opportunity［J］. Icarus, 2006, 185(1): 133-142.

［45］ SPEAR A J. Low cost approach to Mars Pathfinder［J］. Acta Astronautica, 1995, 37(37):131-139.

［46］ WITHERS P, TOWNER M C, HATHI B, et al. Analysis of entry accelerometer data：A case study of Mars Pathfinder［J］. Planetary & Space Science, 2003, 51(9):541-561.

［47］ Spirit［OL］. NSSDC:2003-027A. http：//nssdc. gsfc. nasa. gov/ database/ Master Catalog? sc = 2003-027A.

［48］ COOK R. Mars Pathfinder mission operations concept［J］. Acta Astronautica, 1996, 39(1-4):71-80.

［49］ WITHERS P, SMITH M D. Atmospheric entry profiles from the Mars

Exploration Rovers Spirit and Opportunity[J]. Icarus, 2006, 185(1): 133-142.

[50] BUR R, BENAY R, CHANETZ B, et al. Experimental and numerical study of the Mars Pathfinder vehicle[J]. Aerospace Science & Technology, 2003, 7(7):510-516.

[51] SHOTWELL R. Phoenix—the first Mars Scout mission[J]. Acta Astronautica, 2005, 57(2-8):121-134.

[52] TAYLOR P A, BAIBAKOV K, BROWN S, et al. On the sublimation of ice particles on the surface of Mars; with applications to the 2007/8 Phoenix Scout mission[J]. Icarus, 2006, 181(2):375-387.

[53] SWEETSER T, PETERSON C, NILSEN E, et al. Venus sample return missions—a range of science, a range of costs[J]. Acta Astronautica, 2003, 52(2):165-172.

[54] MOSHKIN B E, EKONOMOV A P, MOROZ V I, et al. The spectrophotometric experiment on the Venera-13 and Venera-14 descent modules. I -Method, results, and preliminary analysis of measurements[J]. Cosmic Research, 1983, 17:236-245.

[55] 单留. 太阳系八大行星(上)[J]. 上海集邮, 2017(4):27-29.

[56] 张伟. 金星探测 —— 独特的深空之旅[J]. 上海航天,2012,29(5):1-6.

[57] Galileo [OL]. NSSDC ID:1989-084E. http://nssdc. gsfc. nasa. gov/database/MasterCatalog? sc = 1989-084E.

[58] Cassini [OL]. NSSDC ID:1997-061A. http://nssdc. gsfc. nasa. gov/database/MasterCatalog? sc = 1997-061A.

[59] 刘杰,王安良. 金星着陆器载荷舱热控系统设计研究[J]. 上海航天,2015, 32(2):17-21.

[60] ROGERS J H. The giant planet Jupiter[M]. Cambridge: Cambridge University Press, 1995.

[61] GUILLOT T, STEVENSON D J, HUBBARD W B, et al. The interior of Jupiter[J]. Jupiter: The Planet, Satellites and Magnetosphere, 2004(3): 35-57.

[62] MCKENNA – LAWLOR S, KIRSCH E, HEYNDERICKX D, et al. Energetic particle data recorded onboard Giotto during the first encounter of an observing spacecraft coming from deep space with Planet Earth[J]. Planetary & Space Science, 2001, 49(13):1365-1378.

[63] LEWIS J. Juno spacecraft operations lessons learned for early cruise mission phases[C]//2014 IEEE Aerospace Conference. IEEE, 2014.

[64] BOLTON S J, LUNINE J, STEVENSON D, et al. The Juno mission[J]. Space Science Reviews, 2017, 213(1-4): 5-37.

[65] PÄTZOLD M, BIRD M K. Velocity changes of the Giotto spacecraft during the comet flybys: on the interpretation of perturbed Doppler data[J]. Aerospace Science & Technology, 2001, 5(3):235-241.

[66] KERSTEIN A, KRMELJ M. Vega rocket series of multi-stage amateur's rocket program 1965-1968[J]. Acta Astronautica, 2003, 53(4):811-822.

[67] TÁTRALLYAY M, VERIGIN M I, SZEGÖ K, et al. On the distribution of pickup ions as observed by the Vega spacecraft at comet Halley[J]. Advances in Space Research, 2000, 26(10):1565-1568.

[68] Rosetta[OL]. NSSDC ID:2004-006A. http://nssdc. gsfc. nasa. gov/ database/ Master Catalog? sc = 2004-006A.

[69] SANTOSA S, BANHART J, WIERZBICKI T. Experimental and numerical analyses of bending of foam-filled sections[J]. Acta Mechanica, 2001, 148(1-4):199-213.

[70] MUKAI T, MIYOSHI T, NAKANO S, et al. Compressive response of a closed-cell aluminum foam at high strain rate[J]. Scripta Materialia, 2006, 54(4):533-537.

[71] 姜斌, 赵乃勤. 泡沫铝的制备方法及应用进展[J]. 金属热处理, 2005, 30(6):36-40.

[72] MUKAI T, KANAHASHI H, MIYOSHI T, et al. Experimental study of energy absorption in a close-celled aluminum foam under dynamic loading[J]. Scripta Materialia, 1999, 40(8):921-927.

[73] 陈金宝, 聂宏, 柏合民, 等. 月球探测器软着陆缓冲机构发展综述[C]. 北京:中国宇航学会深空探测技术专业委员会学术会议, 2006.

[74] 李萌. 腿式着陆器用泡沫铝和铝蜂窝缓冲器的仿真与试验研究[D]. 哈尔滨:哈尔滨工业大学, 2009.

[75] 李洪波. 磁流变缓冲阻尼器在月球着陆车软着陆过程中的理论与应用研究[D]. 西安:西北工业大学, 2002.

[76] 陈金宝, 聂宏, 赵金才. 月球探测器软着陆缓冲机构关键技术研究进展[J]. 宇航学报, 2008, 29(3):731-735.

[77] JON A L, JOHN C. Lunar lander conceptual design[R]. NASA 1989: 51-58.

[78] 杨建中, 曾福明, 满剑锋, 等. 月球探测器软着陆机构研制的关键问题及其解决思路[C]. 北京:2006 中国科协年会,2006.

第2章

蜂窝结构静态压缩力学特性分析

2.1 概 述

多孔结构作为一种兼具功能和结构双重属性的材料结构,近年来得到了迅速的发展。六边形蜂窝结构作为多孔固体结构的一种,由于其具有密度小、刚度低、压缩变形大及变形可控等优点,因此是一种理想的缓冲吸能结构,且蜂窝结构成熟的制造工艺,使其在缓冲吸能领域得到了广泛的应用[1-3]。典型的应用案例是六边形铝蜂窝缓冲装置,它在航天着陆器中用于吸收着陆冲击能量,如成功登陆月球的 Apollo 11 月球探测器。由于结构的特殊性,六边形蜂窝结构的缓冲特性与蜂窝材料力学性能及相对密度、蜂窝胞元壁厚和胞元边长有关,这些参数受环境的影响较小,所以缓冲性能稳定,是缓冲装置设计的优选结构。

六边形蜂窝结构的力学性能,通常用平均应力和峰值应力两个参数进行表征,其中平均应力用于表征蜂窝结构吸能能力,而峰值应力是蜂窝结构缓冲装置设计的重要指标[4-6]。为了全面研究蜂窝结构力学特性,以六边形蜂窝结构为研究对象,建立平均应力和峰值应力理论模型。为验证建立的六边形蜂窝结构应力模型的正确性,对不同规格铝蜂窝试件进行实验研究。完善蜂窝结构异面力学特性的相关理论,为六边形蜂窝结构用于缓冲吸能装置提供理论依据。

2.2   蜂窝结构静态压缩变形过程

由于蜂窝结构的特殊性,当载荷加载方向不同时,会展现出迥异的力学特性。如图 2.1 所示,当蜂窝结构受 z 轴方向压缩载荷作用时,称为异面压缩;而当压缩载荷的加载方向处于 xOy 平面内时,称为共面压缩。Gibson 对蜂窝结构进行了详细的共面及异面压缩特性的理论分析与实验研究,研究表明,蜂窝结构的异面压缩平均应力远大于其共面压缩平均应力[7]。在进行缓冲装置设计时,通常以有效的质量和空间内吸收更多的能量为设计目标,为此,选用异面方向作为蜂窝结构缓冲吸能方向。本节主要研究异面压缩载荷作用下,六边形蜂窝结构的吸能特性。

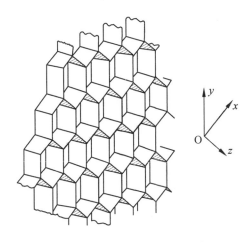

图 2.1   蜂窝结构异面示意图

对于蜂窝结构,以力学性能对其进行分类,可分为脆性蜂窝结构(陶瓷)、弹性蜂窝结构(橡胶)及弹塑性蜂窝结构(金属)。本节研究的六边形蜂窝结构为弹塑性蜂窝结构。弹塑性蜂窝结构在受到异面载荷作用时,其变形过程力学特性可以分为三个阶段:初始阶段的弹性变形阶段、稳态塑性压溃变形阶段及密实阶段。图 2.2 所示为典型弹塑性蜂窝结构在异面压缩载荷作用下的载荷 – 位移曲线图。

(1)弹性变形阶段。对于弹塑性金属蜂窝结构,在加载的初始阶段,孔壁自身发生弯曲变形,载荷未达到蜂窝结构屈曲强度之前,载荷表现出随位移增加而线性增大的趋势,此阶段蜂窝结构通过弹性变形来吸收能量,载荷卸去后,蜂窝结构会恢复变形。在弹性变形阶段中,蜂窝结构主要发生弹性屈曲,当载荷超过屈曲强度时,会进入塑性变形阶段后,通常屈曲强度对应载荷 – 位移曲线的初始峰值力 P_{cr}。

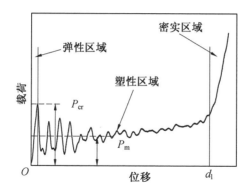

图 2.2　典型弹塑性蜂窝结构在异面压缩载荷作用下的载荷 – 位移曲线图[8]

（2）稳态塑性压缩变形阶段。进入塑性变形阶段，载荷波动趋于稳定，此阶段金属蜂窝结构以轴向有规律的塑性坍塌变形来吸收能量。该阶段是蜂窝结构吸收能量的主要阶段。通常将该阶段载荷的平均值定义为蜂窝结构的平均载荷 P_m，它是表征蜂窝结构吸能性能和缓冲装置设计的一个重要指标。

（3）密实阶段。伴随着变形逐渐增加，蜂窝结构最终被压实，其孔壁材料进一步堆叠在一起，导致最后阶段载荷急剧增大。密实阶段的蜂窝结构变形位移是表征蜂窝结构吸能能力的另一重要参数，在设计缓冲装置时需要用该参数推导缓冲装置的外形尺寸和总吸收能量。

2.3　准静态压缩平均应力

2.3.1　塑性铰模型与基本假设

实验研究表明，六边形蜂窝结构在受异面压缩载荷作用时会出现周期性的折叠变形[7]。该变形过程为基本折叠单元的逐个折叠，可以近似地表示为如图 2.3 所示的模型。每个基本折叠单元在变形过程中，会以折叠单元中点为旋转轴进行折叠，该基本折叠单元被称为塑性铰，每半个折叠单元长度 H 被称为半波长塑性铰[9]。

由于六边形蜂窝结构的对称性，提取蜂窝结构中的 Y 形胞元进行分析研究（图 2.4）。每种六边形蜂窝结构可简化为由两个厚度为

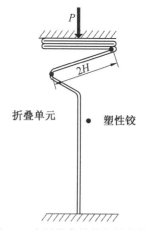

图 2.3　金属蜂窝结构塑性铰模型

t、长度为 $l/2$ 和一个厚度为 $2t$、长度为 $w/2$ 的 Y 形胞元进行表示。如图 2.4（a）所示，假设六边形蜂窝胞元相邻两边夹角为 α，则简化后的 Y 形胞元其截面如图 2.4（b）所示，Y 形胞元立体图如图 2.4（c）所示。

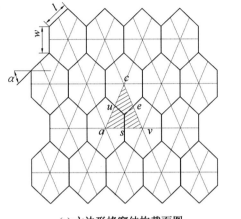 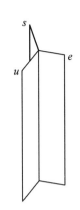

(a) 六边形蜂窝结构截面图　　(b) Y 形胞元截面图　　(c) Y 形胞元立体图

图 2.4　六边形蜂窝结构分析模型

为确定蜂窝结构异面压缩力学特性，做如下假设：

（1）蜂窝基体材料具有良好的塑性，将其视为理想的弹塑性材料。

（2）蜂窝结构在受异面压缩载荷作用时，产生如图 2.3 所示的周期性对称折叠变形，在变形过程中各个折叠的塑性铰长度相等，为 $2H$。

（3）假设在压缩过程中粘接的两边强度足够大，不会发生破裂，不考虑粘接对蜂窝结构力学性能的影响。

2.3.2　平均应力模型

蜂窝结构属于典型的薄壁结构，Chen 和 Wierzbicki 对薄壁结构吸能特性的理论研究做出了突出贡献，他们提出的简化超折叠单元理论一直沿用至今[10]。在简化超折叠单元理论中，在一个长度为 C、高度为 $2H$ 的基本折叠单元变形过程中的变形能可分为两部分：弯曲变形能和延展变形能。简化后的基本折叠单元模型如图 2.5 所示。

基本折叠单元是由四个延展性三角形单元和四条静态塑性铰线组成的一块折叠单元。图 2.5（a）所示为折叠单元弯曲吸能模型，四条静态塑性铰线分别位于折叠单元的两侧和对折变形线上，相应的旋转角度为 θ。图 2.5（b）中的阴影部分为四个延展性三角形单元，上下两个三角形单元为内侧挤压单元，中间两个三角形为外侧延展单元。

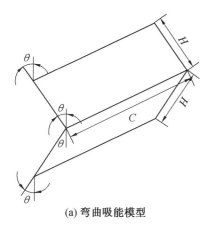

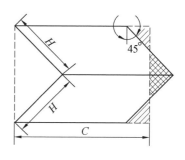

(a) 弯曲吸能模型　　　　　　(b) 延展吸能模型

图 2.5　简化后的基本折叠单元模型

如图 2.6 所示,以一个塑性铰长度为 $2H$ 的 Y 形胞元为例,对六边形蜂窝结构的平均应力进行建模分析。

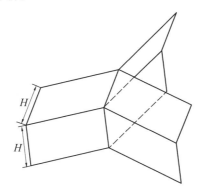

图 2.6　Y 形胞元分析模型

针对图 2.6 中的分析模型可得

$$F_{\mathrm{m}} \cdot 2H \cdot k = E_{\mathrm{b}} + E_{\mathrm{m}} \tag{2.1}$$

式中　　F_{m}——压缩过程中胞元所受平均载荷(N);

　　　　k——有效压缩行程系数,对于六边形金属蜂窝结构通常取 0.82[8];

　　　　E_{b}——胞元弯曲耗能(J);

　　　　E_{m}——膜延展耗能(J)。

E_{b} 代表各条塑性铰线上弯曲变形能量总和。每个 Y 形胞元中含有三块折叠单元,每个折叠单元中有四条静态塑性铰线,由于六边形蜂窝结构加工通常采用粘接拉伸的方法,在 Y 形胞元中存在一个单元厚度为 $2t$ 的折叠单元和两个单元厚度为 t 的折叠单元,因此弯曲耗能可以表示为

$$E_b = 2 \sum_{i=1}^{4} M'_0 \theta_i C + \sum_{i=1}^{4} M''_0 \theta_i C \tag{2.2}$$

式中 M'_0——t 厚度单元的全塑性弯矩（MPa）；

       M''_0——$2t$ 厚度单元的全塑性弯矩（MPa）；

       θ_i—— 每条铰线的弯曲旋转角度（rad）；

       C—— 折叠单元的边缘长度（mm）。

全塑性弯矩的定义通常有两种形式：第一种是基于屈雷斯佳屈服准则定义的全塑性弯矩，即

$$M_0 = \frac{1}{4} \sigma_0 t^2 \tag{2.3}$$

在 Chen 提出的简化超折叠单元理论中，σ_0 为流动应力值，即

$$\sigma_0 = \sqrt{\frac{\sigma_y \sigma_u}{1+n}} \tag{2.4}$$

式中 σ_y—— 材料屈服极限（MPa）；

       σ_u—— 材料极限强度（MPa）；

       n—— 材料硬化常数。

但是对于六边形蜂窝结构准静态压缩条件下材料硬化对蜂窝结构力学性能的影响较小，可忽略不计。因此本节取 σ_0 为蜂窝结构基体材料的初始屈服强度进行计算。

第二种是基于米塞斯屈服准则定义的全塑性弯矩，即

$$M_0 = \frac{\sigma_0 t^2}{2\sqrt{3}} \tag{2.5}$$

以屈雷斯佳屈服准则为材料屈服准则，对于一个波长塑性铰高度的 Y 形胞元，其弯曲耗能为

$$E_b = 2 \sum_{i=1}^{4} \left(\frac{1}{4} \sigma_0 t^2 \right) \theta_i \frac{l}{2} + \sum_{i=1}^{4} \left[\frac{1}{4} \sigma_0 (2t)^2 \right] \theta_i \frac{w}{2} \tag{2.6}$$

而一个波长范围内的膜延展能可以通过积分延展和挤压三角形区域面积求得，即

$$E_m = 2 \int \sigma_0 t \, ds + \int \sigma_0 (2t) \, ds \tag{2.7}$$

将通过式（2.6）求得的弯曲耗能和通过式（2.7）求得的膜延展能代入式（2.1）中，可以求得平均载荷为

$$F = \left(2\sigma_0 t H^2 + \frac{1}{2} \pi l \sigma_0 t^2 + \pi w \sigma_0 t^2 \right) / 2Hk \tag{2.8}$$

根据折叠半波长塑性铰 H，使平均载荷取最小值条件 $\frac{\partial F}{\partial H} = 0$，可得基于屈雷

斯佳屈服准则的六边形蜂窝结构半波长塑性铰计算公式为

$$H = \sqrt{\frac{1}{4}\pi lt + \frac{1}{2}\pi wt} \tag{2.9}$$

将式(2.9)代入式(2.8)中,则 Y 形胞元受异面压缩载荷作用的平均力为

$$F = \frac{\pi l\sigma_0 t^2 + 2\pi w\sigma_0 t^2}{k\sqrt{t\pi l + 2t\pi w}} \tag{2.10}$$

为减少同种规格蜂窝结构因外形尺寸不同对平均力的影响,以蜂窝结构平均应力代替平均载荷,对六边形蜂窝结构异面吸能特性进行研究。根据图 2.4(b)可求得 Y 形胞元所占面积为

$$S = l\cos\alpha(w + l\sin\alpha) \tag{2.11}$$

考虑到结构的对称性,Y 形胞元受异面压缩载荷作用下的平均应力为

$$\sigma_m = \frac{F}{S} = \frac{\pi\sigma_0 t^2 l + 2\pi\sigma_0 t^2 w}{k\sqrt{\pi tl + 2\pi tw}\, l\cos\alpha(w + l\sin\alpha)} \tag{2.12}$$

对于正六边形蜂窝结构,有 $\alpha = 30°, w = l$,因此正六边形蜂窝结构平均应力计算公式可表达为

$$\sigma_m = 3.329\sigma_0 \left(\frac{t}{l}\right)^{\frac{3}{2}} \tag{2.13}$$

同理,采用米赛斯屈服准则 $M_0 = \dfrac{\sigma_0 t^2}{2\sqrt{3}}$,将其代入式(2.1)中重复上述推导过程可得,基于米赛斯屈服准则的 Y 形胞元半波长塑性铰长度为

$$H = \sqrt{\frac{\sqrt{3}}{6}\pi tl + \frac{\sqrt{3}}{3}\pi tw} \tag{2.14}$$

Y 形胞元受异面压缩载荷作用的平均力为

$$F = \frac{\frac{\sqrt{3}}{3}\pi\sigma_0 t^2 l + \frac{2\sqrt{3}}{3}\pi\sigma_0 t^2 w}{k\sqrt{\frac{\sqrt{3}}{6}\pi tl + \frac{\sqrt{3}}{3}\pi tw}} \tag{2.15}$$

Y 形胞元受异面压缩载荷作用的平均应力为

$$\sigma_m = \frac{F}{S} = \frac{\frac{\sqrt{3}}{3}\pi\sigma_0 t^2 l + \frac{2\sqrt{3}}{3}\pi\sigma_0 t^2 w}{k\sqrt{\frac{\sqrt{3}}{6}\pi tl + \frac{\sqrt{3}}{3}\pi tw}\,[l\cos\alpha(w + l\sin\alpha)]} \tag{2.16}$$

对于正六边形蜂窝结构,可取 $\alpha = 30°, w = l$,因此正六边形蜂窝结构基于米赛斯屈服准则的平均应力计算公式为

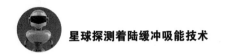

$$\sigma_{\mathrm{m}} = 3.097\sigma_0 \left(\frac{t}{l}\right)^{\frac{3}{2}} \qquad (2.17)$$

为了方便比较分析,将 Wierzbicki 提出的平均应力数学模型一同进行对比。Wierzbicki 通过理论研究得到的正六边形蜂窝结构平均应力计算公式为

$$\sigma_{\mathrm{m}} = 6.6\sigma_{\mathrm{u}} \left(\frac{t}{l}\right)^{\frac{5}{3}} \qquad (2.18)$$

式中 σ_{u}——蜂窝基体材料的屈服应力(MPa)。

图 2.7 所示为基于屈雷斯佳和米赛斯屈服准则求得的正六边形蜂窝结构平均应力模型和 Wierzbicki 的平均应力经典模型对比图,图中取屈服强度 $\sigma_0 = 140$ MPa。通过分析图 2.7 以及对式(2.13)、式(2.17)、式(2.18)进行对比,基于两种屈服准则推导的六边形蜂窝结构平均应力计算值小于经典计算公式的平均应力计算值,且三个公式都可以表示为 t/l 幂函数的形式。

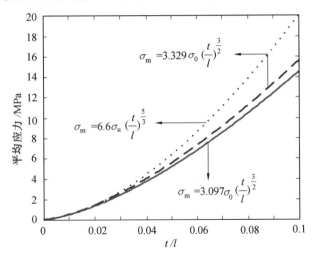

图 2.7 正六边形蜂窝结构平均应力模型对比图

2.4 准静态压缩峰值应力

六边形蜂窝结构受异面压缩载荷作用时,在初始变形阶段会产生较大的峰值应力,该应力通常用于蜂窝缓冲装置安全性评估的限定指标。峰值应力的产生是由于蜂窝结构发生弹性屈曲,弹性屈曲破坏的临界应力即为峰值应力。图 2.8 所示为蜂窝结构 Y 形胞元弹性屈曲模型。

在理想情况下,六边形蜂窝结构发生弹性曲屈的分析模型如图 2.8(a) 所示。在受到轴向方向载荷时,由于蜂窝结构的对称性,蜂窝结构产生周期性屈曲,每个屈曲长度单位为塑性铰长度。

采用 Y 形胞元对蜂窝结构峰值应力进行研究,将 Y 形胞元简化为一根细长杆,简称杆模型。在理想情况下,一个塑性铰长度上 Y 形胞元的杆模型弯曲变形模式如图 2.8(b) 所示。杆模型在受到异面载荷作用下,会形成半正弦线形状的弯曲变形,然而在实际情况中,由于蜂窝结构孔格不均一,在异面方向上蜂窝结构通常有所倾斜,因此,在高度为一个塑性铰长度的 Y 形胞元杆模型中,蜂窝结构在受异面压缩载荷作用时,变形模式如图 2.8(c) 所示,可以表示为一种抛物线形状的弯曲变形。

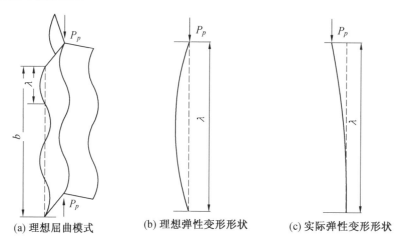

(a) 理想屈曲模式　　　　(b) 理想弹性变形形状　　　　(c) 实际弹性变形形状

图 2.8　蜂窝结构 Y 形胞元弹性屈曲模型

国内外学者对于蜂窝结构峰值应力的理论求解研究较少,目前工程上较为常用的计算公式为半经验公式[7]:

$$\sigma_{cr} = \frac{38.2E}{\sqrt{3}(1-\nu^2)}\left(\frac{t}{l}\right)^3 \tag{2.19}$$

式中　　E——蜂窝结构基体材料弹性模量(GPa);

　　　　ν——蜂窝结构基体材料泊松比。

该公式以一个六边形蜂窝结构胞元为研究对象,大量的工程经验证明,使用该公式得到的计算值精度较差,多数情况下不能满足计算精度要求[8]。

以 Y 形胞元杆模型为研究对象,针对图2.8(c) 中的变形模式,采用能量法计算准静态载荷作用下,六边形蜂窝结构异面方向的峰值应力。首先对六边形蜂窝结构受异面压缩载荷作用下,Y 形胞元杆模型进行如下假设:

（1）蜂窝结构基体材料为理想的弹塑性材料，在弹性屈曲变形阶段，材料只表现弹性特性。

（2）蜂窝结构受异面压缩载荷作用下，其初始弹性变形如图2.8（c）所示。

（3）弹性屈曲的临界破坏发生在最弱一级塑性铰上。

设Y形胞元杆模型偏离直线平衡位置后，挠曲线方程为

$$\tau = \delta_y \frac{x^2}{D_y^2} \tag{2.20}$$

式中　δ_y——Y形胞元杆模型最大挠度（mm）；

　　　τ——Y形胞元杆模型挠度（mm）；

　　　x——Y形胞元杆模型轴向微小位移（mm）；

　　　D_y——Y形胞元杆模型长度（mm），$D_y = 2H$。

杆模型上任意截面的弯矩为

$$M_D = P \cdot \tau = P \cdot \delta_y \frac{x^2}{D_y^2} \tag{2.21}$$

式中　P——Y形胞元杆模型的轴向压力（N）。

杆模型因弯曲而增加的变形能为

$$\Delta U = \int_0^{D_y} \frac{M_D^2}{2EI} \mathrm{d}x \tag{2.22}$$

将式（2.21）代入式（2.22），可求得杆模型弯曲变形能为

$$\Delta U = \frac{P^2 \delta_y^2 D_y}{10EI} \tag{2.23}$$

式中　I——Y形胞元杆模型的截面惯性矩。

参照图2.4（b），Y形胞元的截面惯性矩为

$$I = \frac{1}{12}lt^3 + \frac{1}{3}wt^3 \tag{2.24}$$

杆模型的轴线由直线变成抛物线后，其轴向位移为

$$\lambda_d = \int_0^{D_y} (\mathrm{d}s - \mathrm{d}x) = \int_0^{D_y} \left[\left(\sqrt{1 + \left(\frac{\mathrm{d}\tau}{\mathrm{d}x} \right)^2} \right) \mathrm{d}x - \mathrm{d}x \right] \tag{2.25}$$

式中　$\mathrm{d}s$——抛物线的曲率。

式（2.25）可简化为

$$\lambda_d = \frac{2\delta_y^2}{3D_y} \tag{2.26}$$

因此微变形过程中压力所做功为

$$\Delta W = P\lambda_d = \frac{2P\delta_y^2}{3D_y} \tag{2.27}$$

由临界压力条件有 $\Delta W = \Delta U$,则峰值力 P 为

$$P = \frac{20E}{3D_y^2}\Big(\frac{1}{12}lt^3 + \frac{1}{3}wt^3\Big) \tag{2.28}$$

对采用屈雷斯佳屈服准则建立的塑性铰长度模型进行分析,Y 形胞元杆模型杆长为

$$D_y = 2H = \sqrt{\pi lt + 2\pi wt} \tag{2.29}$$

将式(2.29)代入式(2.28)中可求得峰值力关于蜂窝结构参数的表达式为

$$P = \frac{5E(lt^2 + 4wt^2)}{9(\pi l + 2\pi w)} \tag{2.30}$$

为使研究对象不受外形尺寸的限制,通常采用峰值应力进行表征。基于屈雷斯佳屈服准则建立的六边形蜂窝结构峰值应力为

$$\sigma_p = \frac{P}{S} = \frac{5E(lt^2 + 4wt^2)}{9(\pi l + 2\pi w)\big[l\cos\alpha(w + l\sin\alpha)\big]} \tag{2.31}$$

对于正六边形蜂窝结构有 $\alpha = 30°$, $w = l$,因此正六边形蜂窝结构峰值应力为

$$\sigma_p = \frac{100}{81\sqrt{3}\,\pi}E\Big(\frac{t}{l}\Big)^2 \tag{2.32}$$

同理,对采用米塞斯屈服准则建立的塑性铰长度模型进行分析,Y 形胞元杆模型杆长为

$$D_y = 2H = \sqrt{\frac{2\sqrt{3}}{3}\pi tl + \frac{4\sqrt{3}}{3}\pi tw} \tag{2.33}$$

将式(2.33)代入式(2.28)中可求得峰值力关于蜂窝结构参数的表达式为

$$P = \frac{5E(lt^2 + 4wt^2)}{2\sqrt{3}\,(\pi l + 2\pi w)} \tag{2.34}$$

基于米塞斯屈服准则建立的六边形蜂窝结构峰值应力为

$$\sigma_p = \frac{P}{S} = \frac{5E(lt^2 + 4wt^2)}{2\sqrt{3}\,(\pi l + 2\pi w)\big[l\cos\alpha(w + l\sin\alpha)\big]} \tag{2.35}$$

正六边形蜂窝结构峰值应力为

$$\sigma_p = \frac{50}{81\pi}E\Big(\frac{t}{l}\Big)^2 \tag{2.36}$$

图 2.9 所示为基于屈雷斯佳屈服准则和米赛斯屈服准则求得的正六边形蜂窝结构峰值应力和经典计算模型对比图,对于铝合金等金属材料通常泊松比可取 $\nu = 0.3$。从图中可以看出,经典计算模型的计算值明显高于本节求得的计算值。

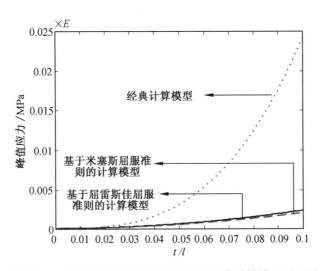

图 2.9　正六边形蜂窝结构峰值应力和经典计算模型对比图

2.5　准静态压缩实验研究

2.5.1　基体材料力学性能测试实验

目前六边形金属蜂窝结构主要以铝蜂窝和镁蜂窝为主,由于铝蜂窝具有更好的弹塑性力学特性,因此广泛应用于包装工程领域和缓冲吸能领域。无论是铝蜂窝异面力学性能还是其共面力学性能,都与基体材料力学性能密切相关,然而现有的对铝蜂窝力学特性研究中很少有通过力学实验来测量基体材料相关参数的,多数研究都是采用铝合金的参数。然而对于不同蜂窝结构基体材料,其力学性能往往相差较大,常用于加工铝蜂窝的铝箔材料有 2024、3003、5A02、5A06、5052 及 5056 等,通常 3003 铝箔材料易于制备蜂窝结构,成本较低,但强度也较低。相比之下 5056 铝箔材料的强度最高,但其加工性能较差,成本也较高。具体采用何种基体材料的铝蜂窝,需根据设计条件来确定。对于同种材料不同厚度的铝箔,力学特性同样相差较大,如果采用单一的铝合金材料参数进行分析,往往不够准确。为此,对进行准静态压缩和动态冲击实验的铝蜂窝基体材料,进行准静态力学拉伸实验,以测得准确的铝蜂窝基体材料力学性能参数。实验件选择具有双层厚度的正六边形铝蜂窝,同时考虑加工的方便性,采用强度相对较弱的 3003H18 材料为铝蜂窝基体材料。按照金属材料室温拉伸实验国家标准[11],对厚度分别为 0.04 mm、0.05 mm 和 0.06 mm 的三种 3003H18 铝箔材料进行拉伸实验。为了保证实验件的质量,采用线切割的形式进行加工。在室温为 20 ℃ 条件下,以 10 mm/min 的拉伸速度在 Instron5969 型静态万能力学实验机进行拉伸实验,实验装置和实验试件如图 2.10 所示。

(a) 实验装置

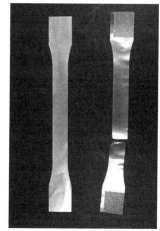
(b) 实验试件

图 2.10　铝箔材料拉伸实验

　　为了保证测得的实验数据有足够的准确性和可靠性,对每种厚度的铝箔材料进行了四次重复的拉伸实验,相应参数取平均值。以厚度为 0.06 mm 的铝箔材料为例,其准静态拉伸力学实验应力 – 应变曲线图如图 2.11 所示。从图中可以看出,3003H18 材料是一种典型的弹塑性材料,具有较好的弹性和塑性。

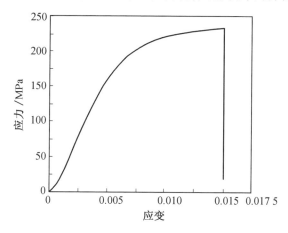

图 2.11　0.06 mm 厚度铝箔材料准静态拉伸力学实验应力 – 应变曲线图

　　表 2.1 为不同厚度铝箔拉伸实验结果。从表中可以看出,与常用的铝合金相比(弹性模型为 69 GPa),实验用 3003H18 材料的弹性模量相差较大。尽管三种不同厚度铝箔的弹性模量和初始强度彼此相差较小,但明显可以看出彼此的极限屈服强度相差较大。通过比较,进一步证实了铝蜂窝结构平均应力和峰值应

力的理论值,不能简单地采用铝合金的相关参数进行计算。

表 2.1　不同厚度铝箔拉伸实验结果

材料厚度 /mm	弹性模量 /GPa	初始强度 /MPa	极限强度 /MPa
0.06	38.25	140	233.8
0.05	41.73	135	268
0.04	40.39	130	219

2.5.2　平均应力实验研究

为验证建立的准静态载荷作用下,六边形蜂窝结构异面平均应力模型的正确性,对九种不同规格的铝蜂窝进行准静态压缩实验。在实验过程中对每种规格试件进行三次重复实验以保证实验的可靠性和准确度,最后取蜂窝结构应力的平均值进行分析。

实验用铝蜂窝采用缓冲领域较为常用的正六边形铝蜂窝。由于该种类型的铝蜂窝采用了拉伸法的加工工艺,只能生产出铝蜂窝板,考虑到腿式着陆器着陆腿通常为圆柱形结构,起缓冲作用的铝蜂窝也需加工成圆柱形式填充在着陆腿中,为此专门加工一种圆形加工刀具对铝蜂窝板进行加工,以获得适用于着陆器缓冲用圆柱形蜂窝结构,也可以采用线切割方式获得。加工后的蜂窝结构其表面毛刺较少且平整度好,可以满足实验要求。在室温20 ℃条件下进行实验,实验压缩速度为10 mm/min,采用Instron5969 型静态万能力学实验机进行准静态压缩实验,实验装置如图 2.12 所示。

图 2.12　准静态压缩实验装置图

为了便于统计,将每种规格铝蜂窝试件进行编号。编号由四部分组成(如H0604 - 50),字母"H"表示铝蜂窝;第二、三位数字"××"表示正六边形铝蜂窝胞元单边厚度为 0. ××(单位为 mm);第四、五位数字"××"代表铝蜂窝胞元的边长(单位为 mm);第六、七位数字"××"代表铝蜂窝试件的高度(单位为 mm)。例如,H0604 - 50 代表厚度为 0.06 mm、边长为 4 mm、高度为 50 mm 的铝蜂窝试件。由于采用准静态实验,铝蜂窝可较为平稳地吸收能量,通常不会发生因蜂窝结构加工工艺上的缺陷,使蜂窝结构在受异面载荷作用时变形,出现倾斜而大幅降低其吸能能力的情况。

实验实测数据为蜂窝结构轴向变形所对应的载荷值,为使实验结果通用性更强,采用应力 – 应变曲线对铝蜂窝受异面压缩载荷的动态力学特性进行表征,使用此种方法可不受试件外形尺寸的影响,从而得到一个统一的评判指标。图 2.13 所示为 H0604 – 50 试件准静态压缩实验应力 – 应变曲线图。该图较好地展示了金属蜂窝结构受准静态异面压缩载荷作用的力学特性。通过分析图 2.13 可求得 H0604 – 50 铝蜂窝峰值应力和平均应力值。使用此种测量方法同理求得其他八种规格蜂窝结构的平均应力和峰值应力。利用铝蜂窝平均应力理论计算式 (2.13)、式(2.17)和实验测得的铝蜂窝基体材料参数,计算九种铝蜂窝平均应力的理论预测值。同时为了方便比较分析,计算铝蜂窝平均应力经典理论公式的预测值。表 2.2 为九种规格铝蜂窝平均应力实验值与理论预测值对比分析表。

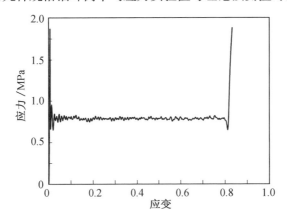

图 2.13　H0604 – 50 试件准静态压缩实验应力 – 应变曲线图

表 2.2　九种规格铝蜂窝平均应力实验值与理论预测值对比分析表

序号	编号	实验值 $(\sigma_m)_t$ /MPa	基于米塞斯屈服准则的计算模型 /MPa	基于屈雷斯佳屈服准则的计算模型 /MPa	经典计算模型 /MPa
1	H0604 – 50	0.793	0.785	0.844	0.831
2	H0605 – 50	0.545	0.562	0.604	0.573
3	H0606 – 50	0.453	0.427	0.459	0.423
4	H0504 – 50	0.582	0.584	0.605	0.578
5	H0505 – 50	0.427	0.418	0.433	0.398
6	H0506 – 50	0.321	0.318	0.329	0.294
7	H0404 – 50	0.423	0.403	0.433	0.398
8	H0405 – 50	0.287	0.288	0.31	0.275
9	H0406 – 50	0.215	0.219	0.236	0.203

为了更好地分析三种平均应力计算模型的准确度,对每种理论预测值与实验值之间的偏差进行分析,该偏差定义为

$$\gamma_m = \frac{(\sigma_m)_t - \sigma_m}{(\sigma_m)_t} \times 100\% \qquad (2.37)$$

式中　　$(\sigma_m)_t$——铝蜂窝试件的准静态压缩平均应力实验值(MPa);

　　　　σ_m——理论计算模型求得的准静态异面压缩平均应力值(MPa)。

图 2.14 所示为三种准静态平均应力理论预测值与实验值偏差图。

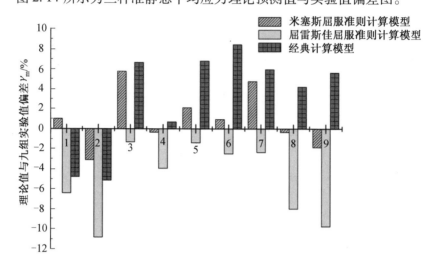

图 2.14　三种准静态平均应力理论预测值与实验值偏差图

通过对该图进行分析可得,采用米塞斯屈服准则建立的六边形蜂窝结构平均应力理论预测值与九次实验值相比,偏差范围在 − 3.15% ~ 5.74%,偏差平均值为 0.98%,偏差标准差为 2.88%。

采用屈雷斯佳屈服准则建立的六边形蜂窝结构平均应力理论预测值与九次实验值相比,偏差范围在 − 10.83% ~ − 1.33%,偏差平均值为 − 5.18%,偏差标准差为 3.68%。

采用经典的正六边形蜂窝结构平均应力理论计算公式求得的理论预测值与九次实验值相比,偏差范围在 − 5.14% ~ 8.41%,偏差平均值为 3.14%,偏差标准差为 5.07%。

在三种平均应力理论预测模型中,采用米塞斯屈服准则建立的六边形蜂窝结构平均应力理论计算模型的计算精度最高,最高计算偏差为 5.74%,偏差平均值和偏差标准差在三种计算模型中最低,进一步证明了基于米塞斯屈服准则建立的金属蜂窝结构平均应力理论计算模型的正确性。

米塞斯屈服准则定义在塑性状态下等效应力总是等于流动应力,流动应力

为单向应力状态下的对应于一定温度、一定变形程度及一定应变速率的流动应力,该应力是以真实应力进行表征而不是以名义应力进行表征,即把开始屈服后的整个真实应力曲线作为确定后继屈服所需应力的依据。而屈雷斯佳屈服准则定义最大剪应力达到某极限值 K 时材料发生屈服。实验表明,一般韧性金属材料如铜、铝及铝合金等与米塞斯屈服准则符合较好,这是基于米塞斯屈服准则建立的理论计算模型,计算精度高于基于屈雷斯佳屈服准则建立的理论计算模型的主要原因。

2.5.3　峰值应力实验研究

为验证在建立的准静态载荷作用下,六边形蜂窝结构异面峰值应力模型的正确性,计算九种不同规格铝蜂窝准静态压缩实验峰值应力结果,并与理论计算结果进行对比分析。由于峰值应力更易受蜂窝孔格均一性的影响,实验中峰值应力的不确定性比平均应力大得多。为确保实验的可靠性,对每种规格的铝蜂窝试件进行五次实验,剔除不可靠的实验数据。为更好地对三种峰值应力计算模型进行比较分析,将三种峰值应力的实验值和理论预测值全部列入表 2.3 中。

表 2.3　三种峰值应力的实验值和理论预测值

序号	编号	实验值 $(\sigma_p)_t$ /MPa	基于屈雷斯佳准则的计算模型 /MPa	基于米塞斯准则的计算模型 /MPa	经典计算模型 /MPa
1	H0604 – 50	1.87	1.950	1.691	3.125
2	H0605 – 50	1.35	1.248	1.082	1.600
3	H0606 – 50	0.96	0.867	0.752	0.926
4	H0504 – 50	1.35	1.471	1.281	1.965
5	H0505 – 50	0.87	0.942	0.82	1.006
6	H0506 – 50	0.58	0.654	0.569	0.582
7	H0404 – 50	0.93	0.917	0.794	0.979
8	H0405 – 50	0.53	0.587	0.508	0.501
9	H0406 – 50	0.38	0.407	0.353	0.290

为进一步分析三种计算模型的计算精度,对每种理论预测值与实验值之间的偏差进行分析,将偏差定义为

$$\gamma = \frac{(\sigma_p)_t - \sigma_p}{(\sigma_p)_t} \times 100\%$$

式中　　$(\sigma_p)_t$ —— 铝蜂窝试件准静态压缩峰值应力实验值(MPa);

σ_{p}—— 准静态异面压缩下峰值应力理论计算值(MPa)。

图 2.15 所示为三种准静态峰值应力理论预测值与实验值偏差柱状图。

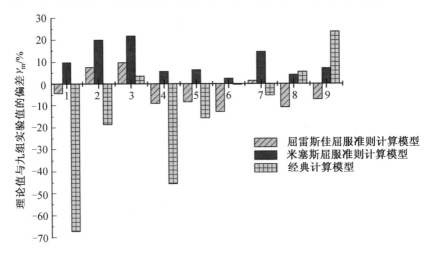

图 2.15　三种准静态峰值应力理论预测值与实验值偏差柱状图

通过分析图 2.15 中的数据可得,采用屈雷斯佳屈服准则建立的六边形蜂窝结构峰值应力理论预测值与九次实验值相比,偏差范围在 − 12.76% ~ 9.69%,偏差平均值为 − 3.72%,偏差标准差为 8.1%。

采用米塞斯屈服准则建立的六边形蜂窝结构峰值应力理论预测值与九次实验值相比,偏差范围在 2.41% ~ 21.77%,偏差平均值为 10.18%,偏差标准差为 6.99%。

3003 铝合金材料泊松比通常取 $\nu = 0.3$,采用经典计算模型得到的正六边形金属蜂窝结构峰值应力理论预测值与九次实验值相比,偏差范围在 − 67.11% ~ 23.68%,偏差平均值为 − 13.3%,偏差标准差为 27.85%。

在三种峰值应力理论预测模型中,采用屈雷斯佳屈服准则和米塞斯屈服准则建立的理论计算模型,计算精度比经典计算模型有显著提高。其中采用屈雷斯佳屈服准则的峰值应力理论预测模型精度最高,最高计算偏差为 − 12.76%,平均偏差为 − 3.72%,进一步证实了该理论预测模型的正确性。

理想的六边形蜂窝结构弹性屈曲模型如图 2.8(a)所示,当蜂窝结构剪切应力达到最大值时,弹性屈曲达到临界状态,与屈雷斯佳屈服准则对屈服强度的定义一致。因此,基于屈雷斯佳屈服准则建立的峰值应力理论计算模型计算精度高于基于米塞斯屈服准则建立的峰值应力理论计算模型的计算精度。

2.6　本章小结

基于缓冲装置高吸能能力的要求,考虑到六边形蜂窝结构的对称性,提取 Y 形胞元,对蜂窝结构异面力学特性进行理论建模和实验研究,主要工作如下:

（1）基于塑性铰模型基本假设,分别采用屈雷斯佳和米塞斯两种屈服准则,建立了基于简化超折叠单元理论的六边形蜂窝结构平均应力理论模型,并推导了塑性铰长度计算公式。

（2）采用屈雷斯佳和米塞斯屈服准则,建立了基于能量法的六边形蜂窝结构峰值应力理论模型。

（3）采用静态万能力学实验机对铝蜂窝试件进行了准静态压缩实验,获得了铝蜂窝结构应力与应变的关系曲线,结果表明,采用基于米塞斯屈服准则建立的六边形蜂窝结构平均应力理论计算模型的计算精度最高。

本章参考文献

［1］YASUI Y. Dynamic axial crushing of multi-layer honeycomb panels and impact tensile behavior of the component members［J］. International Journal of Impact Engineering,2000,24(6):659-671.

［2］WIERZBICKI T. Crushing analysis of metal honeycombs［J］. International Journal of Impact Engineering, 1983, 1(2):157-174.

［3］AKTAY L, JOHNSON A F, KROPLIN B H. Numerical modelling of honeycomb core crush behaviour［J］. Engineering Fracture Mechanics,2008,75(9):2616-2630.

［4］AMBROSIO J A C. Crashworthiness: Energy management and occupant protection［M］. Springer Wien, 2001.

［5］SUN Y L, LI Q M. Dynamic compressive behaviour of cellular materials: A review of phenomenon, mechanism and modeling［J］. International Journal of Impact Engineering, 2018,12(112):74-115.

［6］MCFARLAND R K. Hexagonal cell structures under post-buckling axial load［J］. Aiaa Journal, 1963, 1(6): 1380-1385.

［7］LORNA J, MICHAEL F. Cellular solids: structure and properties［M］. Cambridge: University Press,1999.

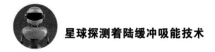

［8］罗昌杰. 腿式着陆缓冲器的理论模型及优化设计研究［D］. 哈尔滨:哈尔滨工业大学,2010.

［9］HONG S T, PAN J, TYAN T,et al. Quasi-static crush behavior of aluminum honeycomb specimens under compression dominant combined loads［J］. International Journal Plasticity,2006,22(1):73-109.

［10］CHEN W, WIERZBICKI T. Relative merits of single-cell, multi-cell and foam-filled thin-walled structures in energy absorption［J］. Thin-Walled Structures, 2001, 39(4):287-306.

［11］中华人民共和国国家质量监督检验检疫总局,中国国家标准化管理委员会. 金属材料　拉伸试验　第1部分　室温试验方法(GB/T 228.1—2010)［S］. 北京: 中国标准出版社, 2010.

第3章

蜂窝结构动态压缩力学特性分析

3.1 概　　述

由于蜂窝结构的特殊性,其在冲击载荷作用下的动态响应与准静态压缩变形相比更为复杂。对于六边形蜂窝结构的异面吸能特性研究目前主要集中在准静态特性层面,而对冲击载荷作用下蜂窝结构的吸能特性理论研究较少。虽然设计缓冲装置时,可以以蜂窝结构静态压缩力学特性为基础,引入安全裕度进行设计,而忽略不同冲击速度对缓冲吸能效果的影响,但会造成蜂窝结构有效吸能能力的损失,且难以实现缓冲装置小型化与轻量化。腿式星球着陆器通常工作在大冲击质量、低冲击速度的冲击环境下,但关于冲击载荷作用下蜂窝结构吸能特性理论计算模型的相关研究少见文献报道。考虑到星球软着陆的冲击载荷工况,有必要研究不同冲击速度条件下蜂窝结构的吸能特性,为蜂窝缓冲结构在腿式着陆器以及其他缓冲吸能领域的应用提供理论依据。

本章主要研究不同冲击速度对六边形蜂窝结构吸能特性的影响,研究计及空气影响的六边形蜂窝结构受冲击载荷作用下的动态响应,为冲击载荷作用下蜂窝结构吸能特性分析提供参考。

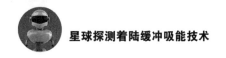

3.2 动态平均应力模型

目前对于六边形蜂窝结构受冲击载荷作用的研究主要以实验为主,然而动态冲击实验耗时长且成本较高,因此有必要建立冲击载荷作用下六边形蜂窝结构吸能特性的理论分析模型,为蜂窝结构缓冲装置的设计提供理论参考。

金属材料在不同冲击载荷加载速率下,屈服强度通常会有所变化,而合金材料由于其成分较为复杂,力学特性基本由实验测得。为了研究不同加载速度对材料力学性能的影响,采用应变率对不同速度进行表征。

3.2.1 应变率敏感材料本构方程

许多学者对应变率敏感材料进行了大量理论与实验研究,并提出了多种应变率敏感材料本构方程,包括弹塑性材料[1-2]、弹性和黏塑性材料[3]及黏塑性材料[4]的本构方程。

金属蜂窝基体材料属于典型的弹塑性材料,关于应变率敏感的弹塑性材料模型应用最多的是 Cowper 和 Symonds 在 1957 年提出的 Cowper – Symonds 方程[5]:

$$\sigma_{\mathrm{d}} = \sigma \left[1 + \left(\frac{\dot{\varepsilon}}{D} \right)^{\frac{1}{p}} \right] \tag{3.1}$$

式中 σ_{d}—— 材料动态平均屈服强度(MPa);

        σ—— 材料静态平均屈服强度(MPa);

        $\dot{\varepsilon}$—— 应变率(s^{-1});

        D—— 材料的应变率敏感参数(s^{-1});

        p—— 材料的应变率敏感参数。

该方程以材料静态条件下屈服应力为基础,引入两个应变率敏感参数,对应变率敏感材料屈服强度进行表征。该种材料模型被引入到多种商用有限元软件中,得到了广泛的认可。本章采用 Cowper – Symards 材料模型对金属蜂窝结构冲击动态平均应力理论求解和冲击仿真进行研究。

3.2.2 基本假设

实验研究发现,六边形蜂窝结构在受冲击载荷作用时,其变形模式与准静态压缩状态下变形模式相近,均为周期性折叠变形[6]。与六边形蜂窝结构准静态载荷作用下力学特性研究类似,同样提取 Y 形胞元进行六边形蜂窝结构动态吸能特性的研究,并进行以下假设:

(1)蜂窝结构在受异面压缩载荷作用时,产生如图 2.3 所示的周期性对称折叠变形,在变形过程中各个折叠的塑性铰长度相等,均为 $2H$。

(2)假设蜂窝基体材料应变率敏感效应满足 Cowper – Symonds 材料模型。

(3)在冲击过程中,假设粘接的两边强度足够大,不会发生破裂,即不考虑粘接对六边形蜂窝结构的影响。

3.2.3 六边形蜂窝结构动态平均应力理论建模

为简化分析模型以确定冲击速度和应变率的关系,下面对高度为一个塑性铰长度的折叠单元进行研究。1981 年,Wierzbicki 对薄壁结构应变率敏感问题进行了冲击速度对薄壁结构冲击效果影响的研究[7],并提出了使用薄板弯曲理论求解不同冲击速度条件下,薄壁结构的动态力学特性。作为薄壁结构的一种,从变形模式和变形特点来看,六边形蜂窝结构异面变形与薄板的塑性弯曲变形相近,因此可以运用薄板弯曲相关理论来描述金属蜂窝结构变形特性。图 3.1 为薄板动态弯曲过程图,薄板高度与塑性铰高度相同,均为 $2H$。

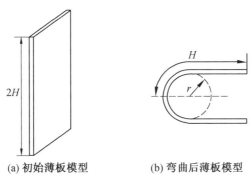

(a) 初始薄板模型   (b) 弯曲后薄板模型

图 3.1   薄板动态弯曲过程图

根据薄板弯曲理论,薄板在弯曲过程中,其曲率的变化率 $\dot{K}$ 与应变率 $\dot{\varepsilon}$ 存在如下关系:

$$\dot{\varepsilon} = \dot{K}z \tag{3.2}$$

式中 z——薄板到其中面厚度的平均值。

由于 Y 形胞元中存在两个厚度为 t 和一个厚度为 $2t$ 的折叠单元,在变形过程中由于厚度为 $2t$ 的折叠单元强度较高,在三个折叠单元中起主导作用,且两个 t 厚度的折叠单元背向折叠,因此 z 值可取 t。

根据薄板弯曲理论,六边形蜂窝结构弯曲变形时曲率变化率 $\dot{K}$ 为

$$\dot{K} = \frac{K_2 - K_1}{\Delta T} \tag{3.3}$$

式中 ΔT——弯曲过程所用时间(s);

K_1——蜂窝结构折叠单元初始曲率(mm^{-1});

K_2——蜂窝结构折叠单元 ΔT 时刻曲率(mm^{-1})。

在初始时蜂窝结构折叠单元曲率 K_1 值为 0，K_2 值可以近似表达为

$$K_2 = \frac{1}{r} \tag{3.4}$$

式中 r—— 蜂窝结构折叠单元塑性坍塌最小曲率半径（mm）。

将式（3.4）代入式（3.3）中，曲率变化率为

$$\dot{K} = \frac{1}{\Delta T \cdot r} \tag{3.5}$$

当 Y 形胞元受异面压缩载荷作用时，胞元压缩两个塑性铰长度为 $4H$，蜂窝结构在异面方向的压缩长度为 $4H - 4t$。

结合 2.3 节给出的蜂窝结构的变形模型，当蜂窝结构受到异面压缩载荷且载荷足够大时，会产生逐级压溃。假设蜂窝结构孔壁按波长 $2H$ 渐近地折叠，最后完全压缩在一起，此时，蜂窝结构所剩下的高度为

$$L_\varepsilon = L - L_E = k_1 \frac{tL}{H} \tag{3.6}$$

式中 L_E—— 蜂窝结构的有效压缩高度（mm）；

   L—— 蜂窝结构的初始高度（mm）；

   k_1—— 高度补偿系数。

在理想情况下，蜂窝结构受压变形后所剩高度如式（3.6）所示。然而实际上，蜂窝结构在压缩至该高度之前就已经达到极限应变所对应的压缩高度。在 Gibson 关于蜂窝结构压缩时的极限应变的研究中，通常 k_1 可在 $1.4 \sim 1.6$ 范围内取值[8]，本章取 $k_1 = 1.6$ 进行研究。求解冲击条件下蜂窝结构动态平均应力需使用准静态压缩平均应力理论公式，选用基于米塞斯屈服准则的式（2.14）进行研究。将式（2.14）代入式（3.6），得到基于米塞斯屈服准则的蜂窝结构有效压缩后剩余高度 L_ε 为

$$L_\varepsilon = k_1 \frac{tL}{\sqrt{\frac{\sqrt{3}}{6}\pi tl + \frac{\sqrt{3}}{3}\pi tw}} \tag{3.7}$$

式中 t—— 蜂窝胞元壁；

   l、w—— 胞元两个方向上的边长。

则基于米塞斯屈服准则的六边形蜂窝结构在异面压缩载荷作用下，极限应变 ε_D 的计算公式为

$$\varepsilon_D = 1 - k_1 \frac{t}{\sqrt{\frac{\sqrt{3}}{6}\pi tl + \frac{\sqrt{3}}{3}\pi tw}} \tag{3.8}$$

分析图 3.1 可知，对于高度为一个塑性铰长度的六边形蜂窝结构弯曲模型，蜂窝结构剩余高度与蜂窝结构塑性坍塌最小曲率半径 r 有关，即

$$2r = L_\varepsilon \qquad (3.9)$$

蜂窝结构折叠单元弯曲变形的变形速度为

$$v = \frac{2H}{\Delta T} \qquad (3.10)$$

式(3.10)中变形速度 v 为恒定值,而本章研究的着陆器着陆问题属于速度由初始速度 v_0 逐渐变为0的情况。实验研究表明,蜂窝结构冲击速度与时间变化关系近似为线性关系[6,9],因此,冲击初始速度 v_0 与恒定加载速度 v 之间的关系为

$$v = \frac{v_0}{2} \qquad (3.11)$$

结合式(3.5)、式(3.10)和式(3.11),可求得六边形蜂窝结构折叠单元弯曲变形的曲率变化率为

$$\dot{K} = \frac{v_0}{4Hr} \qquad (3.12)$$

综上所述,综合式(2.16)、式(3.1)、式(3.2)、式(3.7)、式(3.9)等可求得基于米塞斯强度准则的六边形蜂窝结构受冲击载荷作用下的动态平均应力理论计算公式为

$$\sigma_m^d = \frac{\frac{\sqrt{3}}{3}\pi\sigma_0 t^2 l + \frac{2\sqrt{3}}{3}\pi\sigma_0 t^2 w}{k\sqrt{\frac{\sqrt{3}}{6}\pi tl + \frac{\sqrt{3}}{3}\pi tw}\left[l\cos\alpha(w + l\sin\alpha)\right]}\left[1 + \left(\frac{v_0}{8k_1 D\sqrt{\frac{\sqrt{3}}{6}\pi tl + \frac{\sqrt{3}}{3}\pi tw}}\right)^{\frac{1}{p}}\right]$$

$$(3.13)$$

对于通用的正六边形蜂窝结构,式(3.13)可写为

$$\sigma_m^d = 3.097\sigma_0 \left(\frac{t}{l}\right)^{\frac{3}{2}}\left[1 + \left(\frac{v_0}{8k_1 D\sqrt{\frac{5\sqrt{3}}{6}\pi tl}}\right)^{\frac{1}{p}}\right] \qquad (3.14)$$

参考已有文献中对不同材料 D、p 值的研究[10-12],对于六边形铝合金蜂窝,可取 $D = 34\ 295.5\ \mathrm{s}^{-1}$,$p = 1.904$。

为分析不同冲击速度对蜂窝结构平均应力的影响,以正六边形蜂窝结构为例,取蜂窝结构参数 $l = w$,材料参数 $\sigma_0 = 140\ \mathrm{MPa}$,根据式(3.13)计算不同冲击速度下蜂窝结构动态平均应力值,并与静态平均应力式(2.16)的计算结果进行对比。图3.2给出了不同冲击速度下蜂窝结构动态平均应力对比图。

从图3.2可以看出,在冲击条件下,蜂窝结构动态平均应力值大于准静态条件下蜂窝结构平均应力值,且蜂窝结构动态平均应力值随冲击速率的增加而增大。在不同冲击速率下应变率敏感材料的屈服强度会发生变化,这是当蜂窝结构参数相同时,静态平均应力值和动态平均应力值不同的主要原因。对于相同

冲击速度条件下,动态平均应力随胞元边长的增大而减小,随蜂窝壁厚的降低而减小,这是因为胞元边长增加或壁厚降低使蜂窝结构屈曲强度降低,从而导致蜂窝结构动态平均应力值降低。

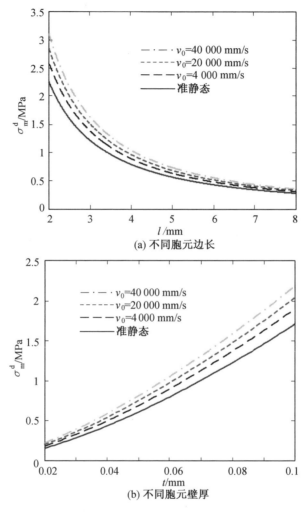

图3.2　不同冲击速度下蜂窝结构动态平均应力对比图

3.3　比吸能模型

为研制轻量化的缓冲装置,需要对缓冲装置的质量进行评价。定义缓冲装置单位质量吸收的最大有效能量为质量比吸能:

$$\mathrm{SEA_m} = \frac{W_{\text{total}}}{m} = \frac{\int_0^S F(\delta)\,\mathrm{d}\delta}{m} \tag{3.15}$$

式中　W_{total}——缓冲装置吸能总量(J);

　　　　m——缓冲装置的质量(kg);

　　　　S——缓冲装置的压缩变形(m);

　　　　$F(\delta)$——缓冲装置压缩变形为 δ 时承受的载荷(N)。

同理,在进行缓冲装置小型化设计时,需要对缓冲装置的占用体积进行评价。定义缓冲装置单位体积吸收的最大有效能量为体积比吸能为

$$\mathrm{SEA_V} = \frac{W_{\text{total}}}{V} = \frac{\int_0^S F(\delta)\,\mathrm{d}\delta}{V} \tag{3.16}$$

式中　V——缓冲装置的体积(mm^3)。

质量比吸能和体积比吸能是缓冲装置轻量化设计与小型化设计的重要指标,是评价缓冲装置自身质量和体积对吸能特性影响的重要依据。

3.3.1　体积比吸能

为简化分析,提取蜂窝结构的 Y 形胞元进行研究,计算六边形蜂窝结构体积比吸能。对于高度为 L 的六边形蜂窝 Y 形胞元,最大有效吸收能量为

$$W_{\text{total}} = 10^{-3}\sigma_m^d S\varepsilon_D L \tag{3.17}$$

式中　ε_D——Y 形胞元极限应变;

　　　　S——Y 形胞元截面面积(mm^2)。

将式(2.11)、式(3.8)和式(3.13)代入式(3.17)中,可得六边形蜂窝结构最大有效吸收能量为

$$W_{\text{total}} = \frac{20^{-3}\sigma_0 t}{k}\left\{1 + \left[\frac{v_0}{8k_1 D\sqrt{\dfrac{\sqrt{3}}{6}\pi t(l+2w)}}\right]^{\frac{1}{p}}\right\}\left[\sqrt{\frac{\sqrt{3}}{6}}\pi t(l+2w) - k_1 t\right]L \tag{3.18}$$

对于高度为 L 的 Y 形胞元,其体积为

$$V = 10^{-9}SL = 10^{-9}l\cos\alpha(w + l\sin\alpha)L \tag{3.19}$$

结合式(3.15)、式(3.18)和式(3.19),六边形蜂窝结构体积比吸能理论计算模型为

$$\mathrm{SEA_V} = \frac{W_{\text{total}}}{V} = \frac{20^6\sigma_0 t\left[\sqrt{\dfrac{\sqrt{3}}{6}}\pi t(l+2w) - k_1 t\right]}{k\left[l\cos\alpha(w + l\sin\alpha)\right]}\left[1 + \left(\frac{v_0}{8k_1 D\sqrt{\dfrac{\sqrt{3}}{6}\pi t(l+2w)}}\right)^{\frac{1}{p}}\right] \tag{3.20}$$

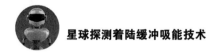

对于正六边形蜂窝结构,其体积比吸能数学模型为

$$SEA_V = \frac{80^6 \sigma_0 t \left[\sqrt{\frac{\sqrt{3}}{2}(\pi t l)} - k_1 t \right]}{3\sqrt{3}\,k l^2} \left\{ 1 + \left[\frac{v_0}{8k_1 D \sqrt{\frac{\sqrt{3}}{2}(\pi t l)}} \right]^{\frac{1}{p}} \right\} \quad (3.21)$$

以正六边形蜂窝结构为例,分析不同冲击速度及蜂窝结构参数对冲击载荷作用下蜂窝结构体积比吸能的影响。对于正六边形蜂窝结构,其结构参数取蜂窝结构参数 $\alpha = 30°$,$l = w$,材料参数取 $\sigma_0 = 140$ MPa,根据式(3.20)计算不同冲击速度下蜂窝结构体积比吸能值并进行对比。图 3.3 为不同冲击速度下蜂窝结构体积比吸能对比图。

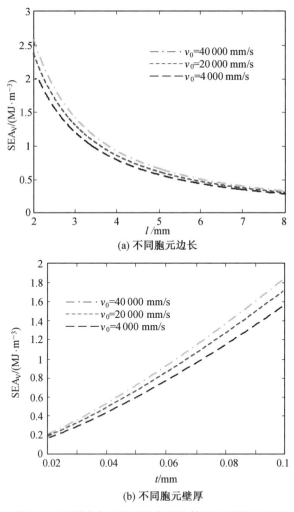

图 3.3　不同冲击速度下蜂窝结构体积比吸能对比图

在不同冲击速率下应变率敏感材料的屈服强度会发生变化,本章研究的六边形蜂窝结构基体材料具有随应变率的增加屈服强度增大的特点。当冲击速率越大时,同种规格的蜂窝结构应变率越高,动态冲击应力越大。在相同体积下蜂窝结构的动态冲击应力越大,其有效吸收能量越高。由于胞元边长增加或壁厚降低导致蜂窝结构动态平均应力降低,致使蜂窝结构体积比吸能减小,因此,与动态平均应力随蜂窝结构参数的变化趋势类似,在相同冲击速度条件下,蜂窝结构体积比吸能随胞元边长的增大而减小,随蜂窝壁厚的降低而降低。

3.3.2　质量比吸能

式(3.19)给出了高度为 L 的 Y 形胞元体积,在已知相对密度的前提下,则可求得 Y 形胞元的质量。蜂窝结构相对密度是计算蜂窝结构质量的重要参数,在了解蜂窝结构外型尺寸情况下,只需提供蜂窝基体材料密度,即可计算出蜂窝结构总质量。结合分析图 2.4(b) 所示的 Y 形胞元模型,高度为 L、截面面积为 S 的六边形蜂窝结构的相对密度可由下式计算得出:

$$\rho^* = \frac{\rho_\mathrm{h}}{\rho_\mathrm{b}} = \frac{tw + lt}{l\cos\alpha(w + l\sin\alpha)} \tag{3.22}$$

式中　　ρ_b——蜂窝基体材料密度(kg/m³);

ρ_h——蜂窝结构密度(kg/m³)。

已知高度为 L 的六边形蜂窝结构体积 V 的表达式,则可求得六边形蜂窝结构的质量为

$$m = 10^{-9}\rho_\mathrm{h}V = 10^{-9}(tw + lt)\rho_\mathrm{b}L \tag{3.23}$$

结合式(3.15)、式(3.18)和式(3.23)可得六边形蜂窝结构质量比吸能的理论计算模型为

$$\mathrm{SEA_m} = \frac{W_\mathrm{total}}{m} = \frac{20^6\sigma_0 t}{k}\left\{1 + \left[\frac{v_0}{8k_1 D\sqrt{\frac{\sqrt{3}}{6}\pi t(l + 2w)}}\right]^{\frac{1}{p}}\right\}\frac{\sqrt{\frac{\sqrt{3}}{6}\pi t(l + 2w)} - k_1 t}{(tw + lt)\rho_\mathrm{b}}$$

$$\tag{3.24}$$

对于正六边形蜂窝结构,其质量比吸能的理论计算模型为

$$\mathrm{SEA_m} = \frac{W_\mathrm{total}}{m} = \frac{20^6\sigma_0 t}{k}\left\{1 + \left[\frac{v_0}{8k_1 D\sqrt{\frac{\sqrt{3}}{2}(\pi t l)}}\right]^{\frac{1}{p}}\right\}\frac{\sqrt{\frac{\sqrt{3}}{2}(\pi t l)} - k_1 t}{t l \rho_\mathrm{b}} \tag{3.25}$$

以正六边形蜂窝结构为例分析不同冲击速度及蜂窝结构参数对冲击载荷作用下蜂窝结构质量比吸能的影响。对于正六边形蜂窝结构,其结构参数取蜂窝结构参数 $\alpha = 30°$,$l = w$,材料参数取 $\sigma_0 = 140$ MPa,根据式(3.24)计算不同冲击

速度下蜂窝结构质量比吸能值并进行对比,如图 3.4 所示。

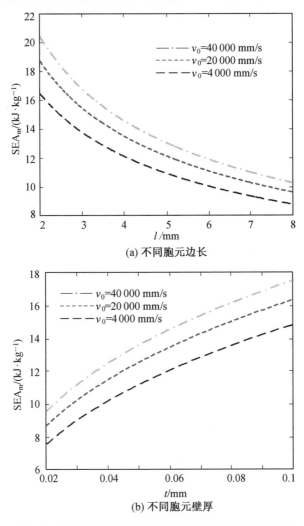

(a) 不同胞元边长

(b) 不同胞元壁厚

图 3.4　不同冲击速度下蜂窝结构质量比吸能值对比图

由于所研究的正六边形蜂窝结构基体材料具有随应变率增加屈服强度增大的特点,当冲击速率越大时,蜂窝结构动态冲击应力越大。同种规格的蜂窝结构其相对密度相同,若冲击应力增大,则质量比吸能随之增加。蜂窝结构屈曲强度与蜂窝结构参数及材料性能相关,若材料性能不变,改变蜂窝结构参数会使屈曲强度发生较大变化。胞元边长增加或壁厚降低均可导致蜂窝结构动态平均应力降低,致使蜂窝结构质量比吸能减小,因此,在相同冲击速度条件下,蜂窝结构质量比吸能随胞元边长的增加或壁厚的降低而减小。

3.4　结构参数对吸能特性影响分析

六边形蜂窝结构参数主要包括胞元夹角 α、胞元边长 l 及胞元壁厚 t。不同的结构参数对蜂窝结构吸能特性影响不同。因此,有必要分析不同结构参数对蜂窝结构吸能特性的影响,为蜂窝结构缓冲装置设计提供理论依据。

3.4.1　胞元夹角对吸能特性的影响

由式(3.24)可得,六边形蜂窝结构质量比吸能值不受角度 α 的影响,只和胞元边长 l 以及胞元壁厚 t 有关。因此以式(3.13)和式(3.20)为基础,分析不同胞元夹角 α 对六边形蜂窝动态平均应力和体积比吸能的影响。

取胞元壁厚 $t = 0.06$ mm、胞元边长 $l = w = 4$ mm、基体材料屈服强度 $\sigma_0 = 140$ MPa 的六边形蜂窝结构进行研究。在设计蜂窝缓冲装置时,通常需要蜂窝结构有一定的共面强度,因此,通常对胞元夹角为 $0° \sim 45°$ 的蜂窝结构进行研究。图 3.5 为不同胞元夹角对蜂窝吸能特性的影响图。

图 3.5 中正六边形蜂窝结构动态平均应力和体积比吸能都在夹角 $\alpha = 30°$ 时取值最小;且在夹角 α 变化范围内,动态平均应力和体积比吸能最小值与最大值比值都为 77%。 通过分析式(3.13)和式(3.20)可得,体积比吸能与动态平均应力关系为

$$\mathrm{SEA_V} = \sigma_m^d \cdot \varepsilon_D \quad (3.26)$$

式(3.26)表明体积比吸能为动态平均应力与极限应变的乘积,而极限应变值仅与胞元边长及胞元壁厚有关,而与胞元夹角

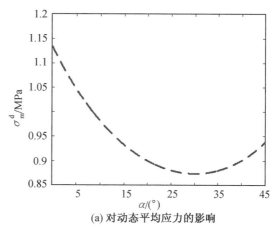

(a) 对动态平均应力的影响

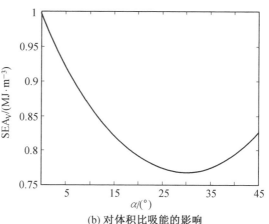

(b) 对体积比吸能的影响

图 3.5　不同胞元夹角对蜂窝吸能特性的影响

无关。对于相同边长和壁厚、不同夹角的六边形蜂窝结构,极限应变为一定值。因此,体积比吸能与动态平均应力在胞元夹角 α 变化范围内,变化特性几乎相同。

3.4.2 胞元边长和壁厚对吸能特性的影响

固定胞元夹角 $\alpha = 30°$,以正六边形蜂窝结构为例,分析胞元边长 l 以及胞元壁厚 t 对蜂窝吸能特性的影响。为更详细地分析蜂窝结构参数对吸能特性的影响,将蜂窝胞元厚度在 0.02 mm 到 0.1 mm 之间均匀取五个不同厚度,胞元边长在 2 mm 到 10 mm 之间均匀取五个不同边长。图 3.6 至图 3.8 列出了不同蜂窝结构参数 t 和 l 对正六边形蜂窝结构动态平均应力、质量比吸能和体积比吸能的影响。

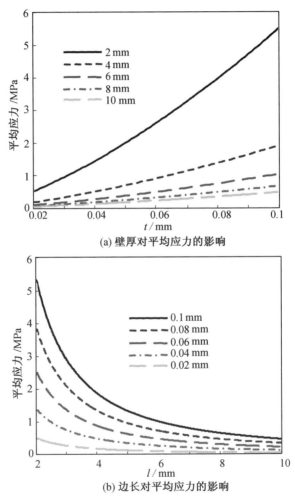

(a) 壁厚对平均应力的影响

(b) 边长对平均应力的影响

图 3.6　结构参数对动态平均应力的影响

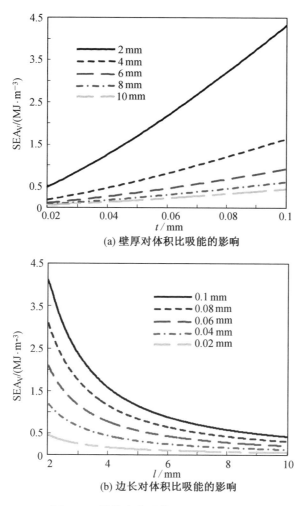

(a) 壁厚对体积比吸能的影响

(b) 边长对体积比吸能的影响

图 3.7　结构参数对体积比吸能的影响

对图 3.6 至图 3.8 中结果进行分析,蜂窝结构动态吸能特性随胞元边长的增大而减小,随胞元厚度的增大而增大。当蜂窝胞元边长较小或壁厚较大时,蜂窝结构比吸能越大。由于蜂窝结构异面变形的塑性铰强度随蜂窝边长减小或厚度增加而增大,导致胞元厚度越厚平均应力值越高,胞元边长越小,动态平均应力也随之越大。因此,为了提高蜂窝结构吸能特性,应选择较小的蜂窝单元边长和较大壁厚的蜂窝结构进行设计。但无论选择何种蜂窝规格,冲击时产生的冲击应力应满足许用安全应力的要求。

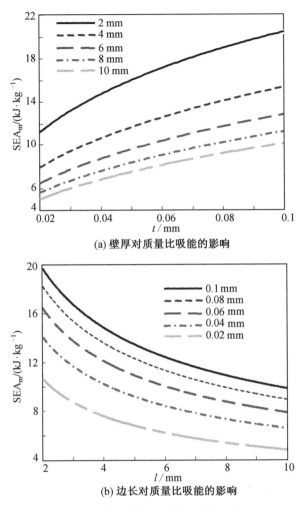

(a) 壁厚对质量比吸能的影响

(b) 边长对质量比吸能的影响

图 3.8　结构参数对质量比吸能的影响

正六边形蜂窝结构参数主要为胞元边长 l 和胞元壁厚 t，但对于不同胞元边长的蜂窝结构，胞元厚度的变化对蜂窝结构吸能特性有不同的影响。为定量分析结构参数变化对蜂窝结构吸能特性的影响，引入参数敏感度进行研究。敏感度指结构参数变化范围内动态吸能特性的最大变化率。图 3.9 为正六边形蜂窝结构动态平均应力关于不同结构参数敏感度图。分析该图可知：在不同胞元厚度下动态平均应力对胞元边长的敏感度基本相同，敏感度 $K_{ml} \approx -0.9$。这表明动态平均应力值随胞元边长变化受胞元厚度影响较小。在不同胞元边长下动态平均应力对胞元厚度的敏感度变化较大，当 $l = 2$ mm 时敏感度 K_{mt} 最大为 9.5，当

$l = 10$ mm 时敏感度 K_{mt} 最小为 7.35,这表明当胞元边长较小时动态平均应力对胞元厚度变化更为敏感。

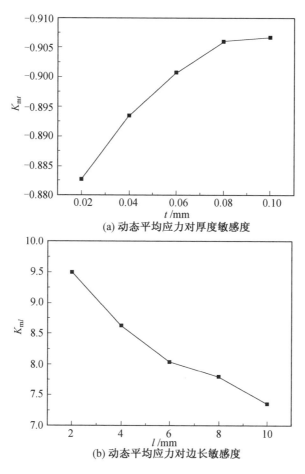

(a) 动态平均应力对厚度敏感度

(b) 动态平均应力对边长敏感度

图 3.9　正六边形蜂窝结构动态平均应力关于不同结构参数敏感度图

图 3.10 为正六边形蜂窝结构质量比吸能关于不同结构参数敏感度图。不同胞元厚度下质量比吸能关于胞元边长的敏感度变化范围为 -0.55 ~ -0.4,且敏感度系数随厚度增加而增大。然而在不同胞元边长下质量比吸能关于胞元厚度的敏感度变化范围为 0.62 ~ 1.18,敏感度随边长增加而降低。这表明当胞元厚度较大时蜂窝结构质量比吸能对胞元边长变化较敏感,当胞元边长较小时,质量比吸能对胞元厚度变化更敏感。

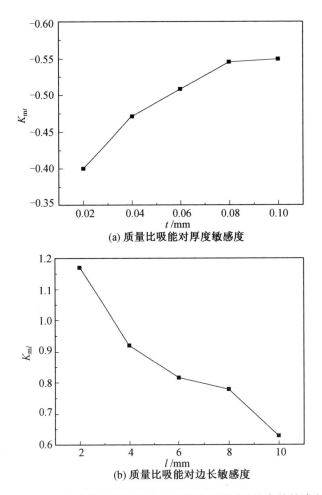

图 3.10　正六边形蜂窝结构质量比吸能关于不同结构参数敏感度图

图 3.11 为正六边形蜂窝结构体积比吸能关于不同结构参数敏感度图。对于不同胞元壁厚的正六边形蜂窝结构,体积比吸能对胞元边长的敏感度基本相同, $K_{Vl} \approx -0.9$。而正六边形蜂窝结构体积比吸能关于厚度的敏感度,在不同边长条件下变化较大,敏感度系数 K_{Vt} 随边长的增加而降低。此种变化趋势表明正六边形蜂窝结构胞元边长较小时,体积比吸能对胞元厚度变化更为敏感。

综合以上分析结果,三种吸能特性对胞元厚度的敏感度随胞元边长的增加而降低。质量比吸能关于胞元边长的敏感度随胞元厚度的增加而增大,而在不同胞元厚度下其他三种吸能特性关于胞元边长的敏感度几乎不变。

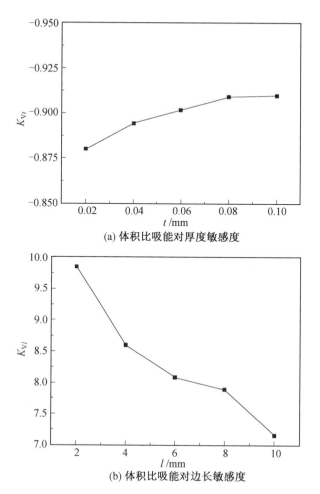

(a) 体积比吸能对厚度敏感度

(b) 体积比吸能对边长敏感度

图 3.11　　正六边形蜂窝结构体积比吸能关于不同结构参数敏感度图

3.5　　动态冲击实验研究

　　进行蜂窝结构冲击实验具有耗时长、成本高等缺点,不适宜大量进行,但实验结果可以真实地表征六边形蜂窝结构受冲击载荷的动态响应。为进一步验证六边形蜂窝结构吸能特性理论模型和仿真模型的正确性,对九种不同规格的正六边形铝蜂窝的吸能特性进行冲击实验研究。

3.5.1 实验设备与实验原理

实验所用设备为 INSTRON 型标准落锤冲击实验机(Instron Dynatup 9350HV),该实验机由冲击系统和数据采集系统组成,冲击系统由弹簧蓄能和落锤自由落体提供冲击能量,通过力传感器测量冲击力,在与试件接触前由速度传感器测量真实冲击速度,真实冲击速度与输入的冲击速度通常有所偏差,但最大偏差在2% 以内,可以忽略不计。数据采集系统用于采集传感器输出的冲击力和初始冲击速度。由初始冲击速度及冲击力与时间的变化关系,确定每个时刻的冲击速度。Instron Dynatup 9350HV 型标准落锤冲击实验机如图 3.12 所示。

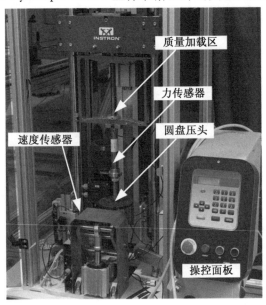

图 3.12   Instron Dynatup 9350HV 型标准落锤冲击实验机

实验用试件为直径 100 mm 的圆柱形 3003H18 铝蜂窝。在室温为 20 ℃ 条件下,对正六边形蜂窝结构受冲击载荷作用的动态响应进行测试,数据采集系统设置采集时间为 20 ms,采样频率为 8 000 Hz,以提供足够的采样时间和采样点。由于实验用铝蜂窝强度较低,且冲击实验机对试件高度有所限制,致使不能够进行速度较高的冲击实验,但通常对于腿式着陆器,其着陆速度约为 4 m/s。因此,考虑着陆缓冲器设计条件,并参考其他缓冲装置设计准则[13-16],本节对4 m/s 冲击速度下,正六边形蜂窝结构的动态吸能特性进行实验研究。正六边形蜂窝结构的蜂窝孔中含有较多空气,在受到冲击载荷作用时由于冲击速度较快,空气可能未被完全排出,会对蜂窝结构动态平均应力值造成影响。为了排除空气的影响,加工一密布通孔的金属隔板置于蜂窝结构试件与支撑平台之间,以保证实验用铝蜂窝结构均能顺利地将空气排出,也可选用带有出气孔的铝蜂窝材料,以降低该因素的影响。

3.5.2　冲击实验结果分析

实验所测得的数据为载荷随蜂窝结构变形变化数据。为了求得蜂窝结构动态吸能特性,需进一步处理实验数据。图 3.13 为 H0604 - 50 规格正六边形铝蜂窝试件在 4 m/s 冲击速度下的载荷(能量) - 位移曲线图。将载荷对位移进行积分可得蜂窝结构在任意轴向位移下吸收的能量。从图 3.13 和表 3.1 可得 H0604 - 50 正六边形铝蜂窝有效吸收能量为 298 J,动态平均应力为 0.878 MPa,质量比吸能为 12 kJ/kg,体积比吸能为 0.76 MJ/m^3。同理可以求得其他八种规格正六边形蜂窝结构相应吸能特性值。

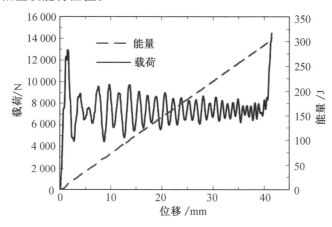

图 3.13　H0604 - 50 蜂窝试件在 4 m/s 冲击速度下的载荷 - 位移曲线图

表 3.1 为在 4 m/s 冲击速度条件下,正六边形蜂窝动态冲击特性理论、仿真计算结果以及实验结果对比表。

表 3.1　正六边形蜂窝结构动态冲击特性结果对比表

规格	σ_m^d/MPa			SEA$_m$/(kJ · kg^{-1})			SEA$_V$/(MJ · m^{-3})		
	理论值	仿真值	实验值	理论值	仿真值	实验值	理论值	仿真值	实验值
0604	0.878	0.913	0.878	12.426	12.018	12.000	0.786	0.838	0.760
0605	0.625	0.655	0.593	11.192	10.783	11.341	0.567	0.623	0.583
0606	0.473	0.518	0.512	10.266	9.930	10.383	0.433	0.461	0.493
0504	0.647	0.672	0.611	11.099	11.735	10.697	0.585	0.604	0.574
0505	0.460	0.486	0.473	9.982	10.475	10.225	0.421	0.457	0.443
0506	0.349	0.374	0.361	9.147	9.012	9.233	0.322	0.343	0.339
0404	0.448	0.479	0.455	9.722	9.642	10.124	0.410	0.449	0.473
0405	0.319	0.341	0.316	8.730	8.704	8.432	0.295	0.326	0.312
0406	0.241	0.262	0.257	7.990	8.222	8.104	0.225	0.254	0.238

对表 3.1 中数据进行分析,对于动态平均应力,理论计算值与实验实测值偏差范围为 − 5.89% ~ 7.62%,标准差为 4.65%;仿真计算值与实验实测值偏差范围为 − 10.46% ~ − 1.17%,标准差为 3.44%。对于质量比吸能,理论计算值与实验实测值偏差范围为 − 3.76% ~ 3.97%,标准差为 2.88%;仿真计算值与实验实测值偏差范围为 − 9.7% ~ 4.92%,标准差为 4.8%。对于体积比吸能,理论计算值与实验实测值偏差范围为 − 3.42% ~ 13.3%,标准差为 5.53%;仿真计算值与实验实测值偏差范围为 − 10.26% ~ 6.49%,标准差为 5.56%。理论模型和有限元仿真模型计算结果与冲击实验实测值偏差较小,证明了理论模型和仿真模型的准确性,可为蜂窝结构缓冲装置的设计提供理论依据。

3.5.3　计及空气影响的六边形蜂窝结构动态平均应力理论模型

蜂窝结构在受到冲击载荷作用时,其孔腔内空气未完全排出会造成动态平均应力增加。日本学者 Yamashita 通过大量的实验研究,对六边形蜂窝结构孔腔内包含空气对冲击结果的影响进行了分析,但将蜂窝结构在冲击作用下,动态平均应力相对于静态平均应力的增量归因于孔腔空气受压而产生的,此种分析并不准确[17]。由于月球表面是真空环境,因此可不考虑蜂窝孔腔内空气不完全排出对冲击力的影响,但为拓展蜂窝结构在其他缓冲吸能领域的应用,并为火星探测用着陆器设计提供技术支持,有必要对蜂窝孔腔内气体不完全排出对冲击力产生的影响进行研究。

图 3.14 为 H0605 − 50 规格的正六边形蜂窝结构在冲击速度为 4 m/s 条件下的应力 − 应变曲线图。在该冲击能量下蜂窝结构试件压缩行程超过极限应变,被完全压实。从图 3.15(b) 中可以看出,未使用隔板的蜂窝结构试件,在整个压缩过程中其冲击应力有增加趋势。此种应力增大的主要原因是蜂窝孔腔内空气受到挤压使气压增大。

考虑在空气影响条件下,六边形蜂窝结构受冲击载荷作用下的动态平均应力 σ_a^d 为

$$\sigma_a^d = \sigma_m^d + \Delta p \tag{3.27}$$

式中　Δp——蜂窝孔腔气体对动态平均应力的影响值。

假设蜂窝结构孔腔内气体初始压强为 p_0,其值约为 0.1 MPa,则在整个冲击过程中孔腔内空气压强变化为

$$\Delta p = k_2 p_0 \left(\frac{V_0}{V_1} - 1 \right) \tag{3.28}$$

式中　V_0——蜂窝结构初始体积(mm³);

　　　V_1——压缩后蜂窝结构体积(mm³);

k_2——空气泄漏系数,为小于 1 的常数。

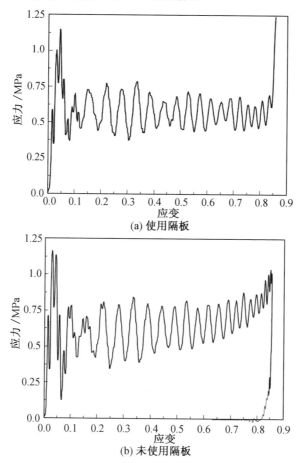

(a) 使用隔板

(b) 未使用隔板

图 3.14　考虑空气影响的蜂窝结构冲击应力 – 应变曲线图

因此在考虑空气影响条件下,六边形蜂窝结构受冲击载荷作用下的平均应力值为

$$\sigma_a^d = \frac{\dfrac{\sqrt{3}}{3}\pi\sigma_0 t^2 l + \dfrac{2\sqrt{3}}{3}\pi\sigma_0 t^2 w}{k\sqrt{\dfrac{\sqrt{3}}{6}\pi tl + \dfrac{\sqrt{3}}{3}\pi tw}\left[l\cos\alpha\,(w + l\sin\alpha)\right]} \cdot$$

$$\left[1 + \left(\frac{v_0}{8k_1 D\sqrt{\dfrac{\sqrt{3}}{6}\pi tl + \dfrac{\sqrt{3}}{3}\pi tw}}\right)^{\frac{1}{p}}\right] + k_2 p_0\left(\frac{1}{1 - \varepsilon_d} - 1\right) \qquad (3.29)$$

式中　ε_d——蜂窝结构最终压缩应变。

空气泄漏系数 k_2 与冲击速度、冲击质量、冲击总能量及孔格大小等因素有关,对于不同冲击工况和被冲击对象,空气泄漏系数 k_2 较难确定。分析实验结果发现,不同胞元边长蜂窝结构的 k_2 值还与蜂窝结构压缩高度有关。针对本节的实验研究,对于边长为 6 mm 的六边形蜂窝结构,如果其压缩应变大于 0.6, k_2 可取 0.44;如果压缩应变小于 0.6, k_2 可取 0.32。对于边长为 5 mm 的六边形蜂窝结构,如果其压缩应变大于 0.6, k_2 可取 0.49;如果压缩应变小于 0.6, k_2 可取 0.39。对于边长为 4 mm 的六边形蜂窝结构,如果其压缩应变大于 0.6, k_2 可取 0.52;如果压缩应变小于 0.6, k_2 可取 0.42。

表 3.2 中给出了正六边形铝蜂窝试件在不同冲击速度条件下,考虑空气影响时冲击动态平均应力理论计算结果与实验实测结果对比表。为便于比较分析,表 3.2 中还给出了实验值与理论值之间的偏差,定义理论值与实验值之间的偏差为

$$\gamma_a = \frac{(\sigma_m^d)_a - \sigma_a^d}{(\sigma_m^d)_a} \times 100\% \tag{3.30}$$

式中 $(\sigma_m^d)_a$ ——考虑内部空气对冲击动态平均应力影响实验实测值(MPa);

  σ_a^d ——考虑内部空气对冲击动态平均应力影响理论计算值(MPa)。

由表 3.2 可知,考虑空气影响时,六边形蜂窝结构冲击动态平均应力理论值与实验实测值的偏差范围在 $-14.15\% \sim 10.17\%$,标准差为 8.67%。相比蜂窝结构动态平均应力计算公式,式(3.29)的计算偏差较大,最大偏差达到 -14.15%。偏差较大的原因是空气泄漏系数的选择不准确,由于该系数的影响因素较多,对于同种规格蜂窝结构在不同冲击工况下空气泄漏系数同样有所不同。本节采用的泄漏系数是以压缩应变 0.6 为分界线,因此计算精度低,但在工程应用中,可以用来初步计算。如针对某种特殊工况进行设计,则还需进行大量系统的实验研究以确定该系数。

表 3.2　计及空气影响的冲击动态平均应力实验与理论结果比较分析

规格	t/mm	l/mm	ε_d	$(\sigma_m^d)_a$/MPa	σ_a^d/MPa	γ_a
H0604 - 50	0.06	4	0.488	0.937	0.89	5.02
H0605 - 50	0.06	5	0.71	0.67	0.728	-8.66
H0606 - 50	0.06	6	0.825	0.729	0.668	8.37
H0504 - 50	0.05	4	0.665	0.68	0.737	-8.385
H0505 - 50	0.05	5	0.567	0.527	0.494	6.26
H0506 - 50	0.05	6	0.754	0.496	0.468	5.65
H0404 - 50	0.04	4	0.572	0.51	0.494	3.14
H0405 - 50	0.04	5	0.803	0.46	0.513	-11.52
H0406 - 50	0.04	6	0.84	0.41	0.468	-14.15

3.6　本章小结

本章对六边形蜂窝结构受冲击载荷作用的吸能特性进行了理论、仿真与实验研究,主要结论如下:

(1)采用薄板弯曲理论建立了冲击载荷作用下六边形蜂窝结构动态平均应力理论模型,在此基础上对六边形蜂窝结构质量比吸能和体积比吸能进行理论建模,建立了比吸能关于蜂窝结构参数的理论模型,分析了不同冲击速度以及结构参数对蜂窝结构动态吸能特性的影响,研究发现冲击速度越大,蜂窝结构动态平均应力和比吸能值越高。

(2)对九种不同规格的正六边形铝蜂窝动态吸能特性进行冲击实验研究,实验结果与理论计算值和仿真结果对比表明,理论值和仿真值与实验值之间的偏差较小,证明了理论模型与仿真模型的准确性。

(3)为拓展蜂窝结构在缓冲吸能领域的应用,分析了冲击载荷作用下蜂窝孔腔内气体对蜂窝结构动态平均应力的影响,推导了考虑孔腔内气体影响的蜂窝结构动态平均应力理论计算模型,通过实验验证了计算模型的准确性。

本章参考文献

[1] JOHNSON G R, COOK W H. Fracture characteristics of three metals subjected to various strains, strain rates, temperatures and pressures[J]. Engineering Fracture Mechanics, 1985, 21(1):31-48.

[2] ZERILLI F J, ARMSTRONG R W. Dislocation-mechanics based constitutive relations for material dynamics calculations[J]. Journal of Applied Physics, 1987, 61(5):1816-1825.

[3] MALVERNL E. The propagation of longitudinal waves of plastic deformation in a bar of material exhibiting a strain-rate effect[J]. Appl. Mech. 1951(18):203-208.

[4] BODNERSR, CHANKS. Modeling of continuum damage for application in elastic-viscoplastic constitutive equations[J]. Engineering Fracture Mechanics,1986,25(5):705-712.

[5] COWPER G R, SYMONDS P S. Strain-hardening and strain-rate effects in the impact loading of cantilever beams[R]. Providence:Brown University,

1957.

[6] 罗昌杰. 腿式着陆缓冲器的理论模型及优化设计研究[D]. 哈尔滨:哈尔滨工业大学,2010.

[7] WIERZBICKI T, ABROMOWICS W. Crushing of thin-walled strain rate sensitive structures[J]. Engineering Transactions,1981, 29(1):153-163.

[8] GIBSON L J,ASHBY M F. Cellular solids:structure and properties[M]. Cambridge:Cambridge University Press,1999.

[9] 樊彦斌,王之栎. 蜂窝结构异面变形动态塑性坍塌力学[J]. 北京航空航天大学学报,2012,38(11):1464-1468.

[10] 赵寿根,杨嘉陵,程伟. 几种航空铝材动态力学性能实验[J]. 北京航空航天大学学报,2007,33(8):982-985.

[11] ZHAO Y P, LIU S. On the definition of coefficient of strain-rate sensitivity[J]. Chinese Journal of Aeronautics,2001,14(2):78-82.

[12] 马晓青. 冲击动力学[M]. 北京:北京理工大学出版社,1992.

[13] HOU S J, LI Q, LONG S Y,et al. Design optimization of regular hexagonal thin-walled columns with crashworthiness criteria[J]. Finite Elements in Analysis and Design,2007,43(6-7):555-565.

[14] HOU S J, LI Q, LONG S Y,et al. Multiobjective optimization of multi-cell sections for the crashworthiness design[J]. International Journal of Impact Engineering,2008,35(11):1355-1367.

[15] HOU S J, LI Q, LONG S Y,et al. Crashworthiness design for foam filled thin-wall structures[J]. Mater Design,2009,30(6):2024-2032.

[16] SUN G Y, LI G Y, ZHOU S W,et al. Crashworthiness design of vehicle by using multiobjective robust optimization[J]. Structural and Multidisciplinary Optimization,2011,44(1):99-110.

[17] YAMASHITA M, GOTOH M. Impact behavior of honeycomb structures with various cell specifications-numerical simulation and experiment[J]. International Journal of Impact Engineering,2005,32(1):618-630.

第4章

蜂窝结构动态冲击仿真研究

4.1 概　　述

第2章和第3章对蜂窝结构分别进行了准静态压缩及动态冲击过程的理论建模,推导了两种工况下的蜂窝平均应力与蜂窝结构材料参数间的数学关系,为分析蜂窝准静态压缩和动态压缩的力学特性提供了理论依据。但是上述理论模型无法描述蜂窝结构在压缩过程中的应力变化特性,而蜂窝压溃的峰值应力、平均应力、应力波动幅值、极限应变等对吸能特性有较大影响。为了更准确分析蜂窝结构的塑性压缩吸能特性,有必要建立蜂窝结构的有限元分析模型,通过有限元仿真分析研究蜂窝结构的峰值应力、平均应力、应力波动幅值、极限应变等特性。

本章首先建立蜂窝结构Y形胞元的有限元模型,利用该模型对蜂窝结构进行动态冲击仿真,并与蜂窝结构的动态冲击实验结果进行对比,验证该模型的正确性。采用Y形胞元有限元模型进行蜂窝动态冲击仿真的优点是计算量小、仿真耗时少,但是由于引入理想的边界条件,其仿真精度不高。在此基础上,本章建立蜂窝整体结构有限元模型,仿真分析不同胞元夹角的蜂窝结构动态应力、质量比吸能和体积比吸能,进而仿真分析二级串联蜂窝整体结构动态吸能特性。针对三角形、错位三角形、正方形、错位正方形等特殊拓扑结构蜂窝,进行动态吸能特性的对比仿真分析,并与正六边形蜂窝结构进行综合比较。

4.2　蜂窝结构 Y 形胞元的有限元仿真

为尽可能地减少分析模型计算量,考虑到胞元的对称性,取图 4.1 所示的 Y 形胞元作为分析对象,Y 形胞元的末端均采用对称约束。仿真胞元采用与实验蜂窝相同的规格,胞元的材料均为 3003H18。仿真中的材料模型选用理想的弹塑性模型。

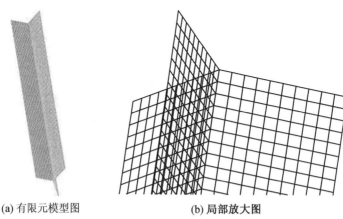

(a) 有限元模型图　　　　　　　(b) 局部放大图

图 4.1　Y 形胞元有限元模型图

理想弹塑性模型的典型应力－应变曲线如图 4.2 所示,整个应力由弹性段和塑性段两部分组成。在弹性段,应力与应变之间是一种线形关系,在此阶段中,外载荷引起的应力、应变和位移与加载次序和历史无关,在除去外载荷后,物体完全恢复到初始状态,且没有任何残余应力和残余变形;当材料进入塑性状态后,随着应变的增大,应力维持在一恒定值。

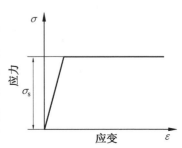

图 4.2　理想弹塑性模型的典型应力－应变曲线

为模拟蜂窝试件在标准冲击实验机上的载荷环境和边界条件,仿真模型底端放置在一固定的刚性墙上,具有一定质量的另一刚性墙以一定的初始速度冲击仿真模型顶端,由于实验机底部平台和落锤材料均为钢,因此模拟时刚性墙和仿真模型之间的摩擦系数设为 0.17(钢对铝的摩擦系数),仿真模型胞元铝箔之间在冲击过程中因压溃变形而将产生相互接触,仿真时采用自动单面接触模型模拟(CONTACT_AUTOMATIC_SINGLE_SURFACE),顶端刚性墙的质量采用实验时重锤质量(14.67 kg),初始冲击速度以实验实测的冲击速度值输入。

实验采用外径均为 $\phi100$ mm 的三种规格的蜂窝试件(表 4.1),胞元的材料均为 3003H18,单个胞元均为正六边形结构,试件的尺寸分别为:0.06 mm(蜂窝胞元壁厚 t) × 6 mm(蜂窝胞元边长 l) × 30 mm(蜂窝试件高 h)(试件 A)、0.08 mm(t) ×10 mm(l) × 50 mm(h)(试件 B) 和 0.06 mm(t) × 4 mm(l) × 60 mm(h)(试件 C)。

表 4.1　蜂窝试件的规格及基本物理参数

$t \times l \times h/(\text{mm} \times \text{mm} \times \text{mm})$	试件 A	试件 B	试件 C
	$0.06 \times 6 \times 30$	$0.08 \times 10 \times 50$	$0.06 \times 4 \times 60$
蜂窝基体弹性模量 E_s/MPa	69		
蜂窝基体泊松比 ν_s	0.33		
蜂窝基体屈服极限 σ_s^b/MPa	140		
理论平均应力 $(\sigma_p^h)_z$/MPa	0.43	0.31	0.80

　　下面对蜂窝冲击实验与仿真的结果进行对比。

　　试件 A、试件 B 和试件 C 在冲击载荷下的动态压溃过程图如图 4.3 ~ 4.5 所示。相应的应力 – 应变曲线与实验结果的对比图如图 4.6 ~ 4.8 所示。

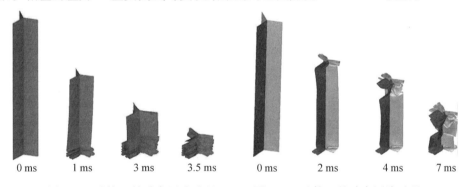

图 4.3　试件 A 的动态压溃过程　　　图 4.4　试件 B 的动态压溃过程

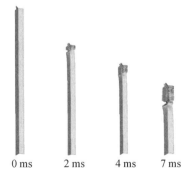

图 4.5　试件 C 的动态压溃过程

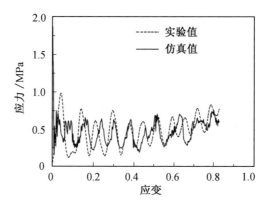

图 4.6　试件 A 的实验与仿真结果对比曲线

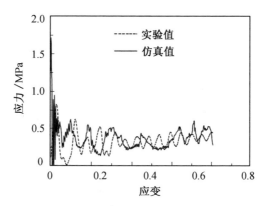

图 4.7　试件 B 的实验与仿真结果对比曲线

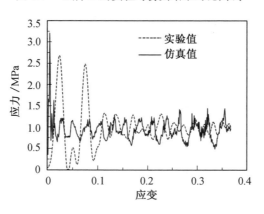

图 4.8　试件 C 的实验与仿真结果对比曲线

　　由动态压溃过程图(图4.3 ~ 4.5)可见,试件 A 是从远离冲击载荷端开始变形,且变形稳定地向载荷端推进,直到所有胞元完全压溃。

试件 B 则是从冲击载荷端开始变形,中间压溃过程中伴随另一端的少量变形,整个压溃过程主要是以载荷端的压溃变形为主。

　　试件 C 的压溃过程也是从冲击载荷端开始变形,仿真中没有观察到另一端的明显变形。

　　可见,蜂窝材料的压溃过程受到蜂窝高度、胞元尺寸和胞元壁厚的影响,当胞元壁厚增大时(试件 B 的壁厚为 0.08 mm),胞壁的压溃过程变得复杂起来。

　　由仿真和实验得到的应力 – 应变曲线对比图(图 4.6 ~ 4.8)可知,仿真结果和实验结果吻合很好,即仿真结果可以很好地重现甚至取代实验结果。

　　仿真所得的稳态压溃应力的峰值应力和平均应力均值列于表 4.2 中。可以发现,平均应力的理论值和仿真值吻合得较好。

表 4.2　仿真所得三种试件的典型应力

试件	试件 A	试件 B	试件 C
峰值应力($(\sigma_e^h)_z$)/MPa	1.87	1.72	3.21
平均应力均值($(\sigma_p^h)_z$)/MPa	0.44	0.35	0.97

4.3　蜂窝整体结构建模与仿真

4.3.1　冲击仿真有限元模型

　　采用有限元分析软件 Patran 作为前处理软件,建立正六边形蜂窝结构有限元模型,采用 LS – DYNA 软件作为分析求解器进行分析计算。冲击载荷作用下正六边形蜂窝结构有限元仿真模型示意图如图 4.9 所示,有限元模型置于两个刚性平板之间,其中底层平板完全固定,模拟冲击过程中的支承平台,上层平板以一初始速度下落对模型进行冲击。为防止在冲击过程中因蜂窝结构发生屈曲,使模型各面之间产生接触穿透现象,选择通用的单面接触。为更准确地模拟蜂窝真实受压情况,设置刚性平板与蜂窝结构之间的动摩擦系数为 0.17,蜂窝孔壁之间的摩擦系数为 0.1。为保证仿真结果有足够的精度,采用 Belytschko – TsaY 形壳单元对蜂窝结构进行模拟。Belytschko – TsaY 形壳单元采用面内单点积分,计算速度快,对于大范围的变形问题,通常被视为最稳定、最有效的分析单元,广泛应用于大变形问题分析求解中[1]。

图 4.9　正六边形蜂窝结构有限元仿真模型示意图

4.3.2　最佳网格尺寸的确定

六边形蜂窝结构异面压缩仿真过程存在众多非线性问题,包括材料非线性、几何非线性和接触非线性等高度非线性问题。分析这些非线性问题极其耗费 CPU 资源。对于固定结构参数的六边形蜂窝结构,其胞元边长上有限元单元个数对分析精度影响较大,稀疏的网格划分会导致计算精度不够,较密的网格划分虽然可以保证计算精度,但对计算时长牺牲较大。因此,有必要对网格尺寸进行优化,寻找最优的网格尺寸,以避免因追求计算速度而牺牲计算精度。

采用边长为 4 mm、厚度为 0.06 mm 的正六边形铝蜂窝结构有限元模型测试网格尺寸对计算精度和计算时间的影响。使用壳单元进行有限元分析模拟薄壁结构时,为保证计算精度,通常每条边上至少要均布四个壳单元。为此,分别对每条边上均布 4、6、8、10、12、14 个壳单元共 6 种情况进行分析。模型选择长、宽、高分别为 27.7 mm、32 mm、40 mm 的 H0604 - 50 正六边形蜂窝结构进行冲击仿真,冲击速度为 4 m/s,冲击质量为 16.525 kg。使用英特尔 i7 主频为 3.2 GB 的四核处理器,8 GB 内存计算机进行仿真计算。图 4.10 给出了不同网格尺寸对分析精度和仿真时间的影响。

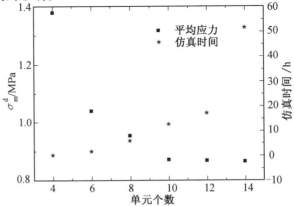

图 4.10　不同网格尺寸对分析精度和仿真时间的影响

该图表明仿真的平均应力值随网格尺寸的降低而降低,但当每边均布多于10个壳单元时,应力值变化幅度较小且趋于稳定,然而,仿真计算时间迅速上升。为此在仿真分析中每条边上均布10个Belytschko－TsaY形壳单元,以确保仿真结果具有足够的精度和良好的效率。

4.3.3　理论模型仿真验证

为验证理论模型的正确性,对夹角 α 为45°、30°和15°的六边形蜂窝结构吸能特性进行仿真研究。有限元分析软件LS－DYNA中有多种材料模型可供选择,为了更准确地模拟铝箔材料的力学特性,本章选用塑性随动模型对铝蜂窝基体材料进行模拟。考虑不同冲击速度导致应变率不同,采用经典的Cowper－Symonds模型进行仿真,仿真用材料参数采用实验实测参数,应变率敏感参数取 $D = 34\ 295.5\ \text{s}^{-1}$,$p = 1.904$。

图4.11所示为45°夹角六边形蜂窝结构冲击变形过程应力云图仿真结果。从图中可以看出,六边形蜂窝结构在受异面冲击载荷作用下都发生了轴向的屈曲变形,并通过塑性坍塌来吸收能量,蜂窝结构屈曲应力为材料本身屈服应力,这与实际情况完全相符,进一步证明了仿真模型的正确性。

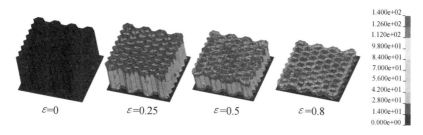

$$\varepsilon=0 \qquad \varepsilon=0.25 \qquad \varepsilon=0.5 \qquad \varepsilon=0.8$$

图4.11　45°夹角六边形蜂窝结构冲击变形过程应力云图仿真结果

从仿真中可得蜂窝结构受冲击作用下的载荷－位移曲线,通过对载荷－位移曲线进行积分可求得不同位移下蜂窝结构吸收能量值和蜂窝结构有效压缩行程下吸收的总能量,并结合蜂窝结构外形尺寸及式(3.22)可求得六边形蜂窝结构平均应力值、峰值应力值及比吸能值。图4.12 ~ 4.14分别是胞元夹角 α 为45°、30°和15°的六边形蜂窝结构动态吸能特性仿真结果与理论结果对比图。

通过图4.12 ~ 4.14分析理论模型计算精度,表4.3列出了不同胞元夹角蜂窝结构动态吸能特性理论值与仿真值的偏差范围。分析表明有限元仿真得到的蜂窝结构参数变化对动态吸能特性的影响趋势与理论分析结果相同,且理论值与仿真值偏差较低,进一步证明了理论分析结果的正确性。

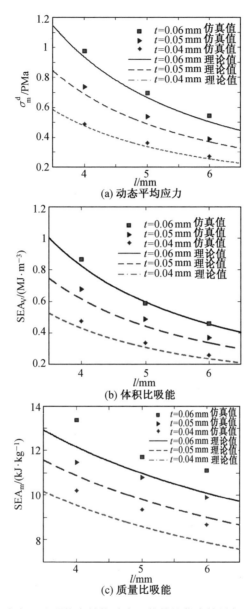

图 4.12　45° 夹角六边形蜂窝结构动态吸能特性仿真结果与理论结果对比图

表 4.3　不同胞元夹角蜂窝结构动态吸能特性理论值与仿真值的偏差范围

	α = 45°	α = 30°	α = 15°
动态平均应力	－ 2.2% ～ － 9.1%	－ 3.7% ～ 4.1%	－ 4.1% ～ 1.5%
质量比吸能	－ 7.4% ～ 1.7%	－ 7.3% ～ 3.4%	－ 4.3% ～ － 1.6%
体积比吸能	－ 12.7% ～ － 5%	－ 8.3% ～ 2.7%	－ 11.4% ～ － 5.3%

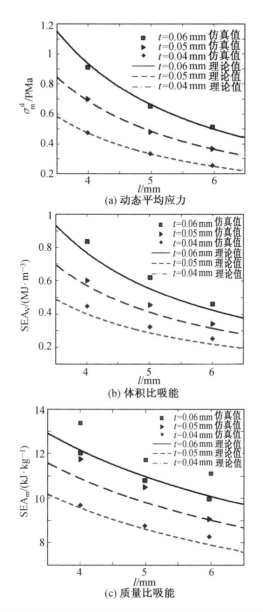

图 4.13   30° 夹角六边形蜂窝结构动态吸能特性仿真结果与理论结果对比图

为验证不同冲击速度对蜂窝结构吸能特性的影响,对夹角 α 为 30°、蜂窝结构参数 $l = w$、材料参数 $\sigma_0 = 140$ MPa 的正六边形蜂窝,进行冲击速度为 20 m/s 和 40 m/s 的冲击仿真研究,并与理论分析结果进行对比。图 4.15 至图 4.17 为蜂窝结构吸能特性仿真结果与理论分析结果对比图。

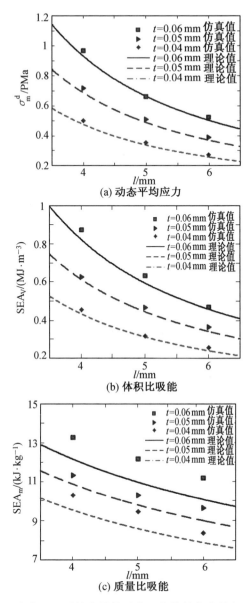

(a) 动态平均应力

(b) 体积比吸能

(c) 质量比吸能

图 4.14　15° 夹角六边形蜂窝结构动态吸能特性仿真值与理论值对比图

从图 4.15 至图 4.17 中可以看出,动态平均应力、体积比吸能和质量比吸能的仿真值与理论值吻合较好。其中动态平均应力理论值与仿真值偏差范围为 5.9% ~ 10.3%;体积比吸能的理论值与仿真值偏差范围为 3.7% ~ 11.7%;质量比吸能的理论值与仿真值偏差范围为 4.5% ~ 11.3%,证明了理论模型可以对不同冲击速度条件下,六边形蜂窝结构动态吸能特性进行准确预测。

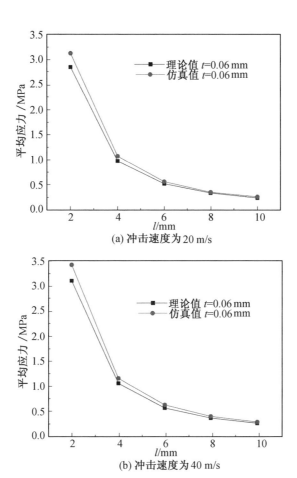

(a) 冲击速度为 20 m/s

(b) 冲击速度为 40 m/s

图 4.15　不同冲击速度下平均应力的仿真值与理论值对比图

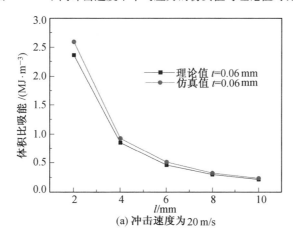

(a) 冲击速度为 20 m/s

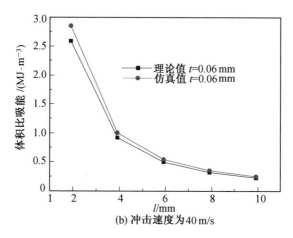

(b) 冲击速度为 40 m/s

图 4.16   不同冲击速度下体积比吸能的仿真值与理论值对比图

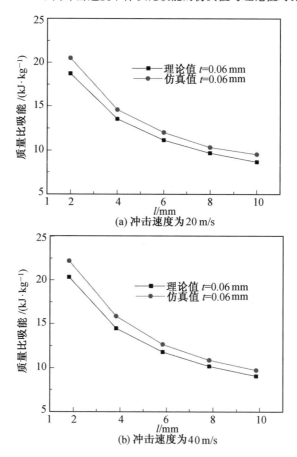

(a) 冲击速度为 20 m/s

(b) 冲击速度为 40 m/s

图 4.17   不同冲击速度下质量比吸能的仿真值与理论值对比图

4.4   二级缓冲结构冲击仿真

以铝蜂窝为例,受加工工艺的限制,目前国内外铝蜂窝产品最大轴向高度为600 mm,考虑到安全性及着陆器承载能力的要求,在设计着陆腿时,其设计行程可能大于600 mm,为此,通常采用多级蜂窝结构串联组合的缓冲方式。同时,为提高着陆过程的稳定性,需要着陆腿提供先小后大的阶梯式缓冲力,将压缩强度低的蜂窝和压缩强度高的蜂窝组合使用,形成多级组合式缓冲结构,既可解决蜂窝结构轴向长度受限的问题,还能提高着陆器软着陆过程中的稳定性,并且提高吸能效率。

4.4.1   二级串联缓冲结构有限元模型

在4.3节中对单一蜂窝结构进行了动态冲击仿真分析,然而腿式着陆器缓冲装置通常采用二级串联式缓冲结构,要求两种不同结构参数的蜂窝结构串联在一起,通过隔板彼此间隔开。为了研究二级蜂窝结构串联缓冲装置受异面冲击载荷作用的动态响应,为着陆器缓冲装置提供技术支持,有必要进行串联蜂窝结构冲击仿真研究。

使用有限元软件 Patran 建立串联式铝蜂窝缓冲结构有限元模型(图 4.18)。将分析模型置于两个刚性平板之间,其中底层的刚性平板完全固定,模拟冲击过程中的支撑平台,上层的刚性平板以初始速度下落,对分析模型进行压缩,模拟冲击过程中的锤头。在两级蜂窝结构模型中加入了刚性平板来模拟隔板。选择通用的单面接触和自动接触防止蜂窝结构发生穿透现象。为了模拟蜂窝结构自身之间的摩擦以及蜂窝结构与刚性隔板之间的摩擦,在接触算法中设置蜂窝结构自身接触摩擦系数为0.1,蜂窝结构与刚性隔板之间的摩擦系数为 0.17。

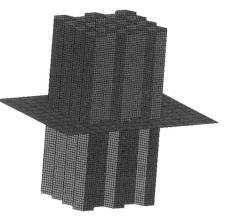

图 4.18   串联式铝蜂窝缓冲结构有限元模型

仿真中使用的材料模型及材料参数与4.3节仿真研究中使用的材料模型及参数相同。采用应力 – 应变曲线的方式对蜂窝结构冲击特性进行研究,应力由蜂窝结构所受载荷与蜂窝结构横截面面积相除得到,同样应变由串联蜂窝结构压缩行程除以串联蜂窝结构原有总高度获得。

4.4.2　二级串联缓冲结构有限元仿真

与单个蜂窝结构冲击仿真相比,串联蜂窝结构冲击仿真前处理阶段的建模工作量和计算过程的工作量,基本是单级蜂窝结构冲击仿真的两倍,由于现阶段计算机有限元建模能力的限制,如果人工建立单元数较多的有限元模型,很容易造成计算机无响应情况,因此为了提高建模效率且保证计算精度,有必要对串联式蜂窝结构冲击仿真问题开发参数化建模分析程序,以提高建模效率。以 Patran 提供的 PCL 语言为开发平台,开发的参数化建模分析程序用户界面如图 4.19 所示。

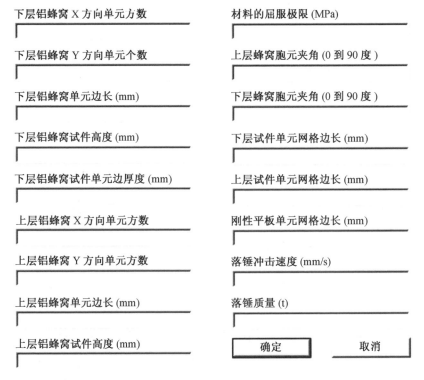

图 4.19　参数化程序用户界面

串联式蜂窝结构缓冲装置可以分为同种规格的蜂窝结构串联和不同种规格串联两种形式,图 4.20 为不同规格的串联蜂窝结构冲击仿真变形过程的应力云图(H0604 – H0404)。从整个变形过程可以看出,串联蜂窝结构缓冲装置中较弱一级首先变形,发生屈曲;而强度较高一级则未进入屈服状态,待第一级完全压实后且冲击应力达到第二级蜂窝结构峰值应力时,二级蜂窝结构进入屈服状态,以塑性变形吸收整个压缩过程的能量。图 4.21 为相同规格蜂窝结构串联冲击仿真变形过程的应力云图(H0604 – H0604)。该图表明同种规格的串联蜂窝结构缓冲装置受轴向冲击载荷作用时,由于上下两级蜂窝结构规格相同,因此两级蜂窝结构同时进入屈服阶段,通过塑性坍塌吸收能量。

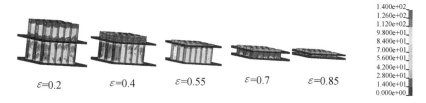

图 4.20 不同规格的串联蜂窝结构冲击仿真变形过程的应力云图(H0604 – H0404)

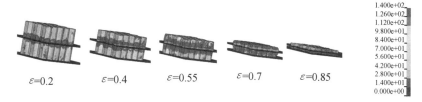

图 4.21 相同规格蜂窝结构串联冲击仿真变形过程的应力云图(H0604 – H0604)

4.5 不同拓扑蜂窝结构冲击仿真与吸能特性分析

以蜂窝拓扑结构对蜂窝结构进行分类,可分为三边形、四边形及六边形等蜂窝结构,蜂窝三维结构正是由这些三角形棱柱、四边形棱柱及六边形棱柱在空间中排列组合而成。图 4.22 为不同拓扑蜂窝结构二维图。

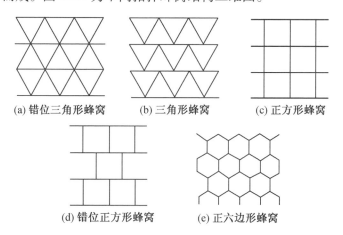

(a) 错位三角形蜂窝   (b) 三角形蜂窝   (c) 正方形蜂窝

(d) 错位正方形蜂窝   (e) 正六边形蜂窝

图 4.22 不同拓扑蜂窝结构二维图

使用 Patran/DYNA 非线性求解器,对不同拓扑蜂窝结构受冲击载荷作用进行数值仿真研究。采用 LS – DYNA 软件作为分析求解器。选用塑性随动模型模拟蜂窝结构基体材料,仿真用材料力学参数采用表 4.4 中参数。

表 4.4　仿真用蜂窝结构材料参数

$\rho/(\text{kg}\cdot\text{m}^{-3})$	E/GPa	ν	σ_0/MPa	D	p
2 730	69	0.33	140	34 295	1.094

仿真模型置于两个冲击平板间,底层冲击平板固定,上层冲击平板以一定初始速度对蜂窝结构进行冲击。有限元仿真模型示意图如图 4.23 所示。为防止在冲击过程中,蜂窝模型各面之间产生接触穿透现象,仿真中接触模型选择通用的单面接触。为更准确地模拟蜂窝结构真实受压情况,设置刚性平板与蜂窝结构之间的动摩擦系数为 0.17,蜂窝孔壁之间的摩擦系数为 0.1。采用 Belytschko - TsaY 形壳单元对蜂窝结构进行模拟。

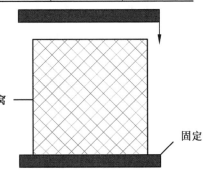

图 4.23　有限元仿真模型示意图

考虑到蜂窝结构具有多种规格,有限元建模涉及的参数变化较多,包括蜂窝结构参数,如胞元壁厚、胞元边长及材料的相关参数等。对每种不同规格的蜂窝结构都进行手动建模,需要大量的重复工作,势必会浪费很多时间。然而现有的商用有限元分析软件,不能够实现蜂窝结构的自动建模。因此,为提高仿真效率,开发了蜂窝结构参数化建模分析程序。共开发六边形蜂窝结构参数化分析程序等五个参数化建模程序,其中正六边形蜂窝结构参数化程序界面如图 4.24 所示。

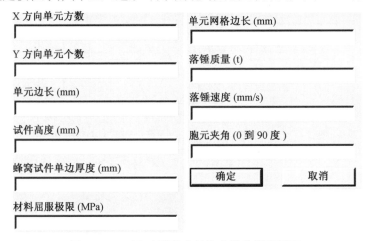

图 4.24　正六边形蜂窝结构参数化程序界面

该程序只需输入蜂窝结构及基体材料主要参数,即可实现蜂窝结构三维模型的自动建立、网格的自动划分及边界条件的自动加载,极大地提高了仿真效率,使分析人员从大量繁重而琐碎的建模工作中解脱出来,且开发的人机界面友好、方便使用。整个参数化建模分析过程无须人工干预,减少了人为错误的产生。

图 4.25 为五种不同拓扑蜂窝结构冲击变形过程应力云图仿真结果。从图中可以看出,与正六边形蜂窝结构类似,其他拓扑蜂窝结构在受异面压缩载荷作用时都发生了轴向屈曲变形。当载荷增大到一定程度时首先发生屈曲变形,屈曲应力为材料本身屈服应力,通过塑性坍塌来吸收能量,这与实际情况完全相符,进一步证明了仿真模型的正确性。

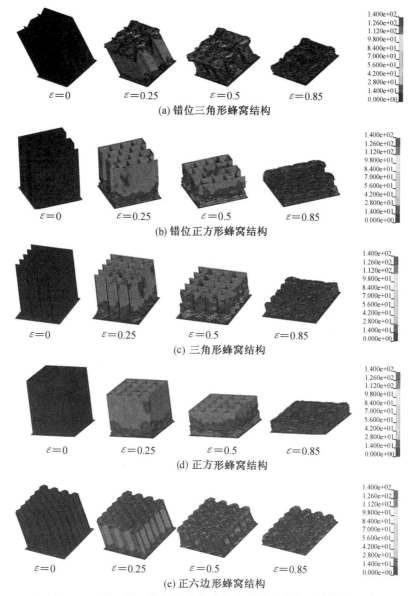

图 4.25　　五种不同拓扑蜂窝结构冲击变形过程应力云图仿真结果

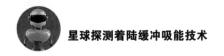

4.5.1 吸能特性数学模型的建立

研究表明,蜂窝结构吸能特性主要受材料的屈服强度、胞元边长及胞元壁厚的影响[2]。随着这些参数的变化,如何得到一个吸能效率最高的蜂窝结构变得越来越重要。而蜂窝结构在冲击载荷作用下会产生材料和几何的非线性行为,而且吸能特性分析问题的输入输出关系很难确定。对于解决具有多种非线性行为的碰撞问题,进行一次数值仿真分析往往耗时较长,特别是结构较为复杂的模型。为此研究学者在追寻一种近似模型的技术。近似模型技术是利用已知点的响应信息,对未知点的响应值进行预测的一种数学回归方法,其本质是对一组离散数据点进行带有精度约束的拟合方法。

响应面设计方法是常用的一种建立近似模型技术,使用该技术可以构造分析问题的近似函数数学表达式。许多科学及工程问题事先并不能确定输入与输出之间的真实函数关系,但由微积分可知,任意函数都可分段用多项式来逼近。为此本节采用响应面方法,建立不同拓扑蜂窝结构吸能特性的数学模型,对不同蜂窝结构吸能特性进行分析。

响应面方法是一种建立数学模型的有效方法,尤其适用多输入单输出的优化设计。其最早提出是在1951年,基本思想是在实验测试基础上,通过数值分析或经验公式,依据已有的设计点响应值,构造测量值的函数表达式。早期的响应面方法主要用于优化实验设计,通过构造近似函数将大大减少优化设计的计算量。近年来,随着数值仿真的发展,响应面方法被广泛应用到冲击仿真中,并且在薄壁结构优化设计问题上的优异表现,使其被许多学者作为一种表征薄壁结构特性的方法[3-5]。

以峰值应力为例,响应面方法建立的近似多项式函数表达式为

$$\sigma_p = \sum_{i=1}^{n} \beta_i \varphi_i(l,t) \tag{4.1}$$

式中　　$\varphi_i(l,t)$——多项式各项;

$\quad\quad n$——多项式 $\varphi_i(l,t)$ 的个数;

$\quad\quad \beta_i$——多项式系数。

一阶、二阶多项式函数通常用于求解线性问题,高阶次多项式主要用于求解更复杂的设计变量与目标函数的关系。但高次多项式需要更多的仿真样本点,而低次多项式又无法提供足够的计算精度。下面选用典型的四次多项式进行研究。四次响应面近似表达式为

$$\begin{cases} 1,x_1,x_2,\cdots,x_n \\ x_1^2,x_1x_2,\cdots,x_1x_n,\cdots,x_n^2 \\ x_1^3,x_1^2x_2,\cdots,x_1^2x_n,x_1x_2^2,\cdots,x_1x_n^2,\cdots,x_n^3 \\ x_1^4,x_1^3x_2,\cdots,x_1x_n^3,x_1^2x_2^2,\cdots,x_1^2x_n^2,\cdots,x_1x_2^3,\cdots,x_1x_n^3,\cdots,x_n^4 \end{cases} \tag{4.2}$$

式(4.2)中包括交叉项,这使得该公式具有更高的计算精度。多项式系数 $b = (\beta_1, \beta_2, \cdots, \beta_n)$ 为

$$b = (\boldsymbol{\phi}^{\mathrm{T}} \boldsymbol{\phi})^{-1} (\boldsymbol{\phi}^{\mathrm{T}} y) \tag{4.3}$$

式中

$$\boldsymbol{\phi} = \begin{bmatrix} \phi_1(x^{(1)}) & \cdots & \phi_n(x^{(1)}) \\ \vdots & & \vdots \\ \phi_1(x^{(M)}) & \cdots & \phi_n(x^{(M)}) \end{bmatrix} \tag{4.4}$$

式(4.4)中,M 为仿真样本点个数。通过式(4.3)和式(4.4)可以求得近似多项式系数。对于四阶近似函数至少需15个数据点才可求出全部系数。为在设计空间内合理选择样本点,对仿真研究中蜂窝结构参数进行实验设计。实验设计主要用于决定设计空间中必须进行数值实验的设计点。实验设计是以概率论、数理统计和线性代数等为理论基础,以科学安排实验方案、正确分析实验结果为目标的一种数学方法。使用实验设计方法,可以更有效地分布数据点。常用的实验设计方法有正交实验设计、拉丁方实验设计、修正的拉丁方实验设计以及全因素实验设计。

由于输入的设计变量只有 t 与 l 两个参数,且全因素实验设计方法具有在已知空间内平均分布的特点,为此选用全因素实验设计方法,对仿真需要的数据点进行分布。分别对 l 为 2 mm、4 mm、6 mm、8 mm、10 mm,t 为 0.02 mm、0.04 mm、0.06 mm、0.08 mm、0.1 mm 的铝蜂窝进行分析仿真。表 4.5 为正六边形蜂窝结构仿真结果,其他拓扑蜂窝结构仿真结果略。

表 4.5   正六边形蜂窝结构仿真结果

序号	t/mm	l/mm	σ_{p}/MPa	$\sigma_{\mathrm{m}}^{\mathrm{d}}$/MPa	SEA$_{\mathrm{m}}$/(kJ·kg^{-1})	SEA$_{\mathrm{V}}$/(MJ·m^{-3})
1	0.02	2	1.585	0.537	10.349	0.481
2	0.04	2	3.641	1.454	14.325	1.331
3	0.06	2	5.919	2.67	17.56	2.448
4	0.08	2	8.213	4.115	20.596	3.828
5	0.1	2	10.661	5.636	22.458	5.218
6	0.02	4	0.764	0.209	8.256	0.192
7	0.04	4	1.642	0.533	10.384	0.483
8	0.06	4	2.682	0.961	12.018	0.838
9	0.08	4	3.797	1.45	14.303	1.329
10	0.1	4	4.959	2.012	15.846	1.841

续表 4.5

序号	t/mm	l/mm	σ_p/MPa	σ_m^d/MPa	SEA_m/(kJ·kg^{-1})	SEA_V/(MJ·m^{-3})
11	0.02	6	0.513	0.123	7.091	0.11
12	0.04	6	1.067	0.307	8.854	0.274
13	0.06	6	1.648	0.534	9.93	0.461
14	0.08	6	2.357	0.807	11.511	0.713
15	0.1	6	3.094	1.111	12.875	0.997
16	0.02	8	0.423	0.081	6.509	0.076
17	0.04	8	0.857	0.211	8.442	0.196
18	0.06	8	1.351	0.353	9.274	0.323
19	0.08	8	1.881	0.521	10.488	0.487
20	0.1	8	2.436	0.712	11.572	0.672
21	0.02	10	0.336	0.063	6.207	0.058
22	0.04	10	0.678	0.155	7.571	0.141
23	0.06	10	1.026	0.265	8.625	0.241
24	0.08	10	1.423	0.387	9.362	0.348
25	0.1	10	1.844	0.526	10.12	0.47

使用响应面方法建立的多项式函数模型具有良好的连续性和可导性,能够有效地去除数字噪声的影响,且易实现寻优。同时根据多项式函数各分量系数的大小,可以判断各项参数对整个系统响应影响的大小,在处理接触－碰撞这类复杂的非线性动力学问题方面,响应面方法是一种有效的近似求解技术。不过在处理多输入参数时,要得到足够精度的多项式,需要进行实验设计的点较多,较难找到合适的多项式。由于本章研究的蜂窝结构吸能特性,其输入参数为胞元边长和胞元壁厚两个参数,因此适合选用四阶多项式函数进行表征。利用表4.5的仿真结果,根据式(4.3)和式(4.4)可求得正六边形蜂窝结构峰值应力和比吸能的数学模型为

$$\sigma_p = 0.678\,86 + 192.841\,12 \times t - 1.030\,78 \times l + 547.152 \times t^2 -$$
$$72.891\,83 \times t \times l + 0.383\,99 \times l^2 - 3\,039 \times t^3 - 41.491 \times t^2 \times l +$$
$$9.619\,42 \times t \times l^2 - 0.050\,73 \times l^3 + 7\,656 \times t^4 + 131.25 \times t^3 \times l +$$
$$0.334\,82 \times t^2 \times l^2 - 0.415\,26 \times t \times l^3 + 0.002\,2 \times l^4 \qquad (4.5)$$

$$SEA_m = 4.924\,7 + 626 \times t - 0.898\,66 \times l - 8\,136 \times t^2 - 104 \times t \times l +$$
$$0.154\,4 \times l^2 + 88\,926 \times t^3 + 150.278\,7 \times t^2 \times l + 12.040\,69 \times t \times l^2 -$$

$$0.012\ 62 \times l^3 - 396\ 822 \times t^4 + 1\ 430.729 \times t^3 \times l - 30.265 \times t^2 \times l^2 -$$
$$0.365\ 52 \times t \times l^3 + 0.000\ 193\ 229 \times l^4 \tag{4.6}$$

$$\begin{aligned} SEA_V = {} & 0.520\ 5 + 87.4 \times t - 0.870\ 61 \times l + 246.2 \times t^2 - 38 \times t \times l + \\ & 0.335\ 02 \times l^2 + 4\ 384.375 \times t^3 - 136.72 \times t^2 \times l + 6.116\ 7 \times t \times l^2 - \\ & 0.047\ 16 \times l^3 - 28\ 072 \times t^4 + 295.312\ 5 \times t^3 \times l + 4.786\ 35 \times t^2 \times l^2 - \\ & 0.292\ 6 \times t \times l^3 + 0.002\ 16 \times l^4 \end{aligned} \tag{4.7}$$

图 4.26 为正六边形蜂窝结构吸能特性响应面曲线图。该图以可视化的形式揭示了正六边形蜂窝结构胞元边长和壁厚对吸能特性的影响,对进行蜂窝结构缓冲装置设计具有重要意义。

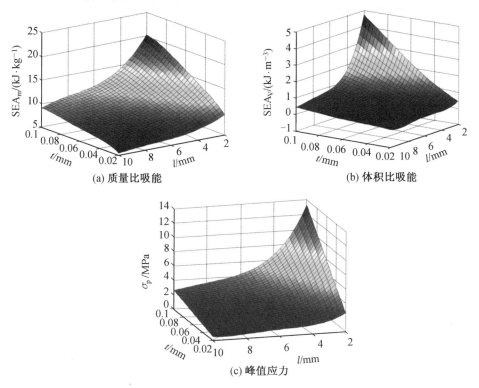

(a) 质量比吸能　　　　　　　　　　　　(b) 体积比吸能

(c) 峰值应力

图 4.26　正六边形蜂窝结构吸能特性响应面曲线图

4.5.2　不同拓扑蜂窝结构吸能特性分析

1. 相对密度对吸能特性的影响

蜂窝结构的密度与制备蜂窝基体材料的密度之比称为蜂窝结构的相对密度。不同拓扑蜂窝结构的相对密度不同,会导致其力学性能相差很大,因此有必要对蜂窝结构相对密度对吸能特性的影响进行分析。式(3.22)中对正六边形蜂窝结构的相对密度进行了求解。为了研究其他拓扑蜂窝结构相对密度对吸能特性的影响,对本章研究的另外四种拓扑蜂窝结构相对密度计算公式进行推导。以正方形蜂窝结构为例,由于结构的对称性取长度为 l 的正方形蜂窝结构基本单元进行分析,图 4.27 为正方形蜂窝结构二维示意图。

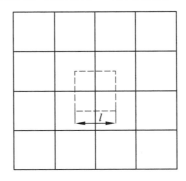

图 4.27　正方形蜂窝结构二维示意图

对正方形蜂窝结构基本单元进行分析,单元面积为 $S = l^2$,正方形蜂窝结构胞元内蜂窝所占面积为 $S_h = 2 \times l \times t$。对于高度为 h 的正方形蜂窝结构的密度 ρ_h 为

$$\rho_h = \frac{2 \times l \times t \times h \times \rho_b}{l^2 \times h} = 2 \times t \times \frac{\rho_b}{l} \tag{4.8}$$

正方形蜂窝结构相对密度 ρ_s^* 为

$$\rho_s^* = \frac{\rho_h}{\rho_b} = \frac{2t}{l} \tag{4.9}$$

图 4.28 为另外三种拓扑蜂窝结构胞元二维图,分析该图可得另外三种蜂窝结构相对密度。

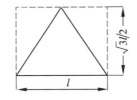

(a) 三角形（错位三角形）蜂窝胞元　　　　(b) 错位正方形蜂窝胞元

图 4.28　其他拓扑蜂窝结构胞元二维图

表 4.6 列举了五种不同拓扑蜂窝结构相对密度值。在相同胞元边长 l 以及相同胞元壁厚 t 条件下,错位三角形蜂窝结构与三角形蜂窝结构相对密度最大,正六边形蜂窝结构相对密度最小。

图 4.29 为不同拓扑蜂窝结构峰值应力随相对密度变化图。结合表 4.6 中不同蜂窝结构的相对密度及图 4.29 中数据可得,在相同相对密度条件下,正六边形

蜂窝结构峰值应力值最大。由于三角形蜂窝结构和错位三角形蜂窝结构具有相同的相对密度且结构相似,因此两种蜂窝结构峰值应力值较为接近。正方形蜂窝结构与错位正方形蜂窝结构同样具有类似的特性。2.3 节中的理论研究表明,蜂窝胞元惯性矩是影响蜂窝结构峰值应力大小的重要参数,由于不同拓扑蜂窝结构胞元具有不同的截面惯性矩,因此即使在相同相对密度条件下,不同蜂窝结构峰值应力也会不同。

表 4.6　五种不同拓扑蜂窝结构相对密度值

蜂窝结构	三角形	错位三角形	错位正方形	正方形	正六边形
相对密度	$\dfrac{2\sqrt{3}\,t}{l}$	$\dfrac{2\sqrt{3}\,t}{l}$	$\dfrac{3t}{l}$	$\dfrac{2t}{l}$	$\dfrac{8t}{3\sqrt{3}\,l}$

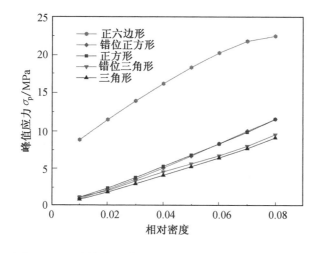

图 4.29　不同拓扑蜂窝结构峰值应力随相对密度变化图

图 4.30 为不同拓扑蜂窝结构平均应力随相对密度变化图。结合分析仿真数据可知,在相对密度相同条件下,正六边形蜂窝结构平均应力值最大,由于结构相似且相对密度相同,三角形和错位三角形蜂窝结构在相同相对密度下平均应力值较为接近。同样,正方形和错位正方形蜂窝结构由于结构相似且相对密度相近,因此,相同相对密度下两者的平均应力较为接近。由第 2 章可知,蜂窝结构平均应力主要受塑性铰强度影响,当蜂窝结构基体材料相同时,塑性铰强度主要由蜂窝结构基本胞元的结构形式决定,因此拓扑结构不同是造成不同蜂窝结构平均应力差异的主要原因。

图 4.31 为不同拓扑蜂窝结构质量比吸能随相对密度变化图。从图中可以看出,五种蜂窝结构中正六边形蜂窝结构质量比吸能最大,而三角形蜂窝结构质量比吸能最低。错位正方形蜂窝结构质量比吸能值大于正方形蜂窝结构质量比吸能值,三角形蜂窝结构质量比吸能值大于错位三角形蜂窝结构质量比吸能值。

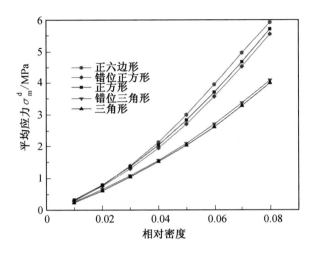

图 4.30   不同拓扑蜂窝结构平均应力随相对密度变化图

蜂窝结构的质量比吸能与蜂窝结构平均应力及蜂窝结构相对密度有关,因此较难由相对密度和平均应力确定不同蜂窝结构质量比吸能的大小关系。

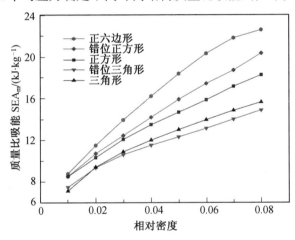

图 4.31   不同拓扑蜂窝结构质量比吸能随相对密度变化图

图 4.32 为不同拓扑蜂窝结构体积比吸能随相对密度变化图。该图表明蜂窝结构体积比吸能随相对密度的增加而增大,其中正六边形蜂窝结构体积比吸能最大,三角形蜂窝结构体积比吸能最低。蜂窝结构体积比吸能主要与蜂窝结构平均应力和体积有关。当体积相同时,蜂窝结构体积比吸能大小仅与蜂窝结构平均应力相关,因此五种蜂窝结构的体积比吸能变化趋势与蜂窝结构平均应力变化趋势相似。

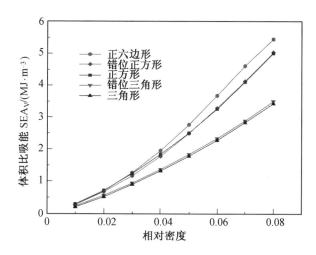

图 4.32　不同拓扑蜂窝结构体积比吸能随相对密度变化图

通过分析相对密度对蜂窝结构吸能特性的影响可知,蜂窝结构吸能特性受拓扑结构和相对密度影响较大。拓扑结构相近的蜂窝结构,吸能特性相差较小,且蜂窝结构吸能特性具有随相对密度增加而增大的特点。在相同相对密度条件下,五种蜂窝结构中正六边形蜂窝结构具有较好的吸能特性,但正六边形蜂窝结构具有五种蜂窝结构中最大的峰值应力值,该峰值应力在冲击过程中可能会对被保护物造成破坏,因此有必要进行相同峰值应力条件下蜂窝结构吸能特性的比较分析。

2. 相同峰值应力条件下比吸能分析

为更好地对不同拓扑蜂窝结构吸能特性进行分析,基于典型碰撞吸能问题对蜂窝结构缓冲装置进行设计,并比较不同拓扑蜂窝结构的吸能能力。假设缓冲装置安装空间为 1 200 mm × 860 mm × 225 mm,设计要求缓冲装置最大冲击力小于 3 MN,并且要求缓冲装置至少吸收 0.18 MJ 的能量。

首先,以质量比吸能为吸能特性评价指标,采用建立的不同拓扑蜂窝结构峰值应力和质量比吸能的数学模型进行分析,以寻找满足设计条件且质量比吸能最大的蜂窝结构。通过给定的设计条件,可求得蜂窝结构缓冲装置的许用安全应力为 2.91 MPa。参考铝箔材料相关规格,取蜂窝结构参数 t 为 0.02 ~ 0.1 mm,l 为 2 ~ 10 mm。采用多学科优化设计软件 ISIGHT 提供的序列二次规划优化设计方法 ——NLPQL 算法对该设计问题进行求解。为验证采用数学模型求得的,具有最大质量比吸能的各拓扑蜂窝结构参数的正确性,对求得的蜂窝最优结构参数进行有限元仿真分析。表 4.7 为 SEA$_m$ 优化结果与仿真结果的对比。该表表明,通过建立的数学模型求得的最优蜂窝结构的质量比吸能结果,与有限元验证结果相比误差较小,最大误差仅为 4.98%,证明了优化结果的准确性。

分析表 4.7 中的结果可知,与其他拓扑蜂窝结构相比,正六边形蜂窝结构具有最大的质量比吸能。

表 4.7　SEA$_m$ 优化结果与仿真结果的对比

	t/mm	l/mm	SEA$_m$ 优化结果 /(kJ·kg^{-1})	SEA$_m$ 仿真结果 /(kJ·kg^{-1})	偏差
正方形	0.024	2	11.227	10.74	0.77%
错位正方形	0.02	2.36	11.81	11.25	4.98%
三角形	0.032	3.623	10.93	10.47	−3.42%
错位三角形	0.037 7	4.364	10.478	10.64	−0.86%
正六边形	0.033 6	2.05	13.1	12.84	−2.7%

表 4.8 为不同拓扑蜂窝结构在该设计问题中,最优结构吸收 0.18 MJ 能量时所需的质量。使用正六边形蜂窝结构所需质量最小,仅为 13.74 kg,相比吸能效果最差的错位三角形蜂窝结构,正六边形可节省约 20% 的质量,可实现缓冲装置的轻量化。

表 4.8　不同拓扑蜂窝结构缓冲装置质量

	正方形	错位正方形	三角形	错位三角形	正六边形
质量 /kg	16.03	15.24	16.47	17.19	13.74

以体积比吸能最大为设计指标,采用 NLPQL 算法对满足设计条件的不同拓扑蜂窝结构进行设计。表 4.9 给出了 SEA$_V$ 优化结果与仿真结果的对比。从该表可以看出,采用建立的数学模型求得的设计结果,与有限元验证结果相比偏差较小,最大偏差仅为 −3.42%,证明了使用响应面方法建立吸能特性数学模型,并用于解决不同拓扑蜂窝结构缓冲装置设计问题,是一种行之有效的手段。

表 4.9　SEA$_V$ 优化结果与仿真结果的对比

	t/mm	l/mm	SEA$_V$ 优化结果 /(MJ·m^{-3})	SEA$_V$ 仿真结果 /(MJ·m^{-3})	偏差
正方形	0.071	5.786	0.92	0.913	0.77%
错位正方形	0.05	5.981	0.954	0.973	−1.95%
三角形	0.053	5.95	0.931	0.964	−3.42%
错位三角形	0.047	5.885	0.923	0.931	−0.86%
正六边形	0.007 8	4.81	0.938	0.959	−2.7%

分析表 4.9 中的优化结果,针对本章提出的缓冲装置设计问题,与其他拓扑蜂窝结构相比,错位正方形蜂窝结构具有最大的体积比吸能。

表 4.10 为不同拓扑蜂窝结构缓冲装置吸收 0.18 MJ 能量时所需的最小体

积。安装缓冲装置的设计空间为 0.232 2 m³，五种拓扑蜂窝结构都能够安装在此空间内，但使用体积比吸能最大的错位正方形蜂窝结构，可以节省约 18.6% 的安装空间，可实现缓冲装置小型化。

表 4.10　不同拓扑蜂窝结构缓冲装置吸收 0.18 MJ 能量时所需的最小体积

	正方形	错位正方形	三角形	错位三角形	正六边形
体积 /m³	0.196	0.189	0.193	0.195	0.192

通过对峰值应力小于许用安全应力 2.91 MPa 冲击条件下，以比吸能最大为目标的五种不同拓扑蜂窝结构参数设计结果进行分析发现，正六边形蜂窝结构具有最大质量比吸能，可实现缓冲装置轻量化设计，而错位正方形蜂窝结构体积比吸能最大，可实现缓冲装置小型化设计。但是，此结论是在最大峰值应力不超过 2.91 MPa 条件下得出的，对于其他许用安全应力条件下，最佳吸能特性蜂窝结构是否具有同样的规律不得而知。因此，为扩展不同拓扑蜂窝结构在缓冲吸能领域的应用，有必要对不同范围许用安全应力条件下，不同拓扑蜂窝结构中比吸能最大的结构进行研究。

为得到不同范围许用安全应力条件下，各拓扑蜂窝结构比吸能最大值，对不同拓扑蜂窝结构参数进行基于峰值应力最小、比吸能最大的多目标设计问题研究，以求得峰值应力和比吸能的最优解集。采用多学科优化设计软件 ISIGHT 提供的遗传算法优化方法 NSGA - Ⅱ 对该问题进行求解。设置 NSGA - Ⅱ 优化算法中种群数量为 48，迭代数为 50，采用算术交叉，交叉概率为 0.9，交叉分布指数为 10，突变因子系数为 20。以质量比吸能最大和峰值应力最小为设计目标，所得各拓扑蜂窝结构质量比吸能和峰值应力 Pareto 曲线如图 4.33 所示。从图中可以看出，正六边形蜂窝结构在五种蜂窝结构中质量比吸能最大，在吸收相同能量条件下，正六边形蜂窝结构所需质量最轻。

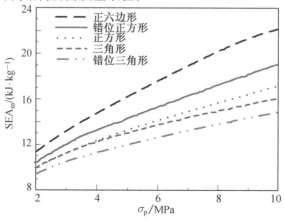

图 4.33　各拓扑蜂窝结构质量比吸能和峰值应力 Pareto 曲线

以体积比吸能最大和峰值应力最小为设计目标,所得各拓扑蜂窝结构体积比吸能和峰值应力 Pareto 曲线如图 4.34 所示。从图中可以看出,当峰值应力大于 3.25 MPa 时,正六边形蜂窝结构体积比吸能最大,但当峰值应力小于 3.25 MPa 时,错位正方形蜂窝结构体积比吸能大于正六边形蜂窝结构体积比吸能。

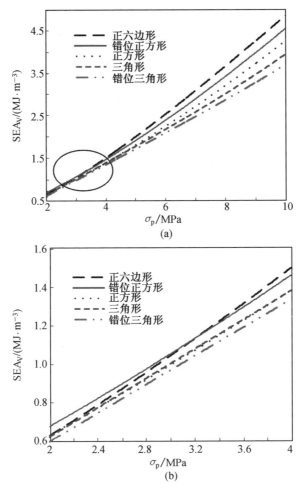

图 4.34　各拓扑蜂窝结构体积比吸能和峰值应力 Pareto 曲线

通过对相同峰值应力条件下,不同拓扑蜂窝结构质量比吸能和体积比吸能的分析可得:正六边形蜂窝结构与其他拓扑结构相比,质量比吸能和体积比吸能最大;但当峰值应力小于 3.25 MPa 时,正六边形蜂窝结构体积比吸能略小于错位正方形蜂窝结构体积比吸能。在设计蜂窝结构缓冲装置时,可以参考以上研究成果,针对不同许用安全应力要求进行相应蜂窝结构设计。

4.6　本章小结

（1）建立了蜂窝结构Y形胞元动态压缩有限元模型,通过仿真获得了平均应力随蜂窝应变的变化曲线,并与理论计算值和实验值进行了对比,验证了仿真模型的正确性。

（2）建立了蜂窝整体结构动态压缩有限元模型,通过仿真分析了不同胞元夹角蜂窝动态吸能特性,在此基础上仿真分析了二级串联蜂窝结构的动态压缩过程和吸能特性。

（3）建立了三角形、错位三角形、正方形、错位正方形等特殊拓扑蜂窝结构的有限元模型,通过仿真分析对比了不同拓扑蜂窝结构的动态吸能特性,结果表明,错位正方形蜂窝结构具有最大的体积比吸能,正六边形蜂窝结构具有最大的质量比吸能。

本章参考文献

[1] HALLQUIST J O. LS-DYNA keyword user's manual［M］. California：Livermore Software Technology Corporation,2000.

[2] GIBSON L J,ASHBY M F. Cellular solids：structure and properties［M］. Cambridge：Cambridge University Press,1999.

[3] HOU S J, LI Q, LONG S Y,et al. Design optimization of regular hexagonal thin-walled columns with crashworthiness criteria［J］. Finite Elements in Analysis and Design,2007,43(6-7):555-565.

[4] HOU S J, LI Q, LONG S Y,et al. Crashworthiness design for foam filled thin-wall structures［J］. Mater Design,2009,30(6):2024-2032.

[5] YIN H, WEN G, HOU S, et al. Crushing analysis and multiobjective crashworthiness optimization of honeycomb-filled single and bitubular polygonal tubes［J］. Materials and Design, 2011, 32(8-9):4449- 4460.

第5章

其他冲击吸能结构

5.1 概　　述

　　前几章介绍了蜂窝吸能结构的静态与动态吸能特性及动态冲击仿真。除了蜂窝结构外,常用的塑性变形冲击吸能结构还有薄壁铝管、胀管式、泡沫金属、刨削式、组合式等吸能结构。每种吸能结构各有特点,薄壁铝管结构承载能力强,适合于重载冲击场合;胀管式吸能结构具有结构简单、可设计性好的优点;泡沫金属结构具有载荷平稳、各向同性的力学特性;刨削式吸能结构需要的安装空间较小;组合式结构兼具不同结构的优点,需根据应用场合选择合适的结构形式。本章将介绍上述冲击吸能结构理论分析模型、冲击仿真与冲击实验等内容。

5.2 薄壁金属管

　　薄壁金属管在轴压下一般有稳定的渐进破坏模式,通过塑性屈曲吸收能量。薄壁金属管是传统的吸能结构,也是应用最广泛的缓冲吸能结构之一,即使像易拉罐这样的轻型结构在受轴向冲击载荷的作用时也能吸收可观的能量。Thornton 和 Magee[1] 在研究中发现,在整个压缩过程中,瞬态载荷的幅值在平均载荷附近波动,这也是薄壁金属管具有较强吸能能力的根本原因。Alexander[2] 首先基于金属管的最终破坏模式,假设所有的塑性铰同时形成,而不考虑屈曲的过程,建立了薄壁金属管轴向压缩能量吸收分析模型,该模型与实验结果吻合较好。之后,很多研究者针对这一问题进行了深入研究,对 Alexander 的经典分析模型进行了不断的充实和发展[3-8]。其主要成果包括:由最初的静态塑性铰理论发展为移行塑性铰理论;由直链塑性铰发展为反映真实构型的超叠单元;由最初的破坏形式全部外翻或内翻发展为含有偏心率效应的模型。特别是近年来由于含有偏心率效应模型的提出,以及开始将冲击条件下结构的动塑性铰屈曲和动态渐进屈曲分别考虑[9-11],金属圆柱壳轴压吸能这一经典问题再次引起了研究者的关注。

塑性薄壁金属管的轴向压缩破坏模式主要有轴对称叠缩模式、非轴对称叠缩模式和欧拉屈曲模式,脆性金属还可能发生碎裂模式破坏[12]。Andrew 等[13]对破坏模式进行了分类,发现它主要由直径壁厚比(D/t)决定,直径壁厚比较大的,发生非轴对称破坏,反之发生轴对称破坏,后者的比吸能一般较大,且破坏模式相对稳定。

上述研究基本上都是从静态压缩的角度来考虑的。当受到轴向冲击载荷时,金属管屈服破坏属于结构塑性动力响应的问题。研究表明,在低速撞击下(撞击速度在 5 m/s 以下)金属管在宏观上主要表现为动力渐进屈曲。因此,在研究中可以做简化处理[14]。可做如下两个基本假设[14-15]:一是在研究结构发生动力渐进屈曲响应时不考虑应力波的影响。这是因为冲击载荷产生的扰动首先以弹性波或塑性波的形式在结构中传播,其通过结构的时间是微秒量级,与结构的动力响应时间(毫秒量级)相差好几个量级。二是假设结构是理想刚塑性的。其依据是在强动载作用下结构经历相当大的塑性变形,外载所做的功绝大部分以塑性变形能耗散,弹性变形能很小;忽略弹性变形能及相应的能量不会对结构的总体估算带来很大的误差,却可以大大简化问题的求解。

本节主要对不同热处理状态(退火和热处理强化)下的两种尺寸规格的 2A12、6A02 铝合金试件进行准静态和动态冲击下的性能进行实验研究,然后采用数值仿真的方法模拟薄壁管的动态压溃过程,并对比实验与仿真结果,以达到用数值仿真方法设计适用于特定着陆缓冲条件的薄壁管之目的,为后继的总体实验提供指导。所有的薄壁管材均由东北轻合金有限责任公司定做加工,实验采用的各种管材的规格及基本力学参数列于表 5.1 中。

表 5.1 中,O 为铝合金的退火状态;T4 为铝合金由固溶热处理后自然时效至基本稳定的状态;T6 为铝合金由固溶热处理后进行人工时效的状态。

所有的实验均在室温为 23 ℃、相对湿度为 50% 的条件下进行,压溃速度为 5 mm/min。实验采用 Instron 标准实验机(准静态实验采用 Instron 5569 标准电子万能拉伸实验机,冲击实验采用 Instron Dynatup 9250HV 标准冲击实验机)完成。冲击实验时重锤的质量均为 17.98 kg,名义冲击速度分别为 4 m/s 和 5 m/s,

实际接触冲击速度值由采集数据文件得到,数值仿真采用的刚性墙与薄壁管的接触速度以数据文件得到的值输入。

为研究铝合金材料的应变率对冲击速度的敏感度,下面主要对外径为30 mm的薄壁管做准静态和动态冲击实验,并对其应力 – 应变曲线进行比较,以确定材料应变率对冲击过程的影响,为后继的仿真分析提供理论支持。

表 5.1　薄壁管材的规格及基本力学参数

铝合金牌号 /试件标号	外径／壁厚／长度 /(mm/mm/mm)	强度极限 /MPa	屈服极限 /MPa	弹性模量 /GPa	泊松比	密度 /(kg·m⁻³)
2A12O/ 试件 A1	ϕ48.5/0.75/100	185		73	0.31	2.78×10^3
2A12O/ 试件 A2	ϕ30/1/60	185		73	0.31	2.78×10^3
2A12T4/ 试件 B1	ϕ48.5/0.75/100	470	325	73	0.31	2.78×10^3
2A12T4/ 试件 B2	ϕ30/1/60	470	325	73	0.31	2.78×10^3
6A02O/ 试件 C1	ϕ48.5/0.75/100	130		71	0.31	2.70×10^3
6A02O/ 试件 C2	ϕ30/1/60	130		71	0.31	2.70×10^3
6A02T6/ 试件 D1	ϕ48.5/0.75/100	350	300	71	0.31	2.70×10^3
6A02T6/ 试件 D2	ϕ30/1/60	350	300	71	0.31	2.70×10^3

5.2.1　准静态实验和动态压溃实验

1. 2A12O 薄壁管的实验

图 5.1(a) 给出了试件 A1 在 4.10 m/s 和 5.08 m/s 冲击速度下的应力 – 应变曲线与能量 – 应变曲线。此薄壁管在承受重锤以 5.08 m/s 和 4.10 m/s 的接触速度冲击后,吸收的能量分别为 233.0 J 和 153.3 J。图 5.1(b) 给出了试件在5.08 m/s 的接触速度冲击后的照片,可以发现试件发生了非轴对称叠缩模式破坏,在每个叠缩中均产生三个凸起,没有发生压溃的管壁仍然保持原来的形状。

图 5.2 给出了试件 A2 在 4.12 m/s 和 5.10 m/s 冲击速度下应力 – 应变曲线与能量 – 应变曲线,此薄壁管在承受重锤以 5.10 m/s 和 4.12 m/s 的接触速度冲击后,吸收的能量分别为 234.3 J 和 153.3 J。

图 5.3 给出了试件在准静态压缩和 5.10 m/s 初始接触速度冲击后的实验照片,可以发现试件均发生了非轴对称叠缩模式破坏,且在每个叠缩中均产生三个凸起。

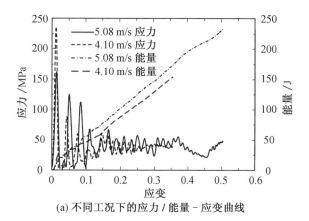

(a) 不同工况下的应力／能量－应变曲线

(b) 实验后试件照片

图 5.1　试件 A1 在动态冲击下的实验结果

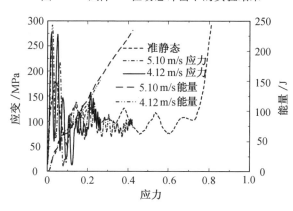

图 5.2　试件 A2 在准静态和动态冲击下的应力／能量－应变曲线

(a) 准静态实验后

(b) 以 5.10 m/s 的速度冲击后

图 5.3　实验后的薄壁管

2. 2A12T4 薄壁管的实验

图 5.4(a) 给出了试件 B1 在 4.11 m/s 和 5.09 m/s 冲击速度下的应力－应变曲线与能量－应变曲线，此薄壁管在承受重锤以 5.09 m/s 和 4.11 m/s 的接触

速度冲击后,吸收的能量分别为233.0 J和151.6 J。图5.4(b)给出了试件在5.09 m/s的初始接触速度冲击后的照片,可以发现试件发生了过渡破坏模式破坏,即首先产生了轴对称模式破坏,接着产生非轴对称模式破坏,非轴对称破坏模式中在每个叠缩中均产生三个凸起,且在凸起部位附近管壁开裂,实验中没有观察到因管壁开裂而产生的脱落现象。产生这种破坏模式的主要原因是2A12T4薄壁管脆性较大、缺陷较多,在压缩过程中,晶粒的运动跟不上加载的速度,破坏过程中产生裂纹并沿缺陷处扩展开裂,而凸出部位又是应力集中的部位,因此在此处附近最有可能发生开裂现象。

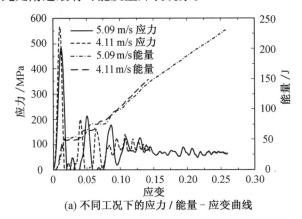

(a) 不同工况下的应力 / 能量 – 应变曲线

(b) 实验后试件照片

图5.4　试件B1在动态冲击下的实验结果

图5.5给出了试件B2在4.11 m/s和5.09 m/s冲击速度下的应力 – 应变曲线与能量 – 应变曲线。此薄壁管在承受重锤以5.09 m/s和4.11 m/s的接触速度冲击后,吸收的能量分别为232.7 J和149.1 J。

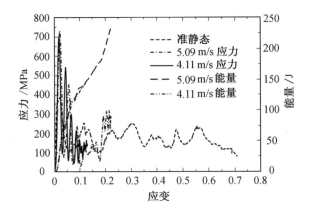

图5.5　试件B2在准静态和动态冲击下的应力 / 能量 – 应变曲线

图 5.6 给出了试件 B2 在准静态和 5.09 m/s 初始接触速度冲击后的照片。在准静态压缩时,试件的压溃部分开裂,并伴有明显的声响,且可以观察到有碎屑产生;而冲击后的试件则发生了轴对称叠缩模式破坏,在实验的冲击条件下只产生了一个完整的叠缩,且在压溃的薄壁管边缘有明显的裂纹产生,并有进一步扩展的趋势。

(a) 准静态实验后　　　　　　　　(b) 以 5.09 m/s 的速度冲击后

图 5.6　冲击后的薄壁管

3. 6A02O 薄壁管的实验

图 5.7(a) 给出了试件 C1 在 4.11 m/s 和 5.09 m/s 冲击速度下的应力 – 应变曲线与能量 – 应变曲线。此薄壁管在承受重锤以 5.09 m/s 和 4.11 m/s 的接触速度冲击后,吸收的能量分别为 227.5 J 和 153.2 J。图 5.7(b) 给出了试件在 5.09 m/s 重锤冲击后的照片,可以发现试件发生了非轴对称叠缩模式破坏,在每个叠缩中均产生三个凸起。

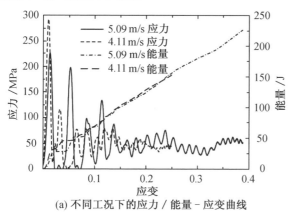

(a) 不同工况下的应力 / 能量 – 应变曲线　　　(b) 实验后试件照片

图 5.7　试件 C1 在动态冲击下的实验结果

图 5.8 给出了试件 C2 在 4.12 m/s 和 5.08 m/s 冲击速度下的应力 – 应变曲线与能量 – 应变曲线。此薄壁管在承受重锤以 5.08 m/s 和 4.12 m/s 的接触速度冲击后,吸收的能量分别为 230.3 J 和 153.8 J。

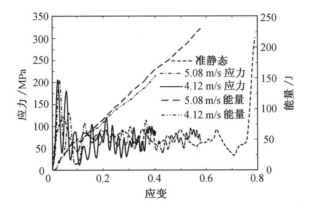

图 5.8　试件 C2 在准静态和动态冲击下的应力／能量 – 应变曲线

图 5.9 给出了试件 C2 在准静态和 5.08 m/s 初始接触速度冲击后的照片,可以发现试件均发生了轴对称叠缩模式破坏,冲击实验后试件总共产生了三个完整的叠缩。

(a) 准静态实验后

(b) 以 5.08 m/s 的速度冲击后

图 5.9　冲击后的薄壁管

4. 6A02T6 薄壁管的实验

图 5.10(a) 给出了试件 D1 在 4.10 m/s 和 5.09 m/s 冲击速度下的应力 – 应变曲线与能量 – 应变曲线。此薄壁管在承受重锤以 5.09 m/s 和 4.10 m/s 的接触速度冲击后,吸收的能量分别为 234.0 J 和 153.1 J。图 5.10(b) 给出了试件在 5.09 m/s 重锤冲击后的照片,可以发现试件发生了非轴对称叠缩模式破坏,在每个叠缩中均产生三个凸起。

图 5.11 给出了试件 D2 在 4.11 m/s 和 5.09 m/s 冲击速度下的应力 – 应变曲线与能量 – 应变曲线。此薄壁管在承受重锤以 5.09 m/s 和 4.11 m/s 的接触速度冲击后,吸收的能量分别为 230.9 J 和 151.0 J。

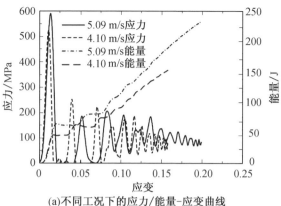

(a)不同工况下的应力/能量-应变曲线

(a) 实验后试件照片

图 5.10　　试件 D1 在动态冲击下的实验结果

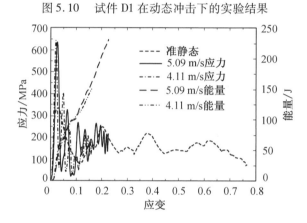

图 5.11　　试件 D2 在准静态和动态冲击下的应力／能量－应变曲线

图 5.12 给出了试件 D2 在准静态和 5.09 m/s 初始接触速度冲击后的照片。准静态压缩时试件产生非轴对称叠缩模式破坏,每个叠缩中产生两个凸起,压缩的后期观察到试件开裂,但没有碎屑产生;而冲击后的试件则发生了轴对称叠缩模式破坏,实验中总共产生了一个完整的叠缩。

(a)准静态实验后

(b) 以 5.09 m/s 的速度冲击后

图 5.12　　冲击后的薄壁管

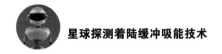

5.2.2　薄壁管动态冲击下的仿真研究

由 5.2.1 节中 2A12 及 6A02 薄壁管材料在准静态和动态压溃下的应力 – 应变曲线可见,此两种铝合金材料均是应变率不敏感的,因此仿真时可忽略材料应变率的影响。为节省篇幅,本节仅对外径为 48.5 mm 的四种规格薄壁管材料进行仿真,并与实验结果进行对比。

薄壁管在动态冲击下的压溃过程仿真采用 LS – DYNA 软件,因薄壁管的壁厚 0.75 mm 相较于其中径 47.75 mm 很小,因此仿真时可以采用二维壳单元(Belytschko-Tsay)模拟。仿真中的材料模型选用理想弹塑性模型,单元的尺寸为 0.8 mm × 0.8 mm,共划分 23 750 个壳单元,其有限元模型如图 5.13 所示。

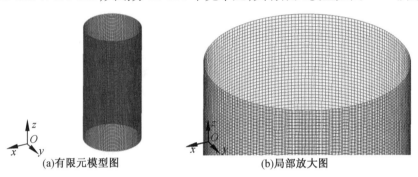

(a)有限元模型图　　　　　　　　　(b)局部放大图

图 5.13　薄壁管有限元模型

仿真中采用具有一定质量的刚性墙以一定的初始速度冲击放置在固定刚性墙上的仿真模型顶端,来模拟薄壁管试件在标准冲击实验机上的载荷环境和边界条件,刚性墙和仿真模型之间的摩擦系数设为 0.17(钢对铝的摩擦系数),采用自动单面接触模型(CONTACT_AUTOMATIC_SINGLE_SURFAC – E)模拟薄壁管壁间在冲击过程中因压溃变形而产生的相互接触,顶端刚性墙的质量采用实验时的重锤质量(17.98 kg),初始冲击速度以实验实测的接触冲击速度值输入。

1. 试件 A1 的仿真计算

试件 A1 在仿真中得到的载荷/能量 – 变形曲线和实验得到的载荷/能量 – 变形曲线对照图如图 5.14 所示,可见仿真结果与实验结果吻合得很好。

图 5.15 给出了仿真得到的薄壁管在冲击下的压溃过程,可见其发生了非轴对称叠缩模式破坏,与实验得到的结果一致。

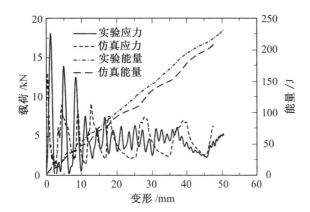

图 5.14　试件 A1 仿真与实验得到的载荷／能量－变形曲线对照图

图 5.15　仿真得到的试件变形过程图

2. 试件 B1 的仿真计算

试件 B1 在仿真中得到的载荷／能量－变形曲线和实验得到的载荷／能量－变形曲线对照图如图 5.16 所示，可见仿真结果与实验结果吻合得很好。

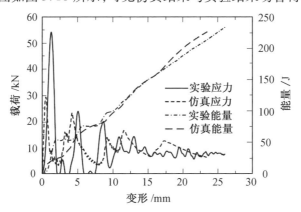

图 5.16　试件 B1 仿真与实验得到的载荷／能量－变形曲线对照图

图 5.17 给出了仿真得到的薄壁管在冲击下的压溃过程，可见其发生了非轴对称叠缩模式破坏，与实验得到的结果一致。

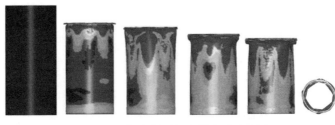

图 5.17　仿真得到的试件变形过程图

3. 试件 C1 的仿真计算

试件 C1 在仿真中得到的载荷／能量－变形曲线和实验得到的载荷／能量－变形曲线对照图如图 5.18 所示,可见仿真结果与实验结果基本吻合。

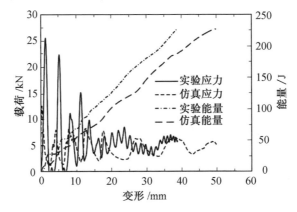

图 5.18　试件 C1 仿真与实验得到的载荷／能量－变形曲线对照图

图 5.19 给出了仿真得到的薄壁管在冲击下的压溃过程,可见其发生了非轴对称叠缩模式破坏,与实验得到的结果一致。

图 5.19　仿真得到的试件变形过程图

4. 试件 D1 的仿真计算

试件 D1 在仿真中得到的载荷／能量－变形曲线和实验得到的载荷／能量－变形曲线对照图如图 5.20 所示,可见仿真结果与实验结果基本吻合。

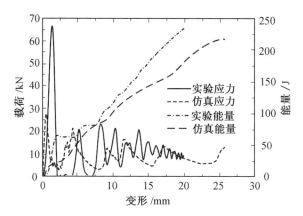

图 5.20　试件 D1 仿真与实验得到的载荷／能量 – 变形曲线对照图

　　图 5.21 给出了仿真得到的薄壁管在冲击下的压溃过程,可见其发生了非轴对称叠缩模式破坏,与实验得到的结果一致。

图 5.21　仿真得到的试件变形过程图

5.2.3　薄壁管实验、仿真及理论结果的比较

　　薄壁管在准静态压溃时的平均载荷的计算公式为[16]

$$\frac{P_{\mathrm{m}}}{M_0} = 22.27\sqrt{\frac{2R_0}{t}} + 5.632 \tag{5.1}$$

式中　　M_0——管壁单位长度的塑性极限弯矩,$M_0 = \sigma_0 t^2 / 4$;

　　　　R_0——薄壁管中径;

　　　　t——薄壁管壁厚;

　　　　σ_0——薄壁管材料的屈服极限。

　　对实验和仿真得到的载荷变形曲线采用 Sigmoidal 拟合,可得到相应的平均压溃载荷。Sigmoidal 拟合采用 Boltzmann 方程实现,其拟合方程为

$$y(x) = \frac{A_1 - A_2}{1 + e^{(x-x_0)/\mathrm{d}x}} + A_2 \tag{5.2}$$

式中　　x_0——x 取值的中间点;

　　　　$\mathrm{d}x$——x 取值的宽度;

A_1——y 的初始值，$A_1 = y(-\infty)$；

A_2——y 的最终值，$A_2 = y(+\infty)$。

由式(5.1)可计算出八种类型的薄壁管压溃时的平均压溃载荷,连同实验和仿真得到的平均压溃载荷和峰值压溃载荷列于式(5.2)中,它们的均值压溃载荷对比柱状图如图5.22所示。图5.22(a)为外径 ϕ48.5 mm 的四种类型薄壁管的均值压溃载荷的理论值、实验值及仿真值的对照图,可见理论值与仿真值和实验值具有一定的偏差,而实验值与仿真值之间的最大偏差达到了20%,这主要是因为此类薄壁管由于加工工艺所限,使得其内径具有一定的椭圆度,而外径 ϕ48.5 mm 则是通过在外径 ϕ50 mm 的薄壁管上车外圆得到,这使得整个薄壁管管壁厚度不均匀,而实际仿真时采用的是同一壁厚(0.75 mm)的薄壁管,因此产生了仿真值和实验值之间的偏差;图5.22(b)为外径 ϕ30 mm 的四种薄壁管均值压溃载荷的理论值、准静态实验值、冲击实验值和仿真值的对照图,可见理论值和准静态实验值吻合得很好,说明式(5.1)可以很好地预测薄壁管准静态均值压溃载荷,而动态压溃时的仿真值更接近于实验值,其偏差在10%以内,说明通过仿真可以很好地重现薄壁管的动态压溃过程。

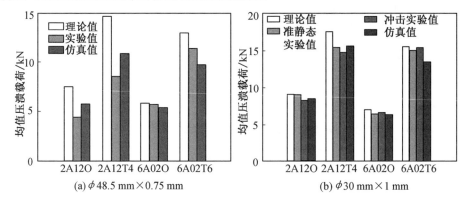

图 5.22　八种尺寸薄壁管均值压溃载荷对比柱状图

表5.2为实验值、仿真值及理论值对比。由表5.2可见,仿真得到的 ϕ30 mm ×1 mm 薄壁管在动态压溃实验时的峰值载荷和准静态压溃时的峰值载荷很接近,而与冲击实验时的最大峰值载荷相差较大。实际应用中,由于最大峰值载荷会给缓冲器带来较大的冲击载荷,因此设计时需要尽可能地减弱初始峰值载荷的影响。下面通过研究一组薄壁管在经过一定量的预压缩后的准静态力学行为,来探讨减弱初始峰值载荷的方法。

图 5.23 为 ϕ30 mm × 1 mm × 180 mm 的 2A12O 薄壁管在预压缩 20 mm 后,进行准静态压缩实验时的载荷变形曲线,发现经过预压缩后薄壁管初始峰值载荷消失了,压缩过程中的载荷波动亦比较均匀。可见,通过给薄壁管一定的预压

缩,可以削弱初始峰值载荷的影响,提高薄壁管的缓冲减振性能。

表 5.2　　实验值、仿真值及理论值对比

铝合金材料		2A12O		2A12T4		6A02O		6A02T6	
试件号		A1	A2	B1	B2	C1	C2	D1	D2
理论值/kN		7.50	9.09	14.59	17.68	5.83	7.07	12.92	15.66
冲击实验值/kN	均值	4.38	8.31	8.54	14.83	5.72	6.67	11.33	15.48
	最大值	18.27	26.52	54.50	66.65	25.53	18.75	66.56	57.83
冲击仿真值/kN	均值	5.70	8.56	10.88	15.77	5.39	6.42	9.72	13.52
	最大值	20.72	17.78	38.87	31.65	17.15	12.90	35.48	28.86
准静态实验值/kN	均值		9.12		15.53		6.48		15.14
	最大值		16.37		34.95		10.98		30.38

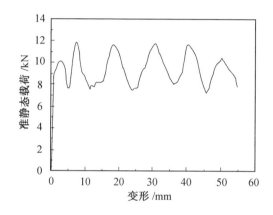

图 5.23　2A12O(30 mm × 1 mm × 180 mm)预压缩 20 mm 后的准静态载荷 − 变形曲线

5.2.4　薄壁金属管的缓冲规律

(1)在准静态和冲击条件下,除试件 C1 发生过对模式破坏和试件 C2 发生了轴对称叠缩模式破坏外,其他薄壁铝管试件均发生非轴对称叠缩模式破坏,其中试件 B2 由于是脆性较大,在压溃过程中发生破碎,可见非轴对称叠缩模式破坏是薄壁铝管在动态压溃下的典型变形模式。

(2)热处理后的薄壁管较未处理的薄壁管有更强的吸收能力,但伴随着初始峰值应力的增大和应力波动的增大。

(3)薄壁管材料的稳态应力和应力波动都较大,较适合应用于重载的缓冲装置中。

5.3　胀管式吸能结构

　　胀管式吸能结构是依靠扩径变形过程中的弹塑性变形和摩擦发热来吸收冲击能量的。图 5.24 所示为该吸能结构的结构原理图。

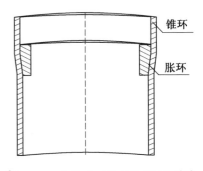

图 5.24　胀管式吸能结构原理图[17]

　　当外部输入冲击载荷超过设定的阈值时(与设计有关),由于锥环大端的外径大于胀环下端的内径,在锥环进入胀环时胀环会发生扩径现象,外部的冲击能量转换为胀环材料的弹塑性变形及胀环和锥环组件之间的摩擦热能,从而达到缓冲吸能的目的[17-20]。

5.3.1　胀管式吸能结构理论分析模型

　　为了指导后续胀管式缓冲装置的设计,有必要给出相关参数的理论计算公式,这些参数包括平均压缩载荷(平均缓冲力)和极限应变等参数。

　　胀管式吸能结构的缓冲力可表示为[17]

$$p = 2.3\pi\sigma_s\left[1 - \left(\frac{R_1}{R_2}\right)^w e^{-\frac{f \cdot l}{R_2}}\right]R_1 t \tag{5.3}$$

式中　　$w = \dfrac{\tan\alpha + f}{(1 - f\tan\alpha)\tan\alpha}$;

　　　　R_1、R_2——扩径前后胀环的中径;

　　　　t——胀环的壁厚;

　　　　α——胀环的半锥角;

　　　　σ_s——胀环材料的屈服极限;

　　　　f——静摩擦系数;

　　　　l——锥环的直段(真经不变段)长度。

5.3.2　不同温度和应变率下的缓冲力

　　金属材料在不同温度和应变率下的屈服强度 σ_s^* 为

$$\sigma_s^* = \sigma_s^0\left(1 - \frac{AT}{T_m}\ln\frac{\dot{\varepsilon}_{0s}}{\dot{\varepsilon}}\right) \tag{5.4}$$

式中　　σ_s^0——金属材料在 0 K 时的强度;

　　　　A——与材料相关的常数,$A = 0.04$;

$\dot{\varepsilon}_{0s}$—— 材料动力学常数，$\dot{\varepsilon}_{0s} = 10^6/\text{s}$；

T_m—— 材料的熔点；

T—— 环境温度；

ε—— 应变率。

常温下材料屈服强度 σ_s 为

$$\sigma_s = \sigma_s^0 \left(1 - \frac{293A}{T_m} \ln \frac{\dot{\varepsilon}_{0s}}{\dot{\varepsilon}} \right) \tag{5.5}$$

联立式(5.4)和式(5.5)，化简得

$$\sigma_s^* = \sigma_s \frac{1 - \dfrac{AT}{T_m} \ln \dfrac{\dot{\varepsilon}_{0s}}{\dot{\varepsilon}}}{1 - \dfrac{293A}{T_m} \ln \dfrac{\dot{\varepsilon}_{0s}}{\dot{\varepsilon}}} \tag{5.6}$$

结合式(5.3)和式(5.6)可得，胀管式吸能结构在不同温度和应变率下的缓冲力 p^* 为

$$p^* = 2.3\pi\sigma_s \frac{1 - \dfrac{AT}{T_m} \ln \dfrac{\dot{\varepsilon}_{0s}}{\dot{\varepsilon}}}{1 - \dfrac{293A}{T_m} \ln \dfrac{\dot{\varepsilon}_{0s}}{\dot{\varepsilon}}} \left[1 - \left(\frac{R_1}{R_2} \right)^w e^{-\frac{f_1 l}{R_2}} \right] R_1 t \tag{5.7}$$

式中　f_1—— 动摩擦系数。

根据应变率的定义，可得胀管式吸能结构在冲击载荷作用下的平均应变率为 V_0/L_1，则根据式(5.7)可得，缓冲器的缓冲力 p^* 为

$$p^* = 2.3\pi\sigma_s \frac{1 - \dfrac{AT}{T_m} \ln \dfrac{\dot{\varepsilon}_{0s} L_1}{V_0}}{1 - \dfrac{293A}{T_m} \ln \dfrac{\dot{\varepsilon}_{0s} L_1}{V_0}} \left[1 - \left(\frac{R_1}{R_2} \right)^w e^{-\frac{f_1 l}{R_2}} \right] R_1 t \tag{5.8}$$

由式(5.8)可知，胀管式吸能结构缓冲力的大小主要由 R_1、R_2、t、α、σ_s 及 f 等参数决定，R_1、R_2、t、α 为结构参数，屈服极限 σ_s 与胀环材料有关，由于结构参数 R_1、R_2、t 及 α 可方便地改变，当对应不同设计条件时，可根据设计需要改变结构参数来获得所需缓冲力。

5.3.3　安全可靠工作应满足的条件

为了能够使薄壁金属管塑性变形缓冲器安全可靠地工作，需要解决：保证胀环不能被撕裂；缓冲器在工作中不发生失稳现象。

(1)为避免胀环被撕裂，假设胀环材料的伸展率为 δ。图5.25所示为胀环在发生塑性变形后的截面示意图。

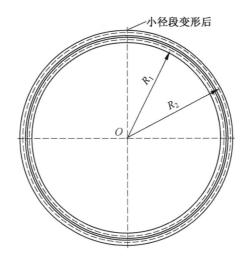

图 5.25　胀环在发生塑性变形后的截面示意图

要保证胀环不发生整体失效，应满足

$$\frac{R_2 - R_1}{R_1} < \delta \tag{5.9}$$

胀环不发生整体失效需要具有一定的安全裕度 m_s，即可得 R_2 应满足

$$0 < (1 + m_s)\frac{R_2 - R_1}{R_1} < \delta \tag{5.10}$$

由此可得 R_2 的取值范围为

$$R_1 < R_2 < \left(1 + \frac{\delta}{1 + m_s}\right)R_1 \tag{5.11}$$

（2）如图 5.26 所示，为了保证缓冲器安全可靠地工作，缓冲力 p 应满足 $p < p_m$（p_m 为胀环下端发生屈曲的平均压溃载荷）。

根据相关文献，有平均压溃载荷 p_m 为

$$p_m = 22.27\left(\frac{2R_1}{t}\right)^{\frac{1}{2}}M_0 \tag{5.12}$$

式中　M_0——管壁单位长度的塑性极限弯矩，若采用米塞斯屈服准则，则

$$M_0 = \frac{2\sigma_s}{\sqrt{3}} \cdot \frac{t^2}{4}$$

结合式(5.8)和式(5.12)，化简得

$$0.632\left(\frac{1 - \dfrac{AT}{T_m}\ln\dfrac{\dot{\varepsilon}_{0s}L}{V_0}}{1 - \dfrac{293A}{T_m}\ln\dfrac{\dot{\varepsilon}_{0s}L}{V_0}}\right)^2\left[1 - \left(\frac{R_1}{R_2}\right)^w e^{-\frac{f_1l}{R_2}}\right]^2 R_1 < t \tag{5.13}$$

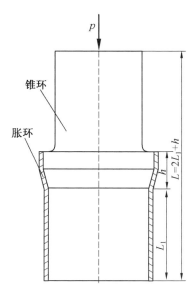

图 5.26　胀管式吸能结构受力分析

（3）缓冲装置在工作过程中，主要承受轴向压缩载荷，不能发生失稳的现象。它主要与缓冲装置的边界条件及结构尺寸有关。参考图 5.26 所示薄壁金属管塑性变形缓冲器的受力情况，根据材料力学关于压杆稳定性的相关理论可得

$$2.3\pi\sigma_s \frac{1 - \dfrac{AT}{T_m}\ln\dfrac{\dot{\varepsilon}_{0s}L}{V_0}}{1 - \dfrac{293A}{T_m}\ln\dfrac{\dot{\varepsilon}_{0s}L}{V_0}}\left[1 - \left(\frac{R_1}{R_2}\right)^w e^{-\frac{f_1 l}{R_2}}\right]R_1 t < \frac{\pi^2 EI}{(\mu L_1)^2} \qquad (5.14)$$

式中　μ——长度系数；

　　　E——材料的弹性模量；

　　　I——惯性矩，$I = \pi\left[(2R_1 + t)^4 - (2R_1 - t)^4\right]/64$。

受压缩载荷时，相当于一端固定、一端自由的情况，因此有 $\mu = 2$。将 μ、I 代入式（5.14），化简得

$$L_1 < \sqrt{\frac{\pi^2 E\left[(2R_1 + t)^4 - (2R_1 - t)^4\right]}{588.8\sigma_s \dfrac{1 - \dfrac{AT}{T_m}\ln\dfrac{\dot{\varepsilon}_{0s}L}{V_0}}{1 - \dfrac{293A}{T_m}\ln\dfrac{\dot{\varepsilon}_{0s}L}{V_0}}\left[1 - \left(\frac{R_1}{R_2}\right)^w e^{-\frac{f_1 l}{R_2}}\right]R_1 t}} \qquad (5.15)$$

因此，胀环下端的长度 L_1 的取值应满足式（5.15），才能保证薄胀管式吸能结构能够安全地工作。

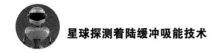

5.3.4 变形能力

变形能力是缓冲装置的一个重要参数,在设计胀管式缓冲装置时,需要考虑缓冲装置的变形能力(极限应变),以此指导缓冲装置的优化设计。下面通过分析缓冲装置在冲击载荷作用下的变形过程,研究薄壁金属管塑性变形的能力。

胀管式缓冲装置在变形前后的结构示意图如图5.27所示。要使缓冲装置能够安全可靠地工作,缓冲装置在轴向方向的最小尺寸为

$$L = 2L_1 + h \tag{5.16}$$

理论上,缓冲装置在轴向方向的有效变形长度 $L_e = L_1$,为保证缓冲装置安全可靠地工作,需要有一定的安全裕度 m_{sp},因此,可得该缓冲装置的极限应变 ε_D 为

$$\varepsilon_D = \frac{L_1}{(1 + m_{sp})(2L_1 + h)} \tag{5.17}$$

由式(5.17)可得,通常胀管式缓冲装置的极限应变 $\varepsilon_D < 0.5$,因此,缓冲装置存在轴向尺寸大的特点,使该类缓冲装置的体积比吸能较小,从而影响了胀管式吸能结构缓冲装置的紧凑型设计。

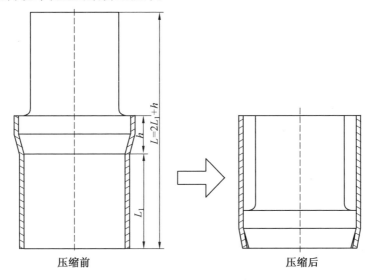

压缩前　　　　　　　　　　　　　　　压缩后

图 5.27　胀管式缓冲装置在变形前后的结构示意图

5.3.5 胀管式缓冲装置动态冲击实验

实验所用胀管式缓冲装置,其编号由三个字符组成(如P11),字母"P"表示胀管式缓冲装置,第2位上的数字"1""2""3"分别代表三种不同尺寸,第三位上的数字"1""2""3""4"分别代表其基体材料为 2A12O、2A12T4、6A02O、

6A02T6。试件基体材料参数见表 5.4,12 种试件的其他结构尺寸均相同,R_1 = 24.25 mm,L = 63 mm,L_3 = 8 mm,L_4 = 45 mm,相关符号的含义如图 5.28 所示。实验试件明细表见表 5.3。

表 5.3　实验试件明细表

序号	编号	R_2/mm	L_2/mm	α/(°)	序号	编号	R_2/mm	L_2/mm	α/(°)
1	P11	26.5	12	15	7	P23	26	11	10
2	P12	26.5	12	15	8	P24	26	11	10
3	P13	26.5	12	15	9	P31	25.25	13	7.5
4	P14	26.5	12	15	10	P32	25.25	13	7.5
5	P21	26	11	10	11	P33	25.25	13	7.5
6	P22	26	11	10	12	P34	25.25	13	7.5

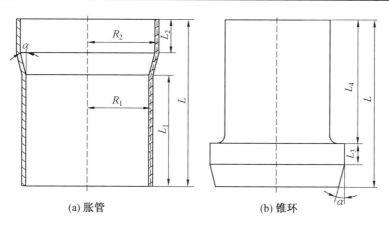

(a) 胀管　　　　　　　　　(b) 锥环

图 5.28　实验所用胀管和锥环的结构

表 5.4　实验试件基体材料参数表

牌号	σ_b/MPa	σ_s/MPa	E/GPa	μ	牌号	σ_b/MPa	σ_s/MPa	E/GPa	μ
2A12O	185		73	0.31	6A02O	130		71	0.31
2A12T4	470	325	73	0.31	6A02T6	350	300	71	0.31

　　所有实验均在室温 23 ℃、相对湿度 50% 的条件下进行,均采用 Instron 5569 标准冲击实验机,并取稳态压缩速度为 5 mm/min 进行。

　　图 5.29 中给出了 12 种胀管式缓冲装置在准静态加载下的载荷 - 位移图。通过分析可以得到,胀管式缓冲装置具有以下特点:

　　(1)载荷 - 变形曲线表现为明显的初期波动区及平台区二阶段特征,即在压缩的初期,其载荷随变形的增加而迅速达到一个峰值;随变形量的增加,载荷逐渐减小;当变形量继续增加时,载荷趋于稳定,载荷曲线出现长长的平台区,压缩过程中,载荷波动很小,使被保护对象得到更有效的保护。

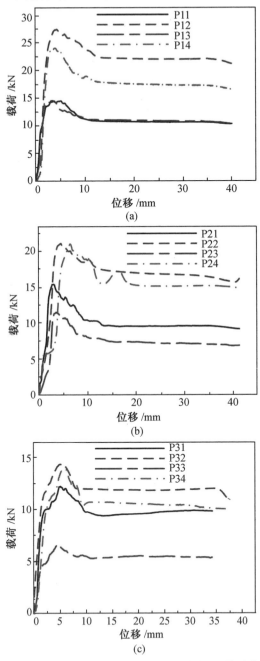

图 5.29　缓冲装置在准静态加载下的载荷 – 位移曲线

（2）初期波动区的变形量与胀环锥颈部分在轴向的尺寸一致,平台区对应胀环下端的定径段部分。

（3）在相同尺寸条件下,由高强度材料制成的胀管式缓冲装置,其缓冲力更大,这是因为胀环材料的强度越大,其发生弹塑性变形就越困难,其吸能能力也较大。

（4）轴向尺寸相对较大,不利于缓冲装置的轻量化与紧凑型设计。

5.4　泡沫金属吸能结构

金属泡沫材料又称泡沫金属或多孔金属,系由固体框架或平面交错结构形成许多多胞状气孔的金属材料,其主要特点是相对密度低,孔隙率可达90%以上,具有较高的比刚度和比强度,并且具有良好的吸能、隔音和绝热性能[21],因此在航空航天和交通运输等领域有广泛的应用前景。

泡沫材料从泡孔结构上又可分为闭孔型泡沫（Closed – Cell Foam）和开孔型泡沫（Open – Cell Foam）。闭孔型泡沫内部的胞孔相互独立,且每个胞孔都是封闭的。而开孔型泡沫内部胞孔相互连接在一起,胞孔之间是互相连通的。事实上由于制作工艺的原因,在许多泡沫金属内部同时存在闭孔结构和开孔结构。

关于泡沫材料的力学性能描述,Gibson 和 Ashby[22] 做了大量具有指导意义的工作。他们在总结前人研究成果的基础上,结合自己的研究成果,对泡沫材料力学性能进行了较为全面、细致的阐述,体现了当前对泡沫材料的力学认识水平。一般认为,泡沫体的性能与其结构和孔壁制备材料的性能有关,泡沫材料的突出结构特征是其相对密度 ρ^*/ρ_s（ρ^* 为泡沫材料密度,ρ_s 为基体材料密度）、开孔度和闭孔度及其形状各向异性率。孔隙率为孔隙空间在泡沫体中所占分数,亦即 $1 - \rho^*/\rho_s$。一般来说,多孔固体的相对密度小于0.3左右,很多还远远小于此值,甚至低到0.003。

泡沫材料区别于金属材料的一个重要特点就是应力 – 应变曲线有一个比较长的应力平台,因此在受到冲击的时候能够把大量的冲击能转变为变形能。因此泡沫金属最重要的应用就是作为冲击吸能及撞击防护材料。

以前对泡沫金属的研究主要集中在结构单元形态、相对密度、孔径、杂质、缺陷等因素对材料刚度、屈服强度和抗断裂性能的影响[23];泡沫金属在准静态、动态载荷条件下泡孔变形特性及其对力学量的影响[24];目前也有人对泡孔结构建模进行数值模拟[25],而泡沫金属在动态载荷作用下的吸能特性研究[26]还不是很充分。本节主要研究两种规格的开孔泡沫材料在准静态和动态冲击下的力学行

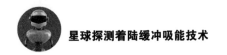

为与能量吸收特性,并选出适合于着陆器缓冲减振的泡沫结构形式,为后继的总体实验奠定基础。

实验所用泡沫铝试件均由哈尔滨工业大学金属基复合材料研究所提供,试件均由线切割加工得到,其尺寸规格为 $\phi 40 \ \text{mm} \times 10 \ \text{mm}$。泡沫铝均选用开孔结构形式,其名义屈服强度分别为 $0.06 \sim 0.07 \ \text{MPa}$ 和 $0.14 \sim 0.15 \ \text{MPa}$。

5.4.1 泡沫金属压溃应力预测模型

根据文献[22],对于开孔泡沫铝,当 $\rho_f/\rho_s > 0.3$ 时,其弹性模量为

$$\frac{E_f}{E_s} = c_1 \left(\frac{\rho_f}{\rho_s} \right)^2 \tag{5.18}$$

式中　E_f、E_s——泡沫金属及泡沫金属基体材料的弹性模量;

　　　c_1——常数;

　　　ρ_f、ρ_s——泡沫金属及泡沫金属基体材料的密度。

塑性平均应力的理论计算模型为

$$\frac{\sigma_f}{\sigma_s} = c_2 \left(\frac{\rho_f}{\rho_s} \right)^{\frac{3}{2}} \tag{5.19}$$

式中　σ_f、σ_s——泡沫金属及泡沫金属基体材料的塑性屈服强度。

对于闭孔泡沫铝,当 $\rho_f/\rho_s < 0.2$ 时,其弹性模量为

$$\frac{E_f}{E_s} = c_1 \phi^2 \left(\frac{\rho_f}{\rho_s} \right)^2 + c_1' (1 - \phi) \left(\frac{\rho_f}{\rho_s} \right) \tag{5.20}$$

塑性平均应力的理论计算模型为

$$\frac{\sigma_f}{\sigma_s} = c_2 \left(\phi \frac{\rho_f}{\rho_s} \right)^{\frac{3}{2}} + c_2' (1 - \phi) \left(\frac{\rho_f}{\rho_s} \right) \tag{5.21}$$

以上各式中,c_1'、c_2 及 c_2' 均为常数;ϕ 为孔棱的固体分数,在 $\phi = 1$(开口孔穴)的极限情况下,可以得到 $c_2' = 0.3$;在另一极限 $\phi = 0$ 的情况下对 $\rho_f/\rho_s < 0.2$ 有 $c_2' = 0.44$。

对泡沫金属缓冲器而言,其承受的载荷实际上应为冲击载荷。因此,除了研究泡沫金属的静态峰值应力之外,还应研究在冲击载荷作用下的泡沫金属的动态峰值应力。忽略惯性力的作用,采用 Cowper – Symonds 模型[27-29],考虑应变率对泡沫金属力学性能的影响,其动态塑性平均应力为

$$\sigma_m^d = \sigma_m \left[1 + \left(\frac{\dot{\varepsilon}}{D} \right)^{\frac{1}{n}} \right] \tag{5.22}$$

式中　D、n——材料的应变率敏感系数,由实验确定。

应变率的大小为

$$\dot{\varepsilon} = \frac{v_0}{L} \qquad (5.23)$$

式中　　v_0——泡沫金属材料的加载速度；

L——泡沫金属材料在加载方向上总长度。

将式(5.23)代入式(5.22)，并化简可得泡沫金属材料的动态塑性平均应力为

$$\sigma_f^d = \sigma_f \left[1 + \left(\frac{v_0}{LD} \right)^{\frac{1}{n}} \right] \qquad (5.24)$$

将式(5.21)代入式(5.24)，并化简得到泡沫材料的动态塑性平均应力为

$$\sigma_f^d = \left[c_2 \left(\phi \frac{\rho_f}{\rho_s} \right)^{\frac{3}{2}} + c'_2 (1 - \phi) \left(\frac{\rho_f}{\rho_s} \right) \right] \left[1 + \left(\frac{v_0}{LD} \right)^{\frac{1}{n}} \right] \sigma_s \qquad (5.25)$$

5.4.2　泡沫铝材料的准静态实验

对于同种名义压溃应力的泡沫铝，实验选用两种孔隙率的试件，分别称此两种孔隙率的泡沫铝为细孔(Fine Hole)和粗孔(Coarse Hole)，它们的实物照片如图 5.30 所示。

(a) 0.06~0.07 MPa 粗孔　　　　　　　(b) 0.06~0.07 MPa 细孔

(c) 0.14~0.15 MPa 粗孔　　　　　　　(d) 0.14~0.15 MPa 细孔

图 5.30　泡沫铝实物照片

名义屈服强度为 0.06 ~ 0.07 MPa 和 0.14 ~ 0.15 MPa 的粗孔和细孔泡沫铝试件在准静态下的应力 – 应变曲线如图 5.31 和图 5.32 所示。可见,对于同种名义屈服强度的粗孔和细孔泡沫材料,其应力 – 应变曲线的前段吻合得很好,但粗孔泡沫铝的平台区略长于细孔泡沫铝,说明粗孔泡沫材料较细孔泡沫材料具有更强的能量吸收能力。此两种应力水平的泡沫铝应力 – 应变曲线均表现出明显的三阶段特征,即弹性区、平台区和密实区。线弹性由孔壁弯曲控制,应力 – 应变曲线的初始斜率即为泡沫铝的弹性模量 E^*;当压缩加载时,平台区与孔穴坍塌相关联,在压溃过程中形成塑性铰;当孔穴已几乎完全坍塌,以至于相对的壁面接触时,进一步的应变使固体本身压缩,得出最后应力迅速增大的密实区。压溃后的泡沫铝照片如图 5.33 所示。

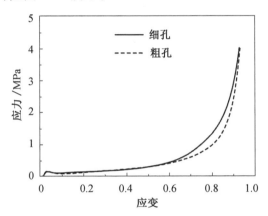

图 5.31　名义强度极限为 0.06 ~ 0.07 MPa 泡沫铝的应力 – 应变曲线

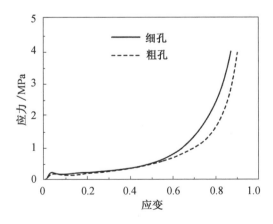

图 5.32　名义强度极限为 0.14 ~ 0.15 MPa 泡沫铝的应力 – 应变曲线

(a) 0.06~0.07 MPa 粗孔　　　　　(b) 0.06~0.07 MPa 细孔

(c) 0.14~0.15 MPa 粗孔　　　　　(d) 0.14~0.15 MPa 细孔

图 5.33　压溃后的实验照片

5.4.3　泡沫铝材料的冲击实验

标准冲击实验选用泡沫的规格和性能同准静态实验一致,即选用名义屈服强度为 0.06 ~ 0.07 MPa 的粗孔和细孔泡沫试件以及名义强度极限为 0.14 ~ 0.15 MPa 的粗孔和细孔泡沫试件各一个。由于泡沫成型工艺的限制,单层泡沫不可能做得很高(一般只能做到 10 mm 高),当其实际应用于缓冲器中时,需要多层泡沫叠加以达到既定的缓冲目标,因此有必要研究叠加后的泡沫材料在动态冲击下的性能。下面主要研究相同规格和性能的两个泡沫试件直接叠加后在动态冲击下的力学性能。实验时重锤的质量为 6.18 kg,名义接触速度为 2 m/s。

1. 单个泡沫试件的冲击实验

名义强度极限为 0.06 ~ 0.07 MPa 的单个粗孔泡沫试件和单个细孔泡沫试件,分别在 2.31 m/s、2.30 m/s 的接触速度冲击下的应力－应变曲线和能量－应变曲线如图 5.34 所示。名义强度极限为 0.14 ~ 0.15 MPa 的单个粗孔泡沫试件和单个细孔泡沫试件,分别在 2.28 m/s、2.26 m/s 的接触速度冲击下的应力－应变曲线和能量－应变曲线如图 5.35 所示。从图 5.35 中可以发现,泡沫材料在动态冲击过程中的应力波动很小,相同强度的粗孔泡沫材料较细孔泡沫材料有更大的应变率,即有更大的能量吸收能力,可见粗孔材料更适宜用于泡沫材料缓冲装置中。

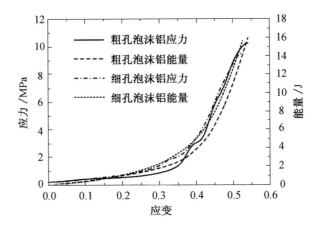

图 5.34   名义强度极限为 0.06 ~ 0.07 MPa 的泡沫在冲击下的应力／能量－应变

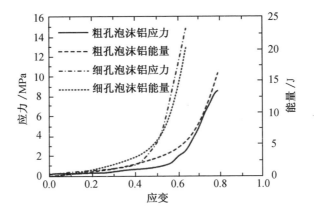

图 5.35   名义强度极限为 0.14 ~ 0.15 MPa 的泡沫在冲击下的应力／能量－应变

2. 两个相同规格泡沫试件叠加后的冲击实验

名义强度极限为 0.06 ~ 0.07 MPa 的两片粗孔和两片细孔泡沫试件分别直接叠加后的照片如图 5.36 所示,它们分别在 2.35 m/s、2.36 m/s 的接触速度冲击下的应力－应变曲线和能量－应变曲线如图 5.37 所示。名义强度极限为 0.14 ~ 0.15 MPa 的两片粗孔和两片细孔泡沫试件分别直接叠加后的照片如图 5.38 所示,它们分别在 2.35 m/s、2.33 m/s 的接触速度冲击下的应力－应变曲线和能量－应变曲线如图 5.39 所示。可见,直接叠加后的泡沫材料的应力－应变曲线表现出和单个泡沫材料一致的趋势,且也是粗孔泡沫材料的应变率略大于细孔材料的应变率。

　　(a) 粗孔

　　(b) 细孔

图 5.36　名义强度极限为 0.06 ~ 0.07 MPa 的泡沫直接叠加后的照片

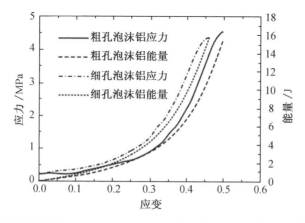

图 5.37　名义强度极限为 0.06 ~ 0.07 MPa 的泡沫叠加后的应力／能量 – 应变曲线

　　(a)

　　(b)

图 5.38　名义强度极限为 0.14 ~ 0.15 MPa 的泡沫直接叠加后的照片

　　由上述单个泡沫材料和组合泡沫材料的冲击力学特性与能量吸收特性可见,泡沫材料在冲击压溃过程中的应力变化比较平稳,且有较大的变形能力,对粗孔泡沫材料其应变可达到 0.7 左右,可见,泡沫材料是较理想的缓冲吸能材料,可应用于航天着陆器的着陆缓冲装置中。

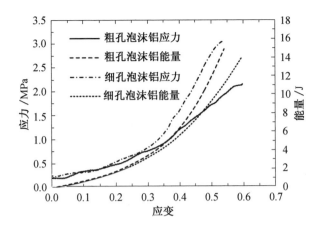

图 5.39　名义强度极限为 0.14 ~ 0.15 MPa 泡沫叠加后的应力／能量 – 应变曲线

5.5　组合式吸能结构

5.5.1　泡沫金属与胀管的组合结构

针对薄壁金属管塑性变形缓冲器及多孔材料（主要研究铝蜂窝与泡沫铝这类多孔材料填充结构）的轴向压缩特性，提出将多孔材料填充在薄壁金属管塑性变形缓冲器组成组合式缓冲器（以下简称为多孔材料填充结构）的方法，以提高缓冲器的缓冲性能。该缓冲器的结构如图 5.40 所示，是将多孔材料填充在薄壁金属管塑性变形缓冲器胀环的下端。

为指导后续薄壁金属管塑性变形缓冲器的设计，有必要给出相关参数的理论计算公式，这些参数包括平均压缩载荷（平均缓冲力）、极限应变等。

假设胀管式缓冲装置与泡沫铝材料之间无相互作用效应，则组合后的泡沫铝填充结构的缓冲力的大小等于胀管结构缓冲力与泡沫铝缓冲力的线性叠加，即

$$p_{PH} = p + p_{fm} \tag{5.26}$$

式中　p——胀管结构的缓冲力；

　　　p_{fm}——填充的泡沫铝材料的缓冲力。

根据铝蜂窝填充胀管式缓冲装置的结构原理，可得泡沫铝填充结构在轴向方向的压缩长度为

$$L_e = L_1 \varepsilon_{fD} = L_1 \left(A_f - B \frac{\rho_f}{\rho_b} \right) \tag{5.27}$$

式中　ε_{fD}——所填充泡沫铝材料的极限应变。

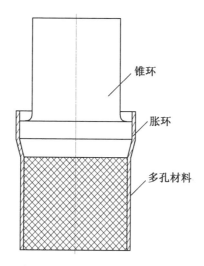

图 5.40　多孔材料填充的胀管式缓冲装置结构示意图

根据极限应变的定义,参考胀管式缓冲装置中对极限应变的研究可以得出,泡沫铝填充结构的极限应变 ε_{pfD} 为

$$\varepsilon_{pfD} = \frac{L_1 \left(A_f - B \dfrac{\rho_f}{\rho_b} \right)}{(1 + m_{pfs})(2L_1 + h)} \tag{5.28}$$

式中　m_{pfs}——保证泡沫铝填充结构安全可靠工作的裕度。

实验所用泡沫铝由中国船舶集团有限公司第七二五所研制,实验所需试件通过线切割加工,试件的相关参数见表 5.5。

表 5.5　实验所用泡沫铝试件明细表

序号	编号	尺寸/(mm × mm)	质量/g	相对密度
1	F1S	$\phi47 \times 40$	23.56	0.124
2	F2S	$\phi47 \times 40$	20.90	0.11

为便于后续的比较,泡沫铝填充结构所采用的锥环和胀环与独立实验胀管式结构所采用的锥环和胀环完全相同。在本实验中,分别用 F1S 填充 P11、P12、P13 及 P14,用 F2S 填充 P21、P22、P23 及 P24。

所有的实验均在室温 23 ℃、相对湿度 50% 的条件下进行,均采用 Instron 5569 标准实验机,轴向方向压缩,并取稳态压缩速度为 5 mm/min。

图 5.41(a) ~ (h)给出了独立的泡沫铝、胀管式结构及泡沫铝填充结构在准静态压缩下的载荷 - 位移曲线,并给出了所对应独立泡沫铝与胀管式结构相加的理论结果。以图 5.41(a)为例,P11、F1S 分别表示独立的胀管式结构及泡沫铝,PF11 表示泡沫铝填充结构实际测得的值,P11 + F1S 表示独立的胀管式结构及泡沫铝进行线性叠加的结果,其余表示法代表的含义相同。

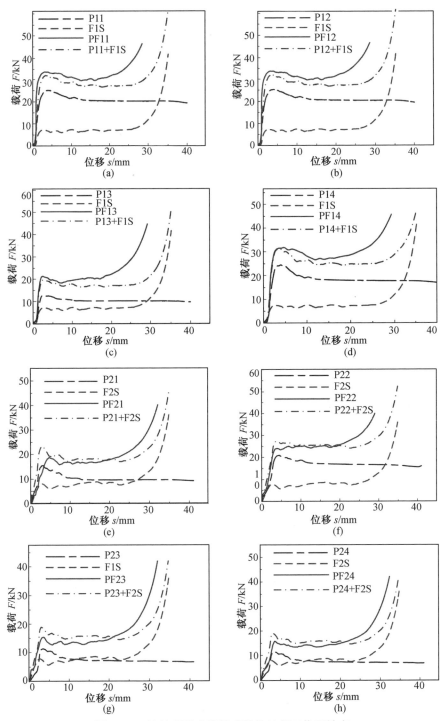

图 5.41　泡沫铝填充胀管式结构的相互作用效应

由图5.41中泡沫铝、胀管式结构及泡沫铝填充胀管式结构的载荷－变形曲线可得：

（1）载荷－变形曲线表现为明显的三阶段特征，即初期波动区、平台区及致密区。在压缩的初期，由于所对应的泡沫铝与薄壁铝管塑性变形缓冲装置的载荷曲线形成了错位叠加，随变形量的继续增加，载荷趋于稳定，出现长长的平台区，其平台区略短于所对应薄壁铝管塑性变形缓冲装置的平台区；随变形的继续增加，由于泡沫铝的作用，最后出现载荷随变形的增加而急剧增加的现象。

（2）在压缩的前半段，泡沫铝填充结构的载荷曲线与所对应的单一泡沫铝与薄壁铝管塑性变形缓冲装置载荷曲线的线性叠加非常一致。随变形量的增加，在变形量相同的条件下，泡沫铝填充结构所对应的载荷大于所对应独立的泡沫铝与薄壁铝管塑性变形缓冲装置的载荷，这是由于实验所用的泡沫铝在压缩过程中，压溃的泡沫铝碎粒填充到胀环的下端，此时缓冲装置的变形变得更为困难，使泡沫铝填充结构的压缩载荷大于所对应独立的泡沫铝与薄壁铝管塑性变形缓冲装置的载荷，将这种现象称为相互作用效应。

（3）泡沫铝填充薄壁铝管塑性变形缓冲装置与所对应的薄壁铝管塑性变形缓冲装置相比，在体积保持不变的情况下，其吸收能力得到了大大的提高。

（4）在结构参数相同的条件下，由强度大的材料制成的组合式缓冲装置，其缓冲后的载荷更大，相应地，吸收能量的能力也较大。

取位移 $s = 25$ mm，对 F1S、P11、P12、P13、P14、PF11、PF12、PF13、PF14、F2S、P21、P22、P23、P24、PF21、PF22、PF23 及 PF24，计算组合结构的总吸能能力 W_{total}、体积比吸能 W、质量比吸能 W_m 及理想吸能效率 I，计算结果见表5.6。

由表5.6可得：① 泡沫铝填充结构的吸能能力相对于独立的泡沫铝及胀管式结构得到了大大提高，以 PF11 为例，总吸能能力是 F1S 吸能能力的3.55倍，是 P11 的1.7倍，是 F1S + P1S1 的1.15倍；② 除泡沫铝外，在结构参数相同的条件下，同类型缓冲装置的理想吸能效率基本相同，且理想吸能效率均比较高；③ 独立的胀管式结构的理想吸能效率最高。

表5.6 缓冲装置缓冲特性总结

编号	W_{total}/J	$W/(J \cdot m^{-3})$	$W_m/(J \cdot kg^{-1})$	$I/\%$
F1S	201.6	2.9×10^6	8.4×10^3	61
P11	316.1	2.55×10^6	2.8×10^3	80
P12	614.6	4.97×10^6	5.5×10^3	85
P13	301.6	2.44×10^6	2.7×10^3	82
P14	533.8	4.3×10^6	4.8×10^3	83

续表 5.6

编号	W_{total}/J	$W/(J \cdot m^{-3})$	$W_m/(J \cdot kg^{-1})$	$I/\%$
PF11	666.6	5.39×10^6	5.9×10^3	72
PF12	900.2	7.28×10^6	8×10^3	74
PF13	715.2	5.78×10^6	6.4×10^3	69
PF14	875.4	7.08×10^6	7.8×10^3	71
F2S	183.37	2.64×10^6	7.64×10^3	82.14
P21	257.44	2.08×10^6	2.29×10^3	67.15
P22	415.63	3.36×10^6	3.70×10^3	79.15
P23	188.74	1.53×10^6	1.68×10^3	66.11
P24	422.34	3.42×10^6	3.76×10^3	79.17
PF21	440.63	3.56×10^6	3.92×10^3	75.89
PF22	589.98	4.77×10^6	5.25×10^3	78.47
PF23	336.60	2.72×10^6	3.0×10^3	74.25
PF24	560.38	4.53×10^6	4.99×10^3	76.45

5.5.2 蜂窝材料与胀管的组合结构

为指导后续组合式缓冲装置的设计,有必要给出相关参数的理论计算公式,这些参数包括平均压缩载荷(平均缓冲力)、极限应变等。

假设胀管式结构与铝蜂窝材料之间无相互作用效应,则组合后的铝蜂窝填充结构的缓冲力等于胀管式结构及铝蜂窝缓冲装置缓冲力的线性叠加,即

$$p_{PH} = p + p_{hm} \tag{5.29}$$

式中　p——胀管式结构缓冲力;

p_{hm}——填充的铝蜂窝材料(缓冲装置)的缓冲力。

根据铝蜂窝填充胀管的结构原理,可得铝蜂窝填充结构的在轴向方向的压缩长度为

$$L_e = L_1 \varepsilon_{hD} = L_1 \left[1 - k \left(\frac{t}{l} \right)^{\frac{1}{2}} \right] \tag{5.30}$$

式中　ε_{hD}——所填充铝蜂窝材料的极限应变。

根据极限应变的定义,铝蜂窝填充结构的极限应变 ε_{phD} 为

$$\varepsilon_{\text{phD}} = \frac{L_1 \left[1 - k \left(\dfrac{t}{l} \right)^{\frac{1}{2}} \right]}{(1 + m_{\text{phs}})(2L_1 + h)} \tag{5.31}$$

式中　　m_{phs}——保证铝蜂窝填充结构安全可靠工作的裕度。

所有实验均在室温 23 ℃、相对湿度 50% 的条件下进行,均采用 Instron 5569 标准拉伸实验机,轴向方向压缩,并取稳态压缩速度为 5 mm/min。实验所需铝蜂窝试件见表 5.7,基体材料为 3003H18,胞元为近似正六边形。

表 5.7　铝蜂窝实验试件明细表

序号	编号	规格 /(mm × mm)	外形尺寸 /(mm × mm)	压缩方向	备注
1	H0503	0.05 × 3	$\phi 47 \times 42$	轴向(Z 向)	预压缩 2 mm
2	H0504	0.05 × 4	$\phi 47 \times 42$	轴向(Z 向)	预压缩 2 mm

实验所用试件共八种,且铝蜂窝填充胀管式结构所采用的锥环和胀环与独立实验胀管式结构所采用的锥环和胀环完全相同。本实验中,分别用 H0503PS 填充 P11 组成 PH11,H0503PS 填充 P12 组成 PH12,H0503PS 填充 P13 组成 PH13,H0503PS 填充 P14 组成 PH14,H0504PS 填充 P21 组成 PH21,H0504PS 填充 P22 组成 PH22,H0504PS 填充 P23 组成 PH23,H0504PS 填充 P24 组成 PH24。

图 5.42(a) ~ (h) 给出了独立的经预压缩后的铝蜂窝、胀管式结构及铝蜂窝填充结构在准静态压缩下的载荷 - 位移曲线,并给出了所对应独立的经预压缩后的铝蜂窝与胀管式结构相加的理论结果。以图 5.42(a) 为例,P11、H0503PS 分别表示独立的胀管式结构及经预压缩后的铝蜂窝,PH11 表示铝蜂窝填充结构实测值,P11 + H0503PS 表示独立的胀管式结构及铝蜂窝进行线性叠加的结果,文中其余表示法代表的含义相同。

取压缩长度 $s = 38$ mm,结合第 2 章所给出的相关理论,表 5.8 给出了缓冲装置的峰值载荷 F_p、平均压溃载荷 F_m、吸收的总能量 W_{total} 及理想吸能效率 I 等相关吸能参数。由表 5.8 可得,单一胀管式结构的理想吸能效率为 64.4% ~ 82.7%,八种缓冲器的平均理想吸能效率为 73.51%,铝蜂窝填充结构的理想吸能效率为 67.56% ~ 88.9%,八种缓冲装置的平均理想吸能效率为 81.96%。由此可见,铝蜂窝填充结构相比胀管式结构其吸能效率有了很大的提高。

通过比较分析图 5.42 和表 5.8 中经预压缩后的铝蜂窝、薄壁铝管塑性变形缓冲器及铝蜂窝填充结构的载荷 - 变形曲线可得:① 铝蜂窝填充薄壁金属管塑性变形缓冲器的载荷 - 位移曲线可认为是所对应单一铝蜂窝与薄壁金属管塑性变形缓冲器的载荷 - 位移曲线的线性叠加;② 经预压缩的铝蜂窝填充薄壁铝管塑性变形缓冲器与所对应的薄壁铝管塑性变形缓冲器相比,在体积保持不变及峰值载荷几乎不变的情况下,其吸能能力得到了很大的提高。

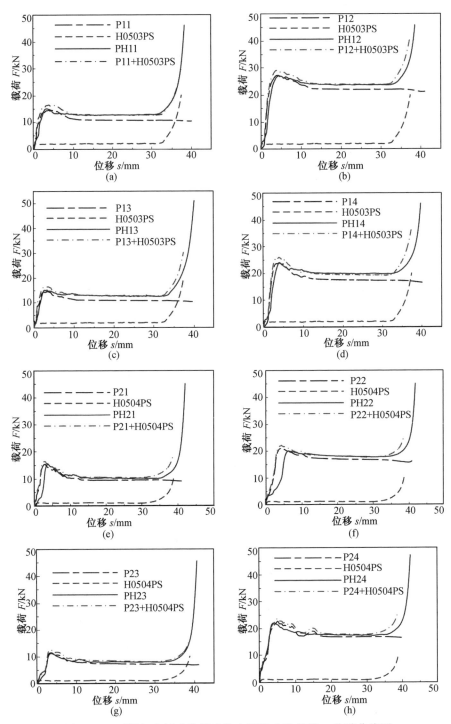

图 5.42　不同组合缓冲装置准静态压缩实验载荷 - 位移曲线图

表 5.8　缓冲器缓冲特性总结

编号	F_p/kN	F_m/kN	W_{total}/J	I/%	编号	F_p/kN	F_m/kN	W_{total}/J	I/%
P11	14.42	11.06	420.1	76.7	PH11	14.99	13.33	506.54	88.9
P12	27.38	22.09	839.6	80.7	PH12	27.19	23.5	893.16	86.43
P13	14.51	11.09	421.5	76.4	PH13	15.04	13.05	495.75	86.77
P14	24.00	17.67	671.3	73.6	PH14	23.80	19.62	745.45	82.44
P21	15.32	10.01	380.5	65.3	PH21	15.26	10.31	391.91	67.56
P22	21.01	16.57	629.8	78.9	PH22	19.62	16.62	631.65	84.71
P23	11.42	7.36	279.8	64.4	PH23	11.16	8.19	311.20	73.39
P24	20.93	15.09	573.3	72.1	PH24	20.61	17.61	669.45	85.44

5.6　刨削式吸能结构

5.6.1　刨削式吸能结构及其缓冲原理

以金属切削为原理的刨削式吸能结构最早出现在航天员的座椅上,用于控制着陆过程中的冲击力。由于刨削式吸能结构具有结构紧凑、体积比吸能高的优点,近年来在轨道交通行业内得到了广泛应用。如图 5.43 所示的刨削式防爬吸能装置,其吸能结构主要由刨削管、刀具及安装法兰三个部分组成,其中刀具切削刨削管吸收碰撞动能,安装法兰与刨削管组合起到导向作用,保证碰撞过程中装置能够稳定工作。其实早在 1977 年,James 根据该原理开发了一种用环形刀切削 6061 铝合金杆的吸能装置,该装置能够帮助地铁车辆在失控时平稳降速,并

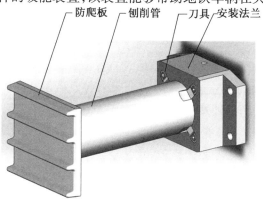

图 5.43　刨削式防爬吸能装置示意图

用台车碰撞的方式对该装置进行实验,结果表明该装置的耐撞性良好[30],之后相关吸能装置逐步在轨道车辆上得到应用。

刨削式吸能结构在工作时,被切削材料发生塑性变形直至撕裂,刀具与工件被切削面发生摩擦,通过金属材料的塑性变形、撕裂等综合作用吸收能量。刨削式塑性变形吸能结构原理图如图5.44所示。

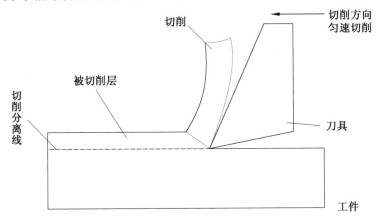

图5.44　刨削式塑性变形吸能结构原理图

当刀具和被切削层接触时,切削层在刀具的挤压作用下首先产生弹性变形,当剪应力达到金属材料的屈服极限后,产生塑性变形,在切削分离线附近与吸能管表面分离,切屑从前刀面流出。

5.6.2　刨削式吸能结构的缓冲力

从已有金属刨削类吸能结构的文献中发现,研究者最为关注的是影响切削力变化的参数,因为它们与结构的吸能能力息息相关。而关于金属切削力的研究在机械加工中已有很多,20世纪40年代,Merchant就切削过程中的力学特性进行了理论分析,提出了一种正交切削研究切削力的实验方法,并通过实验方式分析了各参数对切削力的影响[31]。近年来随着该类型吸能元件应用的增多,许多学者提出了基于该吸能原理的新型结构,如高广军、雷成、刘国伟等使用仿真、实验等手段进行了大量研究,详细分析了相关参数对刨削式吸能结构吸能能力的影响,并提出了相关的设计和优化方法[32-34]。

由于被切削材料和吸能结构的不同,关于各类型刨削式吸能结构的缓冲力计算公式差别很大,经典的金属机械切削原理中,对切削力的影响因素已经进行了深入的研究。影响切削力数值大小的主要有两方面因素:

(1)材料因素:包括刀具材料和被切削金属材料,这与材料的元素构成及热处理方式相关。

（2）切削参数：主要是指切削过程中的切削速度、进给量和背吃刀量等参数。

刨削加工是用刨刀对工件做水平相对直线往复运动的切削加工方法，这与刨削式吸能结构的吸能形式一致，所以刨削式吸能结构的缓冲力计算公式为

$$F = c_F a_p^{x_F} f^{y_F} k_F \tag{5.32}$$

式中　a_p——刨削的背吃刀量；

　　　f——刨削进给量；

　　　c_F——计算系数，和被加工材料有关；

　　　x_F、y_F——计算指数，相应的数值大小根据被刨削材料和加工工况进行选择；

　　　k_F——计算系数，与实际工况有关。

表5.9是常用的一些材料及加工工况对应的系数及指数选择表。

表5.9　常用的一些材料及加工工况对应的系数及指数选择表

加工材料	刀具材料	加工方式	系数和指数值						
			切削速度计算				切削力计算		
			c_v	x_v	y_v	m	c_F	x_F	y_F
碳钢、铬钢及镍铬钢	高速钢	平面	48.9	0.25	0.66	0.12	1 875	1.0	0.75
		槽	16.2	0	0.66	0.25	2 100	1.0	1.0
灰铸铁190HBW	高速钢	平面	31.4	0.15	0.4	0.1	1 225	1.0	1.0
		槽	15.6	0	0.4	0.15	1 550	1.0	1.0
	YG8	平面	129.6	0.15	0.4	0.2	900	1.0	0.75
		槽	30.6	0	0.4	0.2	1 550	1.0	1.0
铜合金	高速钢	平面	133.6	0.12	0.5	0.12	540	1.0	0.66

考虑到刨削式吸能结构的实际工况，取计算系数 $k_F = 1$，刨削力的计算公式可以简化为

$$F = c_F a_p^{x_F} f^{y_F} \tag{5.33}$$

5.6.3　刨削式吸能结构的动态冲击实验

低碳钢具有切削性能好、价格低廉的优点，常作为刨削式吸能结构的刨削管材料，实验选用20#钢作为刨削管材料，刀具材料选用硬质合金，相关符号的含义如图5.45所示，W 为切削管外径，L 为被切削行程。试件明细见表5.10，其编号由三个字符组成（如q11），字母"q"表示刨削式吸能结构，第二位上的数字"1""2""3"分别代表三种不同切削厚度，第三位上的数字"1""2""3"分别代表

三种不同宽度的刀具。九种试件的其他结构尺寸均相同，$W = 24.25$ mm，$L = 63$ mm。

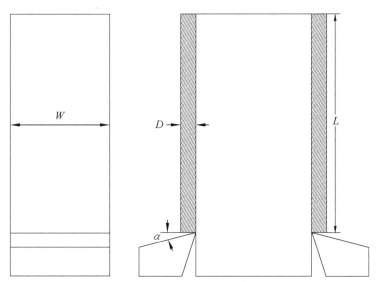

图 5.45　刨削式吸能结构实验示意图

表 5.10　试件明细表

序号	编号	切削厚度 /mm	切削宽度 /mm
1	q11	4.5	10
2	q12	4.5	20
3	q13	4.5	28
4	q21	5.5	10
5	q22	5.5	20
6	q23	5.5	28
7	q31	6.5	10
8	q32	6.5	20
9	q33	6.5	28

所有实验均在室温 23 ℃、相对湿度 50% 的条件下进行,冲击实验在落锤冲击实验台上完成。冲击实验时重锤的质量均为 1 030 kg,名义冲击速度为 11 m/s。

图 5.46 为实验前后试件形态对比图,可知整个过程中没有大块切屑断裂飞出,吸能过程较为平稳。

(a) 实验前试件

(b) 实验后试件

图 5.46　实验前后试件形态对比图

图5.47给出了九种刨削式吸能结构在动态加载下的载荷－位移曲线。通过分析可以得到,刨削式吸能结构起缓冲吸能作用时具有以下特点:

（1）载荷－变形曲线表现为在压缩初期有明显的初始峰值力,随变形量的增加,载荷逐渐减小,当变形量继续增加时,载荷在一定范围内波动,吸能过程整体比较平稳。

（2）初始峰值力与切削厚度和宽度的变化趋势一致,随着切削厚度和宽度的增加而逐渐增大。

（3）在切削吸能过程中,随着切削宽度和厚度的增加,整体切削过程载荷波动不断增大。

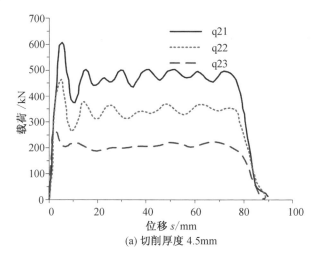

(a) 切削厚度 4.5mm

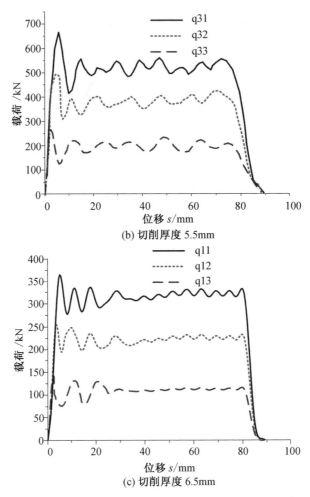

(b) 切削厚度 5.5mm

(c) 切削厚度 6.5mm

图 5.47　刨削式吸能结构在动态加载下的载荷－位移曲线

5.6.4　冲击载荷作用下刨削式吸能结构的仿真研究

　　在切削过程中,切削层在刀具的挤压作用下首先产生弹性变形,当剪应力达到金属材料的屈服极限后,产生塑性变形,在切削分离线附近与吸能管表面分离,切屑从前刀面流出。在整个切削过程中材料存在三种效应,分别是应变硬化效应、应变率强化效应和热软化效应[35-37]。基于上述三种效应,采用 Johnson－Cook 模型表征以上三种材料特性。模型等效流动应力方程如下:

$$\sigma_{y} = \left(A + B\overline{\varepsilon}^{p^{n}} \right)\left(1 + c\ln\frac{\dot{\varepsilon}}{\dot{\varepsilon}_{0}} \right)\left[1 - \left(\frac{T - T_{0}}{T_{\text{melt}} - T_{0}} \right)^{m} \right] \tag{5.34}$$

式中　　σ_y——等效应力；

$\bar{\varepsilon}^p$——等效塑性应变；

$\dot{\bar{\varepsilon}}$——材料应变率；

$\dot{\bar{\varepsilon}}_0$——材料参考应变率($1.0\ \mathrm{s}^{-1}$)；

T——材料变形温度；

T_0——室温；

T_{melt}——材料融化温度；

A——初始屈服应力；

B——硬化模量；

n——加工硬化指数；

c——依赖于应变率的系数；

m——热软化系数。

刨削式吸能结构切削吸能是工件表面切削层在刀具的作用下不断从工件表面分离的过程。选择合适的分离准则能够真实地反映金属切削过程的力学和物理特性。金属切削过程有限元仿真采用的分离准则主要分为几何分离准则和物理分离准则。Johnson – Cook 材料模型可通过材料剪切失效准则来模拟切削过程中切削层与母体材料的分离[38-39]。在切削过程中，当切屑与母体达到切屑分离准则时，切削层材料发生失效，失效单元自动从模型中删除，从而实现切屑与母体的分离。Johnson – Cook 模型的相关参数见表 5.11。

表 5.11　20#Johnson – Cook 模型的材料常数

A/MPa	B/MPa	n	c	m
280	480	0.23	0.016	1.83

根据设计要求，建立刨削式吸能结构三维模型，刀具硬度和强度远大于吸能管材料的硬度与强度，因此，在进行有限元分析时可将刀具设置为刚体。吸能管材料为 20# 钢，设计刀具数量为四个，建立刨削式吸能结构有限元模型如图 5.48 所示。

本节采用 ANSYS/LS – DYNA 动力学软件对刨削式吸能结构的切削吸能过程进行非线性动力学分析。在碰撞起始阶段，刀具位于吸能管导向段内，未与吸能管接触，切削刃附近的金属首先产生弹性变形，当应力达到金属材料的屈服极限后，切削层金属发生滑移，与吸能管材料发生分离，随后切屑沿刀具的前刀面流出，直至切削过程结束。图 5.49 为切削式吸能过程中 240 mm 时的最大剪应力云图。切削吸能过程中的缓冲力 – 行程历程如图 5.50 所示。

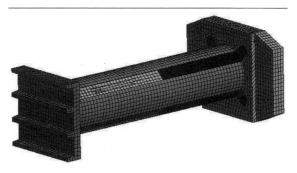

图 5.48　刨削式吸能结构有限元模型

图 5.49　切削吸能过程中 240 mm 时的最大剪应力云图

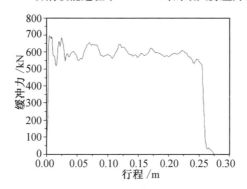

图 5.50　刨削式吸能结构缓冲力 – 行程曲线

通过研究和对比分析发现,刀具宽度、切削行程和切削深度对刨削式吸能装置的吸能过程影响较大,切削速度对吸能过程的影响相对较小。在切削过程中吸能装置缓冲力平稳,波动小,有利于实现碰撞减速过程,减小碰撞过程中对人员的伤害。

5.7　本章小结

本章对薄壁铝管、胀管式、泡沫金属、刨削式、组合式等缓冲吸能结构的吸能特性进行了系统介绍,具体内容如下:

（1）开展了 2A12 和 6A02 两种铝合金薄壁管分别在 O、T4、T6 热处理状态下的准静态压缩和冲击压溃实验,建立了薄壁管压缩过程有限元模型,实验与仿真结果吻合良好,发现薄壁管存在对称叠缩和非对称叠缩两种塑性变形模型,推导了薄壁管压缩过程平均应力理论公式,对理论计算、仿真和实验的结果进行了对比。

（2）建立了胀管式吸能结构理论分析模型,分析了不同温度和应变率下的胀管缓冲力,推导了胀管结构的极限应变率公式,进行了胀管动态冲击实验。结果表明,载荷 – 变形曲线表现为明显的初期波动区及平台区二阶段特征,初期波动区的变形量与胀环锥颈部分在轴向的尺寸一致。

（3）建立了泡沫金属压溃应力预测模型,进行了泡沫铝材料的准静态实验和动态冲击实验。结果表明,泡沫金属压溃应力随应变的增大而增大,尤其当应变超过 0.6 后其应力急剧增大。

（4）对泡沫金属与胀管的组合结构的吸能特性进行了研究,结果表明,泡沫铝填充结构的吸能能力相对于独立的泡沫铝及薄壁铝管塑性变形缓冲器得到了大大提高。对蜂窝材料与胀管的组合结构的吸能特性进行了研究。结果表明,铝蜂窝填充薄壁金属管塑性变形缓冲器的载荷 – 位移曲线可认为是与所对应单一铝蜂窝与薄壁金属管塑性变形缓冲器的载荷 – 位移曲线的线性叠加。

（5）介绍了刨削式吸能结构的吸能原理以及影响刨削式吸能结构缓冲性能的影响因素,并给出了刨削式吸能结构的缓冲力计算公式;分别进行了冲击载荷作用下刨削式吸能结构缓冲性能的实验及仿真研究,研究发现刀具宽度、切削行程和切削深度对刨削式吸能装置的吸能过程影响较大,切削速度对吸能过程的影响相对较小,在切削过程中吸能装置缓冲力平稳,波动小,有利于实现碰撞减速过程,减小碰撞过程中对人员的伤害。

本章参考文献

[1] THORNTON P H, MAGEE C L. The Interplay of geometric and materials variables in energy absorption[J]. Journal of Engineering Materials & Technology, 1977, 99(2):114.

[2] ALEXANDER J M. An Approximate analysis of the collapse of thin cylindrical shells under axial loading[J]. Quarterly Journal of Mechanics & Applied Mathematics, 1960, 13(1):10-15.

[3] JOHNSON W, REID S R. Metallic energy dissipating systems[J]. Applied Mechanics Reviews, 1978, 31(3):277-288.

［4］ ABRAMOWICZ W, JONES N. Dynamic progressive buckling of circular and square tubes［J］. International Journal of Impact Engineering, 1986, 4(4): 243-270.

［5］ WIERZBICKI T, BHAT S U. A moving hinge solution for axisymmetric crushing of tubes［J］. International Journal of Mechanical Sciences, 1986, 28(3):135-151.

［6］ SINGACE A A, ELSOBKY H, REDDY T Y. On the eccentricity factor in the progressive crushing of tubes［J］. International Journal of Solids & Structures, 1995, 32(24):3589-3602.

［7］ GUPTA N K, VELMURUGAN R. Consideration of internal folding and non-symmetric fold formation in axisymmetric axial collapse of round tubes［J］. International Journal of Solids & Structures, 1997, 34(20): 2611-2613.

［8］ GRZEBIETA R H. Rigid-plastic collapse behavior of an axially crushed stocky tube［C］. Proc. ASME Winter Meeting,1989.

［9］ KARAGIOZOVA D, ALVES M, JONES N. Inertia effects in axisymmetrically deformed cylindrical shells under axial impact［J］. International Journal of Impact Engineering, 2000, 24(10):1083-1115.

［10］ KARAGIOZOVA D, JONES N. Dynamic effects on buckling and energy absorption of cylindrical shells under axial impact［J］. Thin-Walled Structures, 2001, 39(7):583-610.

［11］ KARAGIOZOVA D, JONES N. Dynamic elastic-plastic buckling of circular cylindrical shells under axial impact［J］. International Journal of Solids & Structures, 2000, 37(14):2005-2034.

［12］ SONG H W, WAN Z M, XIE Z M, et al. Axial impact behavior and energy absorption efficiency of composite wrapped metal tubes［J］. International Journal of Impact Engineering, 2000, 24(4):385- 401.

［13］ ANDREWS K R F, ENGLAND G L, GHANI E. Classification of the axial collapse of cylindrical tubes under quasi-static loading［J］. International Journal of Mechanical Sciences, 1983, 25(9):687-696.

［14］ JONES N. Some comments on the crashworthiness of structures and impact energy absorption［J］. Rossmanith H P, ed. Structural Failure, Product Liability and Technical Insurance, 1993.

［15］ 王礼立. 冲击动力学进展［M］. 北京:中国科学技术大学出版社, 1992.

［16］ SINGACE A A, ELSOBKY H. Further experimental investigation on the eccentricity factor in the progressive crushing of tubes[J]. International Journal of Solids & Structures, 1996, 33(24):3517-3538.

[17] 褚桂柏,张熵. 月球探测器技术[M]. 北京:中国科学技术出版社, 2007.

[18] 杨建中, 曾福明, 满剑锋,等. 月球探测器软着陆机构研制的关键问题及其解决思路[C].北京:2006 中国科协年会,2006.

[19] 曾福明, 杨建中, 娄汉文. 月球及行星探测器软着陆缓冲器技术综述[C]. 北京:中国宇航学会深空探测技术专业委员会学术会议,2005.

[20] 杨建中, 曾福明, 满剑锋,等. 拉刀式与胀环式座椅缓冲器方案特点研究[C].三亚: 中国宇航学会飞行器总体专业委员会 2004 年学术研讨会, 2004.

[21] EVANS A G, HUTCHINSON J W, ASHBY M F. Multifunctionality of cellular metal systems[J]. Progress in Materials Science, 1998, 43(3): 171-221.

[22] GIBSON L J,ASHBY M F. Cellular solid: Structure and properties(2nd ed)[M].Cambridge: Cambridge University Press, 1997.

[23] GRENESTEDT J L, BASSINET F. Influence of cell wall thickness variations on elastic stiffness of closed-cell cellular solids[J]. International Journal of Mechanical Sciences, 1998, 42(7):1327-1338.

[24] BASTAWROS A F, EVANS A G. Deformation heterogeneity in cellular Al alloys[J]. Advanced Engineering Materials, 2010, 2(4):210-214.

[25] KWON Y W, COOKE R E, PARK C. Representative unit-cell models for open-cell metal foams with or without elastic filler[J]. Materials Science & Engineering A, 2003, 343(1):63-70.

[26] MONTANINI R. Measurement of strain rate sensitivity of aluminium foams for energy dissipation[J]. International Journal of Mechanical Sciences, 2005, 47(1):26- 42.

[27] ABRAMOWICZ W, JONES N. Dynamic axial crushing of circular tubes[J]. International Journal of Impact Engineering, 1984, 2(3):263-281.

[28] REID S R, REDDY T Y, GRAY M D. Static and dynamic axial crushing of foam-filled sheet metal tubes[J]. International Journal of Mechanical Sciences, 2011, 28(5):295-322.

[29] ZHAO Y P, LIU S. On the definition of coefficient of strain-rate sensitivity[J]. Chinese Journal of Aeronautics, 2001, 14(2):78-82.

[30] KIRK J A. Design of a metal skinning energy absorber for the U. S. capitol subway system[J]. International Journal of Mechanical Sciences, 1977,

19(10):595-602.

[31] MERCHANT M E. Mechanics of the metal cutting process. I. orthogonal cutting and a type 2 chip[J]. Journal of Applied Physics, 1945, 16(5): 267-275.

[32] CHENG L. Research on energy absorption characteristics of rail vehicle energy-absorbing component in cutting way[J]. China Mechanical Engineering, 2013, 24(2):263-267.

[33] GUAN W, GAO G, LI J, et al. Crushing analysis and multi-objective optimization of a cutting aluminium tube absorber for railway vehicles under quasi-static loading[J]. Thin-Walled Structures, 2018, 123:395-408.

[34] 常宁,刘国伟.轨道车辆切削式吸能过程仿真[J].中南大学学报(自然科学报),2010,41(6):2444-2450.

[35] 毛从强.切削式防爬器切削力的控制[J].铁道车辆,2014,52(3):14-16.

[36] 雷成,肖守讷,罗世辉.轨道车辆切削式吸能装置吸能特性研究[J].中国机械工程,2013,24(2):263-267.

[37] 刘国伟,夏茜,王千叶,等.切削式吸能的惯性效应[J].交通运输工程学报,2015(3):62-70.

[38] 李国和,王敏杰,段春争.基于 ANSYS/LS-DYNA 的金属切削过程有限元模拟[J].农业机械学报,2007,38(12):173-176.

[39] 张云峰.切削吸能式防爬器在城轨车辆碰撞安全设计中的应用[J].铁道车辆,2014,52(10):20-22.

第6章

腿式着陆器缓冲装置设计

6.1　概　　述

第 2～5 章介绍了各种冲击吸能结构的吸能特性,本章在前几章内容的基础上介绍利用吸能结构构成的腿式着陆器缓冲装置的性能评价与设计方法,主要研究内容包括:①腿式着陆器及其缓冲装置的结构原理及其特点;②腿式着陆器缓冲装置性能分析;③腿式着陆器缓冲装置缓冲性能的评价方法;④腿式着陆器缓冲装置设计需考虑的问题;⑤腿式着陆器缓冲装置优化设计。

6.2　腿式着陆器及其缓冲装置的结构原理

迄今为止,已成功实现星球表面软着陆的腿式着陆器按着陆腿的数目分为三腿式着陆器和四腿式着陆器两种。三腿式着陆器结构较适用于小型的月球探测任务中,但在月球表面着陆时的地面适应能力略显不足;四腿式着陆器应用最为广泛;五腿式着陆器甚至更多腿式着陆器结构质量较大,不适用于星球探测领域中。图 6.1 所示为腿式着陆器结构原理图。

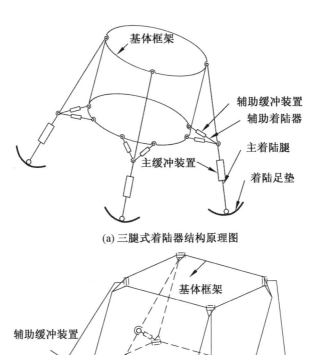

(a) 三腿式着陆器结构原理图

(b) 四腿式着陆器结构原理图

图 6.1　腿式着陆器结构原理图

　　为进一步说明组成腿式着陆器各主要部分的功能,表6.1给出了组成腿式着陆器的基本组成所对应的功能。

表 6.1　腿式着陆器基本组成及其功能

序号	基本组成	主要功能
1	主缓冲装置	腿式着陆器的关键部件,连接在着陆腿的主承力杆件上,吸收腿式着陆器与所探测星球表面碰撞产生的主要冲击能量
2	辅助缓冲装置	可做双向(收缩和伸长)运动,适应不同的着陆姿态,并吸收来自横向的冲击能量

续表 6.1

序号	基本组成	主要功能
3	基体框架	着陆器的核心部件之一,其作用是为相关的燃料容器、探测机器人等搭载设备提供必要的平台,以及为后续的软着陆机构提供方便的接口等
4	主着陆腿	保持着陆器在着陆过程中的姿态稳定和着陆后的长久支撑。通常将缓冲材料或缓冲装置填充在着陆腿里面以吸收在着陆过程中的冲击能量
5	着陆足垫	吸收部分冲击能量,增大探测器与月球表面的接触面积,减小压强,使得着陆瞬时的冲击力趋于平稳,并减弱着陆时着陆脚垫横向滑动和穿入月球表面的可能,可安装测速雷达和冲击传感器

着陆腿与缓冲装置是决定着陆稳定性及缓冲性能的关键部件。着陆腿系统由主着陆腿和辅助着陆腿构成,一般采用活塞式结构,其结构原理如图 6.2 所示,主要由导向筒(外筒)、导向压板(活塞)、传力杆(活塞杆)和缓冲装置(金属蜂窝缓冲器等)组成。

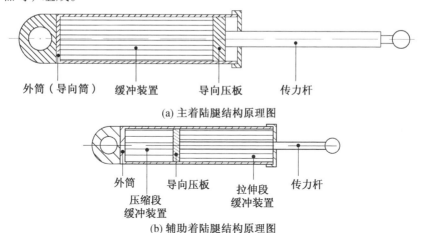

(a) 主着陆腿结构原理图

(b) 辅助着陆腿结构原理图

图 6.2　腿式着陆器着陆腿及缓冲装置的结构原理图

腿式着陆器缓冲装置的设计必须同时考虑所填充着陆腿的结构形式。以主着陆腿为例,为了适应不同的星球地形,同时着陆器的底部可能还会搭载相关有效载荷,主着陆腿必须设计得足够长;另外,为了实现着陆腿的轻量化设计,主着陆腿也不能设计得过大,因此,主着陆腿通常设计成细长的结构形式。

在形状上,一般将着陆腿的截面设计成圆环结构,其提供给缓冲装置的空间为圆柱形。迄今为止,已成功发射及在研的腿式着陆器,其着陆腿提供给缓冲装置的空间均为圆柱形。

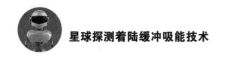

传力杆也是着陆腿的关键部件之一,它是保持着陆器着陆过程中的姿态稳定和着陆后的长久支撑必不可少的部分。

6.3　腿式着陆器缓冲装置的性能

目前已成功应用的腿式着陆器缓冲装置有多种结构形式,其各自的缓冲性能也存在着很大的差异,给设计者带来了难度,因此需要对各种缓冲装置缓冲性能进行综合对比,以得出各自的缓冲性能及适合的工作场所。

6.3.1　腿式着陆缓冲装置的性能要求

为了能够全面地对腿式着陆器缓冲装置进行评价,有必要对理想腿式着陆器缓冲装置的性能要求进行研究。腿式着陆器缓冲装置评级指标如下[14]:

(1)缓冲吸能效果。缓冲吸能是缓冲装置的最基本、最核心的功能。缓冲装置必须具备将冲击能量转换为其他形式能量的能力,从而使被保护对象得到保护。理想缓冲装置应具有良好的缓冲吸能效果,使着陆器搭载的所有探测设备和探测机器人得到最有效的保护。

缓冲效果除指能够吸收缓冲过程中的冲击能量外,缓冲后的冲击力也是一个重要参数,缓冲后冲击力越平稳,对着陆器所搭载的有效载荷越有利。因此,在满足设计要求的大前提下,理想着陆器缓冲装置在缓冲过程中,其缓冲力应该是非常平稳的,这样能够最大限度地保护被保护对象。

(2)可靠性。缓冲装置任一环节的失效均可能导致灾难性的后果,因此,理想腿式着陆器缓冲装置需具有极高的可靠性,以保证着陆器在所探测星球表面软着陆的成功。

(3)适应工作环境的能力。在星球探测中,缓冲装置往往需要经受高低温、强辐射、真空等苛刻环境的考验,理想的着陆器缓冲装置必须对工作环境具有良好的适应能力。

(4)成本问题。要实现缓冲装置的低成本,理想的缓冲装置可以描述为:
① 自身的质量与体积尽可能的小。自身的体积与质量对于腿式着陆器的轻量化设计至关重要,因此,在满足工作需要的前提条件下,所设计的缓冲装置应尽可能地轻。② 结构简单、易于安装。结构应尽量简单,便于与腿式着陆器进行连接或安装。

(5)其他附加要求。理想的着陆器缓冲装置除了具有缓冲吸能效果好、可靠性高、适应工作环境的能力强及成本低外,还应该具有无污染、可回收等优点。

6.3.2　腿式着陆器缓冲装置缓冲特性的评价

明确了理想腿式着陆器缓冲装置应具备的特点后,即可对缓冲装置的缓冲性能的评价方法进行研究,包括缓冲装置的缓冲吸能效果、可靠性、适应环境的能力及成本问题。

通过对理想腿式着陆器缓冲装置应具备性能的阐述,可对腿式着陆器缓冲装置的优劣进行评价。

对于缓冲装置的可靠性研究,由于缓冲装置的形式有多种多样,其可靠度的预计是难以用一套完整的计算方法来实现的,但是,可以从定性的角度对一次性缓冲装置与重复性缓冲装置的可靠性进行探讨。同样,腿式着陆器缓冲装置的成本问题及其他附加性能的研究,是无法用一套科学的计算方法来进行定量分析的,同样可以从定性的角度对具体的缓冲装置结构形式进行分析,以得出各种缓冲装置的性能,供腿式着陆器缓冲装置的设计参考。

对于缓冲装置适应工作环境的能力问题,研究的方法是参考缓冲装置的空间环境,建立地面模拟环境,对缓冲装置的缓冲效果、缓冲能力、载荷特性等性能进行研究,故缓冲装置适应工作环境的能力问题,可以统一到缓冲装置的缓冲吸能效果性能方面进行研究。

本章从缓冲装置的缓冲吸能效果入手,探讨腿式着陆器缓冲装置评价方法,为缓冲装置的设计与选择提供理论参考。

6.4　缓冲装置缓冲性能的评价方法

缓冲装置缓冲吸能性能是评价腿式着陆器缓冲装置缓冲性能的重要指标,本章主要从缓冲装置吸收能量的能力、在缓冲吸能过程中的载荷特性、吸能效率及变形能力等方面进行研究,得出适合缓冲装置缓冲吸能效果的表征方法,以方便对腿式着陆器缓冲装置的缓冲吸能效果进行全面评估,为后续腿式着陆器缓冲装置缓冲特性的研究奠定基础。

6.4.1　缓冲装置的吸能能力及比吸能

缓冲装置的吸能能力及比吸能对于缓冲装置的设计具有重要的意义。为描述缓冲装置的吸能能力,定义三个参数,即缓冲装置在其变形过程中的总吸收量 W_{total}、体积比吸能能量 W_V 及质量比吸能 W_m[5]。

（1）总吸能量。

根据能量守恒定理,可以得到缓冲装置总的吸能量 W_{total} 为

$$W_{\text{total}} = \int_0^S F(\delta)\, \mathrm{d}\delta \tag{6.1}$$

式中　　S——缓冲装置被压缩的距离；

　　　　$F(\delta)$——缓冲装置被压缩距离为 δ 时的力。

总吸能量是缓冲装置的一个重要性能指标，在设计缓冲装置时，必须使缓冲装置的总吸能量大于需要吸能的总冲击能量。

（2）质量比吸能。

要研制结构轻量化的新型缓冲装置，需要对缓冲装置的质量进行评价，定义缓冲装置质量比吸能 W_m 为

$$W_m = \frac{W_{\text{total}}}{m} = \frac{\int_0^S F(\delta)\, \mathrm{d}\delta}{m} \tag{6.2}$$

式中　　m——缓冲装置的质量。

质量比吸能是评价缓冲装置性能的一个重要指标。

（3）体积比吸能。

根据材料力学里面的相关知识，可得出缓冲装置体积比吸能 W_V 为

$$W_V = \frac{W_{\text{total}}}{V} = \frac{\int_0^S F(\delta)\, \mathrm{d}\delta}{V} = \int_0^{\varepsilon_m} \sigma(\varepsilon)\, \mathrm{d}\varepsilon \tag{6.3}$$

式中　　σ——流动应力，是应变 ε 的函数；

　　　　V——缓冲装置的体积；

　　　　ε_m——缓冲装置在工作过程中的应变。

如图 6.3 所示，根据缓冲装置的应力 – 应变曲线，W_V 相当于在应变量为 ε_m 时压缩曲线以下的面积，故压缩曲线的形状和位置可反映缓冲装置吸能性能的高低。通过缓冲装置单位体积内吸收的能量 W_V 可表征缓冲装置在体积方面的性能。

（4）相同应力水平下的比吸能。

质量比吸能和体积比吸能统称为比吸能，它是衡量不同缓冲结构吸能能力的一个重要指标。比吸能大意味着用少量的缓冲材料即可吸收大量的冲击能量，但对于具体的缓冲装置用缓冲材料而言，并不是比吸能越大越好，因为比吸能越大，往往意味着缓冲材料在工作过程中的峰值应力也越大。为了使比较更加合理，需要增加一个前提条件，即在相同应力水平下进行比吸能的比较，则比吸能越大，基于缓冲目标值优化设计出的缓冲装置质量更轻，体积更小。

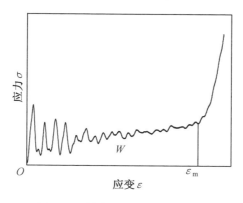

图 6.3　缓冲器吸能特性的描述

通过缓冲装置总吸能量 W_{total}、体积比吸能 W_V 及质量比吸能 W_m 就可以对缓冲装置的吸能能力、自身质量及体积进行有效的评价。

对腿式着陆器缓冲装置的设计,在相同应力水平下缓冲装置的体积比吸能越大,基于缓冲目标值优化设计出的缓冲装置体积就越小。缓冲装置的体积将直接影响填充缓冲装置中着陆腿的质量,且着陆腿体积的增大将导致质量的大大增加。因此,相同应力水平下的体积比吸能对于腿式着陆器缓冲装置的设计非常重要。

相同应力水平下缓冲装置的质量比吸能越大,基于缓冲目标值优化设计出的缓冲器自身质量就越小,它对腿式着陆器缓冲装置的设计同样重要。缓冲装置的质量相对于着陆器着陆腿的质量一般都非常小,因此,对腿式着陆器缓冲装置的设计,相同应力水平下的质量比吸能的重要程度低于相同应力水平下缓冲装置的体积比吸能。

6.4.2　载荷特性

缓冲装置在工作过程中,外部的冲击力经过缓冲装置的作用,其冲击力大大减小。对于腿式着陆器缓冲装置的设计,需要很好地对缓冲装置在受冲击后的载荷特性进行评估,以指导腿式着陆器缓冲装置的设计。

在设计腿式着陆器缓冲装置时,必须使缓冲装置在工作过程中其缓冲力始终小于许用的峰值载荷,因此,对于缓冲装置而言,在缓冲吸能过程中,其载荷特性也非常重要。图 6.4 给出了实际铝蜂窝缓冲装置在冲击载荷作用下的载荷 – 变形曲线。下面结合典型的载荷 – 变形曲线,对缓冲装置的载荷特性进行研究。

（1）峰值载荷及峰值应力。

在缓冲装置的设计过程中,峰值载荷 F_p（或峰值应力 σ_p）是一个非常重要的参数,在进行缓冲装置的设计时,必须使缓冲装置在工作过程中其峰值载荷 F_p 始终小于许用峰值载荷 $[F_p]$(或峰值应力 σ_p 始终小于许用峰值载荷 $[\sigma_p]$)。缓冲装置峰值载荷 F_p(或峰值应力 σ_p)的理论计算模型可以通过理论推导的方式得到,对于难以用理论推导得到其峰值载荷的情况,也可以通过缓冲装置的载荷 – 位移曲线来获取。

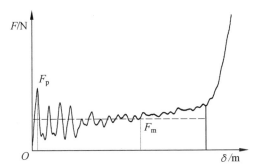

图 6.4　缓冲装置在冲击载荷作用下的载荷 – 位移曲线

(2)平均压溃载荷。

平均压溃载荷 F_m 是表征缓冲装置吸能特性的重要指标,通过缓冲装置的平均压溃载荷,可以方便地预测该缓冲装置的吸能能力,其定义为

$$F_m = \frac{1}{S}\int_0^S F(\delta)\,\mathrm{d}\delta \tag{6.4}$$

相应地,可以得到缓冲器的平均压缩应力为

$$\sigma_m = \frac{1}{\varepsilon}\int_0^{\varepsilon_m} F(\varepsilon)\,\mathrm{d}\varepsilon \tag{6.5}$$

联立式(6.1)和式(6.4),并化简可得

$$F_m S = \int_0^S F(\delta)\,\mathrm{d}\delta \tag{6.6}$$

联立式(6.3)和式(6.5),并化简得到

$$\sigma_m \varepsilon_m = \int_0^{\varepsilon_m} \sigma(\varepsilon)\,\mathrm{d}\varepsilon \tag{6.7}$$

通过式(6.6),有 $W_{total} = F_m S$,因此可通过缓冲装置在工作过程中的平均压溃载荷 F_m 估计缓冲装置的总吸能能量,它对于缓冲装置的初步设计具有重要的意义。

同理,通过式(6.7),有 $W_V = \sigma_m \varepsilon$,因此可通过缓冲装置在缓冲过程中的平均压缩应力来计算缓冲装置的体积比吸能。

(3)载荷波动系数及波动频率。

缓冲装置在压缩过程中,其载荷是一个变化的数值,需要知道缓冲装置在压

缩变形过程中载荷的波动情况,定义一个载荷波动系数 Δ 为

$$\Delta = \frac{F_\text{p} - F_\text{min}}{F_\text{m}} = \frac{\sigma_\text{p} - \sigma_\text{min}}{\sigma_\text{m}} \tag{6.8}$$

式中　　F_min——缓冲过程中的最小压缩载荷;

　　　　σ_min——缓冲过程中的最小应力。

通过缓冲装置的载荷波动系数 Δ,可对缓冲装置在缓冲过程中载荷的平稳性进行有效的评价。显然,对于缓冲装置,作用于被保护对象上的载荷越平稳,对被保护对象越有利。

为了能够准确地描述载荷的波动频率,以载荷 – 位移曲线为研究对象,从 0 开始,按照变形由小到大记录载荷出现极小值和极大值的对数。当极大值比极小值大于 $(1 + \lambda)$ 时($\lambda > 0$ 是为保证统计的载荷波动有效的参数,可取 $\lambda > 0.5$,若 λ 太小,则表明载荷波动小,可忽略),认为载荷出现了一次有效的波动。统计在工作过程中一共出现的有效波动数目为 n,载荷的波动频率 f 定义为单位长度内载荷有效波动的次数,即

$$f = \frac{n}{l} \tag{6.9}$$

式中　　n——载荷的有效波动次数;

　　　　l——缓冲装置的压缩长度。

载荷波动频率 f 越大,说明缓冲装置在缓冲过程中波动的越频繁。显然,缓冲装置的载荷波动频率 f 越小,其缓冲性能越优。

6.4.3　缓冲力曲线图及缓冲系数

缓冲曲线图为物体掉落到缓冲材料时所受到最大无量纲加速度与物体受到的单位应力之间的关系,反映了缓冲材料在冲击过程中的缓冲特性。当一个质量为 m 的物体由高 H 处掉下时,由这部分势能转化的动能在下落过程中被缓冲材料吸收,系统的能量方程为

$$mg(H + Y_\text{m}) = \int_0^{Y_\text{m}} F(Y, \dot{Y})\,\mathrm{d}Y \tag{6.10}$$

式中　　$F(Y, \dot{Y})$——物体对缓冲结构的压缩力,与位移和速度有关;

　　　　Y——缓冲材料的压缩位移;

　　　　Y_m——缓冲材料的最大压缩量。

一般 Y_m 与 H 相比可忽略,所以有

$$mgH = \int_0^{Y_\text{m}} F(Y, \dot{Y})\,\mathrm{d}Y \tag{6.11}$$

当缓冲材料的厚度为 h 时,最大无量纲加速度 G_m 为

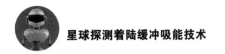

$$G_{\mathrm{m}} = \frac{a_{\mathrm{m}}}{g} = \frac{F_{\mathrm{m}}}{mg} = \frac{F_{\mathrm{m}}H}{\int_0^{Y_{\mathrm{m}}} F\mathrm{d}Y} = \frac{\sigma_{\mathrm{m}}H}{h\int_0^{\varepsilon_{\mathrm{m}}} \sigma(\varepsilon)\mathrm{d}\varepsilon} \tag{6.12}$$

若 A 为压缩接触面积,则物体所受的单位面积应力 σ_{s} 为

$$\sigma_{\mathrm{s}} = \frac{mg}{A} = h\int_0^{\varepsilon_{\mathrm{m}}} \frac{\mathrm{d}\varepsilon}{H} = \frac{h}{H}\int_0^{\varepsilon_{\mathrm{m}}} \sigma(\varepsilon)\mathrm{d}\varepsilon = \frac{hW_{\mathrm{V}}}{H} \tag{6.13}$$

通常缓冲曲线是通过自由落体实验测定,一次落体实验只能确定一个实验点,在不同的落高和缓冲材料厚度下通过改变落体的单位面积静力来获得具体的一条实验曲线,不同的落高、不同的缓冲装置厚度对应不同的缓冲曲线。这样对于每一种缓冲材料都要做大量实验来确定与上述参数相关的一条条缓冲曲线,十分烦琐。

峰值应力在缓冲器的设计过程中,必须保证所设计的缓冲装置在缓冲过程中始终小于许用的峰值应力。另外,由于缓冲装置的应力 – 应变曲线便于测定,可以考虑从缓冲装置的应力 – 应变曲线来判断其吸能性能。缓冲系数指某一给定的峰值应力 σ_{p} 与在此应力下缓冲装置可以吸收的能量 W_{V} 的比值,即

$$C = \frac{\sigma_{\mathrm{p}}}{W_{\mathrm{V}}} = \frac{\sigma_{\mathrm{p}}}{\int_0^{\varepsilon_{\mathrm{m}}} \sigma(\varepsilon)\mathrm{d}\varepsilon} \tag{6.14}$$

通过缓冲装置的缓冲系数,也可以得出不同缓冲装置的缓冲特性。

6.4.4 吸能效率及理想吸能效率

为使所获得的表征方法具有通用性,缓冲特性的表征方法要尽量与缓冲材料的尺寸无关。本章从缓冲材料的应力 – 应变曲线入手,探讨缓冲材料的缓冲特性表征方法。Miltz 等人定义了泡沫塑料的吸能效率 E[6-7],后来被推广到泡沫金属领域中。本章参考 Miltz 等人定义泡沫塑料的吸能效率 E,对缓冲装置的吸能效率 E 定义为缓冲材料单位体积所吸收的能量与对应应力之比,即

$$E = \frac{\int_0^{\varepsilon_{\mathrm{m}}} \sigma(\varepsilon)\mathrm{d}\varepsilon}{\sigma_{\mathrm{m}}} = \frac{W_{\mathrm{V}}}{\sigma_m} \tag{6.15}$$

式中　σ_{m}——ε_{m} 所对应的应力。

E 可用于确定缓冲结构的最佳吸能工作状态。Miltz 等人[7] 还定义了泡沫材料的理想吸能效率 I_{m} 的概念:实际泡沫材料到平台应变 ε_{m} 所吸收的能量与理想泡沫材料在相同应力和应变量下的吸能量之比,即

$$I_{\mathrm{m}} = \frac{\int_0^{\varepsilon_{\mathrm{m}}} \sigma(\varepsilon)\mathrm{d}\varepsilon}{\sigma_{\mathrm{m}}\varepsilon_{\mathrm{m}}} \tag{6.16}$$

理想吸能效率 I_m 的几何意义如图 6.5 所示, 它表示应变量为 ε_m 时压缩曲线以下的面积比应变 ε_m 及应力为 σ_m 所围成矩形的面积, 它常用于对不同缓冲材料吸能特性的评估。

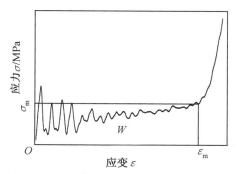

图 6.5　Miltz 等人对理想吸能效率 I_m 的描述

但对于薄壁管及铝蜂窝等缓冲材料, 由于初期峰应力现象的存在, 用 Miltz 等人定义的理想吸能效率 I_m 来进行描述不是很恰当。

根据缓冲装置的缓冲特性, 理想缓冲装置应描述成: 随着载荷的变大, 缓冲装置开始变形, 并迅速达到载荷的最大值, 然后, 缓冲材料随着变形的增加, 载荷一直处于稳定的状态, 只有当缓冲装置被压缩到很小时, 载荷才会随着变形的增大而急剧增大, 将这种理想的缓冲装置的载荷 – 变形曲线转换为应力 – 应变曲线, 如图 6.6 所示。图 6.6 中, σ_p 为峰值应力, ε_p 为理想缓冲装置的最大应变。

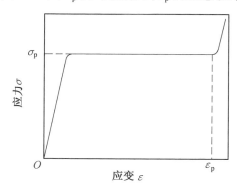

图 6.6　理想缓冲装置的应力 – 应变曲线图

通过对理想缓冲装置的阐述, 定义缓冲装置的理想吸能效率 I_m 为

$$I_m = \frac{\int_0^{\varepsilon_m} \sigma(\varepsilon)\,\mathrm{d}\varepsilon}{\sigma_p \varepsilon_m} = \frac{W_V}{\sigma_p \varepsilon_m} \tag{6.17}$$

理想吸能效率 I_m 的几何意义如图 6.7 所示, 表示应变量为 ε_m 时, 应力 – 应变曲线所围成的面积(阴影部分)与压缩变形过程中的最大应力 σ_{max} 所围矩形面积之比。

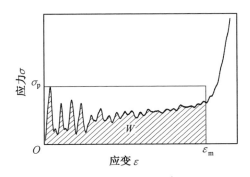

图 6.7　改进后理想吸能效率 I_m 的描述

利用所定义的理想吸能效率 I_m，也可对不同缓冲装置的缓冲特性进行有效的评价。显然，理想吸能效率 I_m 越大，缓冲装置经缓冲后的力越平稳，相应地其缓冲性能越好，因此，研究提高缓冲装置理想吸能效率的相关方法对于缓冲装置的设计具有重要意义。根据对理想吸能效率的定义，可以得到峰值应力 σ_p 与平均应力 σ_m 之间的关系为

$$\sigma_p = \frac{\sigma_m}{I_m} \tag{6.18}$$

在设计缓冲装置时，需要保证缓冲装置在缓冲过程中始终满足其峰值应力 σ_p 小于许用峰值应力 $[\sigma_p]$。理想吸能效率 I_m 越大，缓冲装置在缓冲过程中的平均应力越接近峰值应力，则相同应力水平下的比吸能越大，因此，基于缓冲目标值优化设计出的缓冲装置自身的质量和体积越小。

通过对缓冲装置理想吸能效率的研究可得，缓冲装置的理想吸能效率对于腿式着陆器缓冲装置的设计尤为重要，对研究提高缓冲装置理想吸能效率的方法具有重要的价值。

6.4.5　最佳应变及最佳应变下的能量吸收能力

理想着陆器缓冲装置应具有质量轻、体积小及冲击载荷小且平稳等优点。为设计出性能优良的缓冲装置，引入一个最佳应变 ε_e（对应缓冲装置的最佳压缩量）。当缓冲装置的应变等于或接近 ε_e 时，缓冲装置的理想吸能效率最高，基于缓冲目标值所设计出的缓冲装置质量最轻，体积最小；当所设计的缓冲装置在工作过程中应变大于 ε_e 时，冲击载荷可能会急剧上升，从而导致受保护对象受冲击过大，而应变远小于 ε_e 时，说明所设计缓冲装置的潜力还未得到有效发挥，即缓冲装置会因余量太大而导致质量和体积过大，故缓冲装置的最佳应变 ε_e 对于缓冲装置的轻量化设计具有重要价值。以泡沫铝为例，说明 ε_e 在缓冲装置设计中的重要性。图 6.8 为泡沫铝的应力 – 应变曲线图。

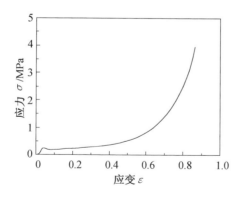

图 6.8 泡沫铝在冲击载荷下的应力 – 应变曲线图

首先研究泡沫铝的极限应变 ε_D,结合文献[6],可以得出泡沫铝的极限应变 ε_D,近似地表示为

$$\varepsilon_D = A_f - B\frac{\rho_f}{\rho_s} \qquad (6.19)$$

式中　A_f、B—— 与泡沫铝材料相关的常数;

　　　ρ_f—— 泡沫铝的密度;

　　　ρ_s—— 泡沫铝基体材料的密度。

经过大量实验得到,对于铝蜂窝及薄壁金属管,同样存在极限应变 ε_D。根据缓冲材料压缩至致密段的最大应变,将缓冲材料的最佳应变 ε_e 描述为:安全系数 S 乘以 ε_e 等于缓冲材料压缩至致密段的极限应变 ε_D,即

$$\varepsilon_e = \frac{\varepsilon_D}{S} \qquad (6.20)$$

式中　S—— 保证缓冲装置安全工作在有效压缩段的安全系数。

可将式(6.20)表示为

$$\varepsilon_e = \frac{\varepsilon_D}{1 + m_S} \qquad (6.21)$$

式中　m_S—— 保证缓冲装置安全工作在有效压缩段的安全裕度。

体积比吸能 W_V 表征了缓冲装置在缓冲过程中总的吸收能力,但是对于着陆器缓冲装置的设计,通过对最佳应变 ε_e 的阐述可知,设计者可能更关心缓冲装置处于最佳应变 ε_e 下的吸能量。下面定义一个缓冲装置处于最佳应变 ε_e 下的体积比吸能 W_{Ve},其值为

$$W_{Ve} = \int_0^{\varepsilon_e} \sigma(\varepsilon)\,d\varepsilon \qquad (6.22)$$

同样,处于最佳应变 ε_e 下缓冲材料在变形过程中吸收的总吸能量 $W_{e-total}$ 为

$$W_{e-total} = VW_{Ve} = V\int_0^{\varepsilon_e} \sigma(\varepsilon)\,d\varepsilon \qquad (6.23)$$

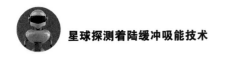

6.5　腿式着陆器缓冲装置设计需考虑的问题

6.5.1　腿式着陆器缓冲装置的设计条件

腿式着陆器缓冲装置的设计条件有很多,大致可以归纳为:

(1) 设计空间要求。缓冲装置的设计空间主要是指着陆器的着陆腿可提供的工作空间,包括着陆腿内部的形状及具体尺寸,它是设计缓冲装置外形的依据。因此,在设计腿式着陆器缓冲装置时,必须给出其设计空间。实际上,应将着陆腿的设计与缓冲装置的设计结合起来进行综合考虑。

(2) 工作环境要求。工作环境要求包括高低温、真空环境及耐腐蚀、抗辐射等,且不同工作环境下缓冲装置的缓冲特性往往存在很大差异,因此,对缓冲装置的设计,必须考虑其实际的工作环境。

(3) 着陆器工作情况。着陆器工作情况包括着陆器的着陆高度、着陆器着陆时的垂直速度、水平速度及转动角速度等,这些参数都将影响着陆用缓冲装置的设计。

(4) 被保护对象的许用峰值应力。必须保证着陆器在着陆到所探测星球表面的过程中,被保护对象所受的应力应小于其许用的峰值应力,即 $\sigma_p < [\sigma_p]$。

(5) 着陆器的相关参数。着陆器的相关参数主要是指整个着陆器的质量、所探测星球表面的重力加速度、着陆器的着陆腿的具体结构以及着陆腿与着陆器的连接方式等。

(6) 其他要求。根据具体的探测任务,有时候还有一些其他方面的技术要求,它对于设计性能良好的腿式着陆器缓冲装置同样重要。

6.5.2　相关的设计参数

在设计腿式着陆器用一次性缓冲装置时,一些重要的参数必须进行确定,这些参数主要有最大冲击能量、许用最大应力等。

1. 冲击能量的确定

缓冲装置设计的核心问题是:首先确定缓冲装置需要吸收的最大冲击能量,然后根据空间环境以及缓冲性能要求选取适当的缓冲方法。在此基础上,根据稳定性分析的结果以及与着陆器结构的接口,确定缓冲装置的结构形式。

进行缓冲装置的设计时,首先要确定系统的最大冲击能量。系统的最大冲击能量可根据式(6.24)进行计算,即

$$U_{max} = \frac{1}{2} m_{dl}(v_v^2 + v_h^2) + m_{dl}g_m H \tag{6.24}$$

式中　m_{dl}—— 着陆器着陆前的质量;

　　　v_v—— 着陆器在接触星球表面时的最大垂直速度;

　　　v_h—— 着陆器在接触星球表面时的最大水平速度;

　　　g_m—— 星球表面的重力加速度;

　　　H—— 着陆器与星球表面接触瞬间至着陆完成后,质心移动的垂直距离。

考虑到星球表面地形、地貌的复杂性及着陆姿态的随机性,着陆过程中着陆腿不可能同时起作用,因此在设计腿式着陆器缓冲装置时,每条着陆腿需吸收的能量要保留一定裕度,可利用式(6.25)确定单个着陆腿缓冲装置的缓冲能力

$$U_s = \frac{U_{max}}{N}(1 + M_s) \tag{6.25}$$

式中　N—— 着陆器着陆腿的数目;

　　　M_s—— 保证着陆安全的裕度系数。

将式(6.25)代入式(6.24),并化简得到单个着陆腿中填充的缓冲装置需要吸收的能量为

$$U_s = \frac{1 + M_s}{N}\left[\frac{1}{2} m_{dl}(v_v^2 + v_h^2) + m_{dl}g_m H\right] \tag{6.26}$$

2. 缓冲装置的许用最大应力

在缓冲装置进行初步设计时,需要确定具体缓冲装置的规格或具体的尺寸,一个重要依据就是缓冲装置许用最大应力。当然,通常不会直接给出缓冲装置的许用最大应力,一般会给出冲击过程中被保护对象许用的最大冲击加速度、着陆器的质量等参数,缓冲装置与被接触面的面积可以根据设计空间进行确定。

许用最大载荷$[F]$为

$$[F] = m_{dl}[a] \tag{6.27}$$

式中　$[a]$—— 冲击过程中被保护对象许用的最大加速度。

根据设计空间,可以确定缓冲装置与被接触面的面积A_e,另外,由于边界非线性效应的存在,在设计腿式着陆器缓冲装置时,许用最大应力应保留一定的裕度,结合式(6.27),即可初步确定缓冲装置的许用最大应力为

$$[\sigma_p] = \frac{[F]}{(1 + M_s')A_e} = \frac{m_{dl}[a]}{(1 + M_s')A_e} \tag{6.28}$$

式中　M_s'—— 考虑边界非线性效应的安全裕度。

当选定腿式着陆器用一次性缓冲装置的方案后,需要对缓冲装置进行初步设计。该过程是一个反复试算的过程,为了使所设计的缓冲装置具有优良的缓

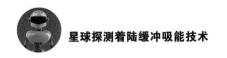

冲性能,同时为了提高初步设计的效率,有必要对金属蜂窝缓冲装置、泡沫金属缓冲装置及薄壁金属管塑性变形缓冲装置的设计方法及相关理论进行研究。

6.5.3　约束条件和目标函数

1.缓冲装置的设计变量

缓冲装置的设计变量包括所用的材料、缓冲装置的结构尺寸、相关规格、相对密度、缓冲装置的外形及体积等,它们是腿式着陆器用一次性缓冲装置优化设计的对象。当这些参数确定以后,缓冲装置的结构就得到了确定。

2.缓冲装置设计的约束条件

要使所设计的缓冲装置能够安全地将着陆冲击能量吸收耗散掉,缓冲装置的总吸能量需大于需要吸收的总能量,则

$$\sigma_\mathrm{m}^* A' L_\mathrm{e} \geqslant U_\mathrm{s} \tag{6.29}$$

式中　σ_m^*——缓冲装置在缓冲过程中的平均应力;

　　　A'——缓冲装置的截面面积;

　　　L_e——为保证缓冲装置安全工作的有效长度。

保证缓冲装置安全工作的有效长度 L_e 的值为

$$L_\mathrm{e} = \frac{L \varepsilon_\mathrm{D}}{1 + m'_\mathrm{s}} \tag{6.30}$$

式中　L——缓冲装置的总长度;

　　　m'_s——为保证缓冲装置工作在有效长度内的安全裕度。

将式(6.30)代入式(6.29)中,并化简得到

$$\sigma_\mathrm{m}^* \geqslant \frac{(1 + m'_\mathrm{s}) U_\mathrm{s}}{A' L \varepsilon_\mathrm{D}} \tag{6.31}$$

缓冲装置在缓冲过程中,其峰值应力必须始终小于许用最大应力,即

$$\sigma_\mathrm{p} \leqslant [\sigma_\mathrm{p}] \tag{6.32}$$

将式(6.28)代入式(6.32),并化简得到

$$\sigma_\mathrm{m}^* \leqslant [\sigma_\mathrm{p}] I_\mathrm{m} = \frac{m_\mathrm{dl} [a] I_\mathrm{m}}{(1 + M'_\mathrm{s}) A_\mathrm{e}} \tag{6.33}$$

此外,还需满足缓冲装置安全可靠工作的其他约束条件。以薄壁金属管塑性变形缓冲装置为例,需要保证缓冲装置在整个缓冲过程中不能整体失效,也不能发生整体撕裂或在压缩载荷作用下发生失稳,从而导致缓冲装置失效。

3.目标函数

在设计腿式着陆器缓冲装置时,应以所设计一次性缓冲装置的体积最小和质量最轻为目标,因此,在进行腿式着陆器缓冲装置的优化设计时,以体积 V 和质

量 m 最小为目标函数,对缓冲装置进行双目标优化设计。

6.5.4　着陆器缓冲装置设计准则

着陆缓冲装置的设计必须保证稳定性、减速性、可控性等要求,着陆时应保证有效载荷或着陆器系统中的部件不会产生有害的过载、变形或振动。鉴于此,着陆缓冲装置设计应遵循以下原则:

(1)为尽量避免着陆器着陆后的反弹,碰撞动能应尽量不可逆转地转换成结构的变形能。

(2)为保证着陆冲击过程中着陆器舱体的受力平稳,在碰撞过程中,吸能结构的变形模式应当稳定,具有可重复性和可靠性,即在随机的碰撞事件中能以相对固定的破坏形式耗散碰撞能量。

(3)在冲击能量吸收的过程中应能够控制碰撞力和加速度峰值,以保证着陆器搭载的仪器设备的安全,将过载控制在损伤极限范围内。

(4)为了吸收更多的冲击动能,着陆器吸能结构(主着陆腿和辅助着陆腿)应提供足够长的破坏行程,且要求缓冲材料在破坏前不占据过大的空间,破坏后不造成次生破坏(如侵穿或碎片飞裂等)。

(5)考虑到航天发射成本,要求能量吸收结构自重较轻,同时具有良好的"比吸能",即单位质量或体积的缓冲材料吸收的能量较高。

缓冲装置设计流程图如图 6.9 所示,首先根据着陆器的质量、垂直下降速度和缓冲要求等确定缓冲任务中需要吸收的冲击能量,并考虑着陆器搭载的有效载荷及探测设备的冲击加速度限制,选择合适的缓冲材料,并确定性能参数,具体包括缓冲材料的组合方式(单级、多级)、缓冲材料的尺寸和缓冲行程等。初步设计后,通过理论分析进行最大冲击载荷和比吸能的校核,同时进行有限元分析和与标准实验数据的对比。最后通过实验验证,若满足设计要求则结束设计,否则修改设计。

1. 缓冲任务和总体方案的确定

着陆器软着陆的实质就是通过缓冲结构实现着陆器着陆冲击能量(动能和势能)的有效吸收或耗散,使着陆器按设计要求稳定着陆。对于质量为 m,垂直下降速度为 v_s,距离着陆表面 h_0 的着陆器具有的能量为

$$E_m = mv_s^2/2 + mg^* h_0 \tag{6.34}$$

式中　g^*——着陆环境的重力加速度。

缓冲结构需要吸收的总能量为

$$E = \eta E_m \tag{6.35}$$

式中　η——缓冲材料的效率。

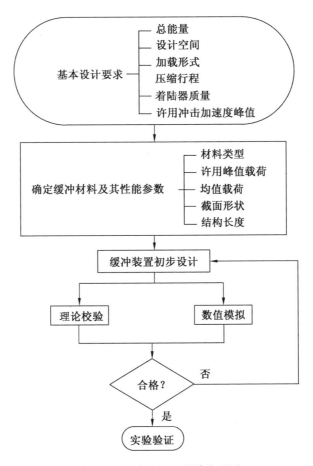

图 6.9　缓冲装置的设计流程图

若着陆器着陆时允许的最大冲击加速度为 $a_{\lim}$ ，则缓冲材料的最大峰值载荷应满足

$$F_{\mathrm{m}} \leqslant ma_{\lim} \qquad (6.36)$$

若着陆冲击过程由多个缓冲元件平均承担，则每个缓冲元件上的最大峰值载荷应满足

$$F_{\mathrm{n}} \leqslant \frac{F_{\mathrm{m}}}{n} \qquad (6.37)$$

式中　　n——为缓冲元件的个数。

对于四腿桁架式月球探测器，其每个主着陆腿中缓冲装置的最大峰值载荷应满足

$$F_{\mathrm{n}} \leqslant \frac{ma_{\lim}}{4} \qquad (6.38)$$

2. 地面常温模拟实验的可行性

月球表面环境具有高真空、大温差、低重力的特点,在现阶段,若要在地面上完全模拟月球环境几乎是不可能的,目前大多数研究者只选择对单一构件在单一月面环境(如高低温、高真空、低重力、宇宙射线辐射等)作用下进行模拟研究。本章基于对月面单一环境进行模拟的思想,通过自制地面砂坑模拟月球探测器着陆时的月面地形,并通过着陆器总体冲击实验研究着陆器冲击过程的力学响应和缓冲材料的缓冲减振性能。

由第 3 章和第 5 章缓冲材料标准冲击实验结果可知,铝蜂窝、薄壁管和泡沫铝材料在低速冲击(冲击速度不大于 5.5 m/s)下可忽略冲击速度对应力 – 应变曲线的影响,所以在地面模拟实验中,当着陆器样机在地面模拟冲击实验时的接触速度较低时,可以忽略接触速度对缓冲装置缓冲性能的影响,这样着陆器总体冲击实验时缓冲装置的缓冲性能完全可以通过测量着陆器特定位置的加速度信号来衡量。

在现有实验条件下,为尽可能地模拟月面着陆冲击,实验过程中应尽可能使着陆器与地面接触时的冲击速度与实际月面着陆时的冲击速度接近(月球探测器实际着陆时的接触速度约 3.5 m/s,对应着陆器初始自由落体下落高度约 4 m)。考虑到实验条件的限制,本章地面总体模拟实验中选取接触冲击速度分别为 2.4 m/s、2.6 m/s 和 2.9 m/s,对应着陆器原理样机初始自由下落高度分别为 0.29 m、0.35 m 和 0.43 m。

6.6　腿式着陆器缓冲装置优化设计

6.6.1　设计条件

为进行腿式着陆器缓冲装置设计,需对着陆器缓冲装置提出明确的设计条件,作为腿式着陆器缓冲装置的设计依据。与其他领域缓冲装置设计条件类似,腿式着陆器缓冲装置设计条件可归纳为以下四点:

(1)缓冲吸能效果优良且冲击平稳。缓冲吸能效果是评价缓冲装置吸能特性的重要指标,缓冲吸能装置需有良好的吸能效果,且能够吸收足够的能量,使被保护对象得到有效防护。在满足能量吸收的前提下,由于进行星球探测的设备属于高精密设备,较大的冲击力可能使其功能受到影响甚至破坏,为此着陆器缓冲装置应尽可能使缓冲力平稳,波动较小。

(2)易于安装和可靠性高。着陆器缓冲装置从结构上应该尽可能的简单,以便于安装在着陆腿内部。同时由于航天产品的高可靠性要求,着陆器缓冲装置必须在星球表面环境下实现缓冲吸能,为此液压式和电磁阻尼式着陆器缓冲装置由于适应星球表面环境能力较差、可靠性较低,在星球探测中应用较少,而可靠性高的蜂窝结构缓冲装置则成功应用在星球探测活动中。

(3)自身质量与体积尽可能小。着陆器缓冲装置轻量化和小型化设计一直是研究人员追求的设计指标。缓冲装置自身的体积与质量对于着陆器的小型化和轻量化设计至关重要,因此,在满足其他性能的前提下,所设计的缓冲装置应尽可能质量轻、体积小。

(4)被保护对象的安全应力。安装缓冲装置的目的是使被保护的探测装置在软着陆过程中不因受到冲击而损害,为此在设计腿式着陆器缓冲装置时需要各探测装置提供许用安全应力,将缓冲装置冲击应力限定在许用安全应力下,以保证探测装置在着陆时不受破坏。

6.6.2 优化数学模型

6.6.1 节中对腿式着陆器缓冲装置设计条件进行了分析。以腿式月球探测器为研究对象,针对月球表面高温、真空环境,选用金属蜂窝结构为着陆器缓冲材料,以及图 6.1 所示的着陆器缓冲装置构型,对腿式月球探测器缓冲装置进行优化设计。

以质量比吸能和体积比吸能为优化目标,以胞元边长和胞元壁厚为设计变量,对腿式着陆器用金属蜂窝结构缓冲装置进行优化设计。考虑到着陆器所承载探测装置对安全性的要求,约束条件设置为缓冲装置所吸收能量大于着陆器着陆过程中的能量、着陆冲击应力小于许用安全应力、冲击平均应力应尽可能较小。过高的平均应力会导致较大的减速度,使探测设备在软着陆过程中受到损害。为此,腿式月球探测器蜂窝结构缓冲装置优化分析问题可以定义为一个统一的优化设计问题,具体表示为:

$$\text{Opt.}\begin{cases} \text{Max}: \text{SEA}; \\ \text{Min}: \sigma_m^d \\ \text{s. t}: \sigma_m^d \leqslant [\sigma_s] \\ W_{total} \geqslant E_{total} \\ \omega_1 \leqslant \omega \leqslant \omega_2 \end{cases} \tag{6.39}$$

式中　　$[\sigma_s]$——许用安全应力(MPa);

ω_1、ω_2——缓冲装置结构参数取值范围;

W_{total}——缓冲装置吸能总量(J);

E_{total}——着陆器着陆冲击能量总和(J);

ω——缓冲装置结构参数。

在进行优化设计时,可根据探测任务要求不同,具体设定优化目标和约束函数,而不仅局限在以上所述的目标和约束中。质量比吸能和体积比吸能既可单独作为优化目标实施单目标优化设计,也可同时作为优化目标进行多目标优化设计。

6.6.3　优化设计实例

1. 设计参数

本节中的优化对象为腿式着陆器蜂窝结构缓冲装置,如图 6.2 所示。着陆器在着陆过程中一般垂直着陆速度较大,而水平着陆速度相对较小,以成功登陆月球的 Apollo 11 月球探测器为例,其水平着陆速度仅为 0.5 m/s。因此,考虑到着陆器着陆时水平方向上的冲击能量较小,对辅助缓冲装置设计要求较低,仅对主缓冲装置进行多目标优化设计。

如图 6.2 所示,主着陆腿内部结构含有一级缓冲装置和二级缓冲装置,两级缓冲装置通过隔板相连接,防止两者发生交叉破坏。主着陆腿设计为活塞式结构,与着陆器基体通过铰接的形式连接在一起。针对着陆器结构参数及相应设计指标,着陆器样机有关参数及缓冲装置设计条件见表 6.2。

表 6.2　着陆器样机有关参数及缓冲装置设计条件

参　　数	代　号	具体值	备　　注
着陆器样机的总质量	M_L	1 500 kg	包括探测设备及着陆腿质量
主着陆腿的数目	n_m	4	悬臂式着陆腿结构
被保护对象最大许用加速度	$[a]$	$10g$	
主着陆腿内径(半径)	r_m		圆柱形活塞结构
主着陆腿安装蜂窝结构长度	L_m		一级缓冲装置与二级缓冲装置长度比为 1 : 2
主着陆腿与着陆器基体连接夹角	φ	15°	
着陆器竖直方向着陆速度	v_v	4 m/s	
安全裕度	k_s	0.15	

由于主着陆腿与着陆器基体存在连接夹角,且缓冲装置为套筒式活塞结构,着陆腿内蜂窝结构在受到沿套筒轴线方向的作用力时,还受到垂直轴向方向的作用力,使蜂窝结构与主着陆腿间产生摩擦力;同样,在着陆过程中主着陆腿内腿与外腿之间也会产生摩擦力,此种摩擦力使着陆缓冲装置存在耦合效应,但此种耦合效应可通过添加润滑材料得到有效的降低,使其对缓冲装置缓冲吸能特性影响较小,以 Apollo 11 月球探测器为例,在主着陆腿中填充了二硫化钼干膜润滑剂,以减少着陆腿内耦合作用对缓冲性能的影响。因此,可忽略此种耦合效应

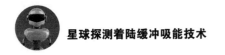

对缓冲装置吸能特性的影响。

2. 相应参数计算

（1）着陆过程总冲击能量。在进行缓冲装置设计时，首先要确保缓冲装置能够吸收足够的冲击能量，而后根据设计空间及缓冲性能要求对缓冲装置进行详细设计。根据表6.2提供的着陆器结构参数，通过计算可知，本实例中着陆器系统竖直方向的冲击能量 U_v 为 12 000 J。

（2）着陆器单腿吸收总能量。考虑到星球表面着陆地形环境的不确定性以及着陆姿态不可控等问题，在设计腿式着陆器缓冲装置时，要求单个着陆腿能够吸收总冲击能量，并且为了增加可靠性，对每条着陆腿设计吸能量通常保留一定的裕度。式（6.35）可以确定单个主着陆腿缓冲装置的吸能能量为

$$U_1 = \frac{(1 + k_s) U_v}{\cos \varphi} \tag{6.40}$$

式中　　U_v——竖直方向的冲击能量（J）；

k_s——保证着陆安全的裕度系数。

将表6.2中相应数据代入式（6.35）中，可求得单个主着陆腿需吸收能量为 14 720 J。参考 Apollo 11 月球探测器主缓冲装置设计，本例中主着陆腿一级缓冲装置与二级缓冲装置长度比为 1:2。根据设计条件可求得，单个一级缓冲装置至少需吸收 3 680 J 能量。

（3）缓冲装置许用安全应力。在缓冲装置进行初步设计时，首先需确定缓冲装置的外形尺寸规格。而确定外形尺寸，尤其是缓冲装置截面尺寸的一个重要依据就是缓冲装置许用安全应力。然而很多探测设备通常不会直接给出冲击许用安全应力，一般只会给出冲击过程中探测设备许用的最大冲击加速度。通过着陆器总质量等结构参数，可求得主着陆腿内一级缓冲装置许用安全应力为

$$[\sigma_s]_{m1} = \frac{[F]}{4(1 + k_s) \pi r_m^2} = \frac{M_L[a]}{4(1 + k_s) \pi r_m^2} \tag{6.41}$$

主着陆腿内二级缓冲装置许用安全应力为

$$[\sigma_s]_{m2} = \frac{[F]}{(1 + k_s) \pi r_m^2} = \frac{M_L[a]}{(1 + k_s) \pi r_m^2} \tag{6.42}$$

3. 基于比吸能最大的缓冲装置优化设计

金属蜂窝结构由于具有成熟的制造工艺和应用历史，成功进行星球探测的腿式着陆器多数选用蜂窝结构作为缓冲吸能结构。第4章对不同拓扑蜂窝结构的吸能特性进行了研究，研究发现正六边形蜂窝结构具有较好的质量比吸能和体积比吸能，因此选用蜂窝结构为着陆器缓冲吸能结构，对腿式着陆器缓冲装置吸能特性进行优化设计。

着陆器缓冲装置初期设计是一个反复迭代验算的过程，首先给定设计空间

要求,然后对着陆器缓冲装置选用的蜂窝结构进行优化设计。通过分析优化设计结果,再次改变设计空间大小,反复进行缓冲装置的优化设计,直到最后找到同时具有最优质量比吸能和体积比吸能的蜂窝结构。在初步设计时需兼顾质量比吸能最大和体积比吸能最大两个设计目标。

着陆器基体内部的探测设备在受到长时间较大冲击载荷作用下,会产生破坏,蜂窝结构在冲击初始阶段会产生峰值力,但该峰值力作用时间较短,如果对探测设备进行适当的保护,则可以避免峰值力对设备造成损害。但如果蜂窝冲击平均应力较大,会长时间对探测设备造成大载荷冲击,破坏探测设备。为此在设计蜂窝结构缓冲装置时,要求动态平均应力小于相应裕度下许用安全应力。结合表 6.2 着陆器样机参数及缓冲装置设计条件中着陆器结构相关参数,以及着陆器缓冲装置设计条件,参考 Apollo 系列月球探测器主缓冲装置设计,将主着陆腿内径 r_m 以及主着陆腿安装蜂窝缓冲结构高度 L_m 作为设计变量,六边形蜂窝结构参数也作为优化设计变量。考虑到主着陆腿强度及质量要求,内径 r_m 设计空间取 50 ~ 100 mm;考虑到着陆星球表面地形复杂,为保证安全着陆,要求着陆器完成着陆后,着陆器基体底面与星球表面距离大于 1 m,因此主着陆腿长度 L_m 设计空间取 900 ~ 1 500 mm。

综合着陆器缓冲装置设计条件及着陆器结构参数,基于第 3 章研究成果,对腿式着陆器用二级蜂窝结构缓冲装置进行基于比吸能最大、平均应力最小、缓冲装置体积最小的结构优化设计。首先对一级缓冲装置进行优化设计,优化设计计算模型为

$$
\left\{
\begin{aligned}
&\mathrm{Max}: \mathrm{SEA}_m = \frac{20^6 \sigma_0 t}{k} \left[1 + \left(\frac{v_0}{8 k_1 D \sqrt{\frac{\sqrt{3}}{6} \pi t (l + 2w)}} \right)^{\frac{1}{p}} \right] \frac{\sqrt{\frac{\sqrt{3}}{6} \pi t (l + 2w)} - k_1 t}{(tw + lt) \rho_b} \\[3mm]
&\mathrm{Max}: \mathrm{SEA}_V = \frac{20^6 \sigma_0 t \left[\sqrt{\frac{\sqrt{3}}{6} \pi t (l + 2w)} - k_1 t \right]}{k [l \cos \alpha (w + l \sin \alpha)]} \cdot \left\{ 1 + \left[\frac{v_0}{8 k_1 D \sqrt{\frac{\sqrt{3}}{6} \pi t (l + 2w)}} \right]^{\frac{1}{p}} \right\} \\[3mm]
&\mathrm{Min}: \sigma_m^d = \frac{\frac{\sqrt{3}}{3} \pi \sigma_0 t^2 l + \frac{2\sqrt{3}}{3} \pi \sigma_0 t^2 w}{k \left[\sqrt{\frac{\sqrt{3}}{6} \pi t l} + \frac{\sqrt{3}}{3} \pi t w \right] [l \cos \alpha (w + l \sin \alpha)]} \cdot \\[3mm]
&\qquad\qquad \left[1 + \left(\frac{v_0}{8 k_1 D \sqrt{\frac{\sqrt{3}}{6} \pi t l + \frac{\sqrt{3}}{3} \pi t w}} \right)^{\frac{1}{p}} \right] \\[3mm]
&\mathrm{Min}: V_1 = \frac{\pi r_m^2 L_m}{3}
\end{aligned}
\right.
$$

$$\begin{cases} \text{s. t:} \sigma_m^d = \dfrac{\dfrac{\sqrt{3}}{3}\pi\sigma_0 t^2 l + \dfrac{2\sqrt{3}}{3}\pi\sigma_0 t^2 w}{k\sqrt{\dfrac{\sqrt{3}}{6}\pi tl + \dfrac{\sqrt{3}}{3}\pi tw}\left[l\cos\alpha\,(w + l\sin\alpha)\right]} \cdot \\[4mm] \left[1 + \left(\dfrac{v_0}{8k_1 D\sqrt{\dfrac{\sqrt{3}}{6}\pi tl + \dfrac{\sqrt{3}}{3}\pi tw}}\right)^{\frac{1}{p}}\right] \leqslant \dfrac{M_L[a]}{4(1 + k_s)\pi r_m^2} \\[4mm] E_{L1} = \dfrac{20^{-3}\sigma_0 t}{3k}\left[1 + \left(\dfrac{v_0}{8k_1 D\sqrt{\dfrac{\sqrt{3}}{6}\pi t(l + 2w)}}\right)^{\frac{1}{p}}\right] \cdot \\[4mm] \left(\dfrac{\sqrt{\dfrac{\sqrt{3}}{6}\pi t(l + 2w)} - k_1 t}{(tw + lt)\rho_b}\right)L_m\pi r_m^2 \geqslant 3\,680 \\[4mm] 0.02 \leqslant t \leqslant 0.1 \\ 2 \leqslant l \leqslant 10 \\ 2 \leqslant w \leqslant 10 \\ 15 \leqslant \alpha \leqslant 45 \\ 50 \leqslant r_m \leqslant 100 \\ 900 \leqslant L_m \leqslant 1\,500 \end{cases}$$

式中　　V_1——一级缓冲装置体积(mm^3);

$\qquad E_{L1}$——一级缓冲装置吸收能量(J)。

选用 NSGA - Ⅱ 算法对该问题进行优化设计。设置 NSGA - Ⅱ 优化算法中种群数量为 48,迭代代数为 50,采用算术交叉算法,交叉概率为 0.9,交叉分布指数为 10,突变因子系数为 20。优化所得的六边形蜂窝结构参数圆整后为:$t = 0.05\ \text{mm}$、$l = 2\ \text{mm}$、$w = 2\ \text{mm}$,$\alpha = 30°$。此种规格蜂窝结构质量比吸能为 15.4 kJ/kg,体积比吸能为 1.624 MJ/m^3,吸收能量 $E_{L1} = 3\,828$ J,满足设计要求。优化所得的缓冲装置直径为 50 mm、长度为 900 mm,一级缓冲装置体积为 $2.356 \times 10^6\ \text{mm}^3$、一级缓冲装置中蜂窝结构质量为 0.248 5 kg。

主着陆腿内缓冲装置是由一级缓冲装置与二级缓冲装置组合而成。一级缓冲装置结构参数及外形尺寸确定后,主着陆腿长度 L_m 与内径 r_m 即已选定。在此基础上,对二级缓冲装置进行基于比吸能最大、平均应力最小的结构优化设计,优化设计问题可表示为

$$\begin{cases}
\text{Max}:\text{SEA}_{\text{m}} = \dfrac{20^6 \sigma_0 t}{k}\left\{1 + \left[\dfrac{v_0}{8k_1 D\sqrt{\frac{\sqrt{3}}{6}\pi t(l+2w)}}\right]^{\frac{1}{p}}\right\} \cdot \dfrac{\sqrt{\frac{\sqrt{3}}{6}\pi t(l+2w)} - k_1 t}{(tw+lt)\rho_{\text{b}}} \\[4em]

\text{Max}:\text{SEA}_{\text{v}} = \dfrac{20^6 \sigma_0 t\left[\sqrt{\frac{\sqrt{3}}{6}\pi t(l+2w)} - k_1 t\right]}{k[l\cos\alpha(w+l\sin\alpha)]} \cdot \left\{1 + \left[\dfrac{v_0}{8k_1 D\sqrt{\frac{\sqrt{3}}{6}\pi t(l+2w)}}\right]^{\frac{1}{p}}\right\} \\[4em]

\text{Min}:\sigma_{\text{m}}^{\text{d}} = \dfrac{\frac{\sqrt{3}}{3}\pi \sigma_0 t^2 l + \frac{2\sqrt{3}}{3}\pi \sigma_0 t^2 w}{k\sqrt{\frac{\sqrt{3}}{6}\pi t l + \frac{\sqrt{3}}{3}\pi t w}[l\cos\alpha(w+l\sin\alpha)]} \cdot \left[1 + \left(\dfrac{v_0}{8k_1 D\sqrt{\frac{\sqrt{3}}{6}\pi t l + \frac{\sqrt{3}}{3}\pi t w}}\right)^{\frac{1}{p}}\right] \\[4em]

\text{s.t}:\sigma_{\text{m}}^{\text{d}} = \dfrac{\frac{\sqrt{3}}{3}\pi \sigma_0 t^2 l + \frac{2\sqrt{3}}{3}\pi \sigma_0 t^2 w}{k\sqrt{\frac{\sqrt{3}}{6}\pi t l + \frac{\sqrt{3}}{3}\pi t w}[l\cos\alpha(w+l\sin\alpha)]} \cdot \left[1 + \left(\dfrac{v_0}{8k_1 D\sqrt{\frac{\sqrt{3}}{6}\pi t l + \frac{\sqrt{3}}{3}\pi t w}}\right)^{\frac{1}{p}}\right] \leqslant \\[4em]

\qquad \dfrac{M_L[a]}{(1+k_{\text{s}})\pi r_{\text{m}}^2} \\[3em]

E_{\text{L2}} = \dfrac{40^{-3}\sigma_0 t}{3k}\left[1 + \left(\dfrac{v_0}{8k_1 D\sqrt{\frac{\sqrt{3}}{6}\pi t(l+2w)}}\right)^{\frac{1}{p}}\right] \cdot \left[\dfrac{\sqrt{\frac{\sqrt{3}}{6}\pi t(l+2w)} - k_1 t}{(tw+lt)\rho_{\text{b}}}\right]L_{\text{m}}\pi r_{\text{m}}^2 \geqslant \\[4em]

\qquad 10\ 892 \\[1em]
0.02 \leqslant t \leqslant 0.1 \\[0.5em]
2 \leqslant l \leqslant 10 \\[0.5em]
2 \leqslant w \leqslant 10 \\[0.5em]
15 \leqslant \alpha \leqslant 45
\end{cases}$$

式中　E_{L2}——二级缓冲装置吸收能量(J)。

优化所得六边形蜂窝结构参数圆整后为：$\alpha = 30°$，$t = 0.065$ mm，$l = 2$ mm，$w = 2$ mm。此种规格蜂窝结构质量比吸能为 16.99 kJ/kg，吸收能量 $E_{\text{L1}} = 10\ 978$ J，总质量为 0.646 2 kg，满足设计要求。

6.6.4　缓冲装置优化设计程序的开发

为了提高腿式着陆器缓冲装置优化设计效率，开发了腿式月球探测器缓冲装置优化设计程序。图 6.10 为所开发的优化设计程序流程图。

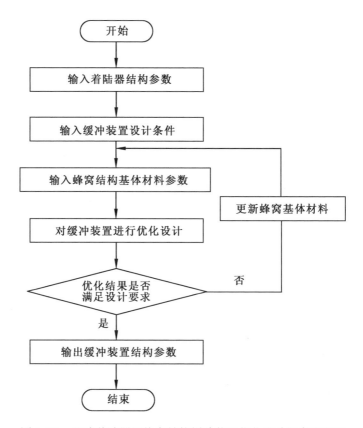

图 6.10   腿式着陆器用蜂窝结构缓冲装置优化设计程序流程图

利用该参数优化设计程序,需要输入以下几组参数:

(1)着陆器结构参数。当着陆器外形结构确定时,着陆器主、辅助着陆腿个数以及着陆器质量和主着陆腿与着陆器之间的夹角等参数信息随即确定,作为设计参数输入程序中。

(2)相应设计参数。设计参数主要为着陆器着陆时的相关信息,包括着陆速度、着陆器缓冲装置可变形长度、设计裕度及最大许用加速度等信息,通过相关设计参数可以求出相应缓冲装置设计约束条件。

(3)蜂窝结构基体材料性能参数。当蜂窝结构基体材料选定后,材料的密度、屈服强度、泊松比等信息就已经确定,作为输入参数用以计算蜂窝结构吸能特性。

使用优化设计程序,无须人工干预,即可以完成对腿式着陆器用蜂窝结构缓冲装置的初步设计工作,同时,该软件还可以提供缓冲装置缓冲性能计算结果。图 6.11 为开发的腿式着陆器蜂窝结构缓冲装置优化设计程序界面。

```
limeng                                                    _ □ X

        腿式着陆器用金属蜂窝缓冲器优化设计程序
                    输入参数设置
  ┌设计参数────────────────────────────────────┐
  │  着陆器水平着陆速度  [____] m/s   着陆器竖直着陆速度  [____] m/s  │
  │  被保护对象最大许用加速度 [____] m/s²  设计裕度       [____]     │
  │  主着陆腿一级缓冲器长度 [____] m   主着陆腿二级缓冲器长度 [____] m  │
  │  辅助着陆腿拉伸段缓冲器长度 [____] m  辅助着陆腿压缩段缓冲器长度 [____] m  │
  └───────────────────────────────────────────┘
  ┌着陆器结构参数──────────┐ ┌金属蜂窝材料参数─────────┐
  │  主着陆腿个数    [____]   │ │  弹性模量      [____] MPa   │
  │  辅助着陆腿个数  [____]   │ │  泊松比        [____]       │
  │  主着陆腿与着陆器基本夹角 [____]° │ │  基体材料密度   [____] kg/m³  │
  │  主着陆腿内径    [____] mm │ │  屈服强度      [____] MPa   │
  │  辅助着陆腿内径  [____] mm │ │  应变率敏感系数C [____]       │
  │  着陆器总质量    [____] kg │ │  应变率敏感系数P [____]       │
  └──────────────────────┘ └──────────────────────┘
                    输出参数
  ┌主缓冲装置结构参数──┐┌辅助缓冲装置结构参数──┐  ┌──────┐
  │ 一级蜂窝结构参数[___]││ 压缩段蜂窝结构参数[___]│  │ 计算 │
  │ 二级蜂窝结构参数[___]││ 拉伸段蜂窝结构参数[___]│  └──────┘
  └────────────────┘└──────────────────┘  ┌──────┐
                                              │ 重置 │
                                              └──────┘
```

图 6.11　腿式着陆器蜂窝结构缓冲装置优化设计程序界面

6.7　本章小结

　　本章提出了缓冲装置缓冲性能的评价方法,包括吸能能力、载荷特性、缓冲系数、理想吸能效率及最佳应变,利用该评价方法,可有效地对各类缓冲器的缓冲性能进行评价,并为腿式着陆器缓冲器的设计提供理论参考;给出了腿式着陆器用一次性缓冲器优化设计的一般方法,为后续腿式着陆器用一次性缓冲器的优化设计奠定了基础,相关设计方法可为其他领域缓冲器的设计提供参考。

本章参考文献

[1] 杨建中. 航天器着陆缓冲机构[M]. 北京:中国宇航出版社,2015.

[2] BALL A, GARRY J, LORENZ R, et al. Planetary landers and entry probes[M]. Cambridge:Cambridge University Press, 2007.

[3] LI M, DENG Z Q, LIU R Q, et al. Crashworthiness design optimisation of metal honeycomb energy absorber used in lunar lander[J]. International Journal of Crashworthiness, 2011, 16(4):411- 419.

[4] STANLEY P W. Apollo experience report-lunar module structural subsystem[R]. NASA TN D-7084:3, 1973.

[5] LANGSETH M, HOPPERSTAD O S, HANSSEN A G. Crash behaviour of thin-walled aluminium members[J]. Thin-Walled Structures, 1998, 32(1-3):127-150.

[6] 凤仪. 泡沫铝的动态力学性能及物理性能研究[D]. 北京:中国科学院固体物理研究所, 2002.

[7] MILTZ J, GRUENBAUM G. Evaluation of cushion properties of plastic foams compressive measurements[J]. Polymer Engineering & Science, 1981, 21(15):1010-1014.

第7章

腿式着陆器构型设计及优化

7.1 概　　述

月球表面的复杂环境给着陆器结构设计和材料选择提出了苛刻的设计要求。此外,不同的着陆缓冲方式、着陆器载荷布置位置、月球车安放位置及释放方式等都为着陆器构型设计提出了约束。在确定着陆器拓扑构型基础上,如何根据着陆工况以及着陆器总体设计要求找寻着陆器模型最佳设计参数,是科学研究以及工程应用研究的关键内容。

7.2 腿式着陆器构型设计准则

腿式着陆器设计时具体构型的选择往往受到以下四个因素的影响。

(1)质量。质量是着陆器结构的关键参数,因为探测器的承载能力和整个探测成本都与着陆器质量直接相关,在火箭承载能力一定的前提下,着陆器舱体结构质量的增加必然导致着陆器携带有效载荷质量的减小。

(2)刚强度及稳定性。着陆器必须能够承受着陆器发射和着陆阶段各种载荷的激励而不被破坏,同时保证着陆器所携带的探测设备在着陆后能够正常工作;着陆器发射和着陆时需要承受异常苛刻的载荷环境,如火箭发动机点火、关机和级间分离产生的瞬态振动,由火工装置或其他分离装置产生的爆炸冲击环境,以及整流罩外气动噪声通过结构传递的高频随机振动环境,发动机工作及POGO效应产生的低频振动环境,整流罩内的噪声环境,发动机推力获得的近似稳态的加速度环境和着陆冲击环境等[1]。

(3)接口。着陆器作为星球探测器各种有效载荷的载体,需要为其他子系统提供安装空间和连接接口,并为着陆器主发动机、姿控发动机和燃料箱提供安装空间,还要和发射火箭之间可靠连接。

(4)着陆器结构还必须具有隔热和屏蔽宇宙射线辐射的功能,使着陆器携带的探测设备免受空间恶劣环境的影响。

7.3 腿式着陆器舱体构型

从第1章的论述中可以发现,对于没有大气的月球表面,理想的着陆器结构应该是腿式着陆器,已经发射成功的或正在研制的月球探测器均采用腿式结构形式。按着陆器构型分类,腿式着陆器主要有三种结构形式,即硬壳式结构(Monocoque)、半硬壳式结构(Semi – Monocoque)和空间桁架式结构(Space Frame),分别适用于不同的探测任务和探测环境。硬壳式结构主要由板壳组成,如图7.1所示,Apollo系列月球探测器[2]和EuroMoon 2000月球着陆器[3]就采用了这种结构形式。它可以承受很大的结构应力,并可用于有表面载荷作用的情况,壳体结构可以方便地为其他探测装置提供安装位置,但其整体质量大,加大了探测成本,主要用于载人等安全性需要特殊保证的探测任务中。空间桁架式结构主要由杆件和梁组成,如图7.2所示。空间桁架式结构材料承载利用率高,且结构质量轻,但与其他装置连接时安装位置受限,有时需要增加辅助连接件,主要用于探测成本受限的无人探测任务中,如Surveyor系列着陆探测器[4-6]。半硬壳式结构融合了硬壳式结构和空间桁架式结构的优点,如图7.3所示。其质量较空间桁架式结构大,主要用于无人探测任务中,如Viking系列着陆探测器[7]。

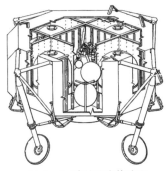

(a) Apollo系列月球着陆器　　　　(b) EuroMoon 2000月球着陆器

图7.1　硬壳式结构

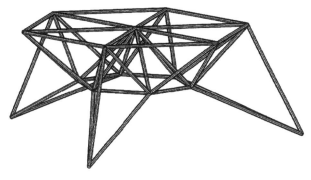

图 7.2　空间桁架式结构

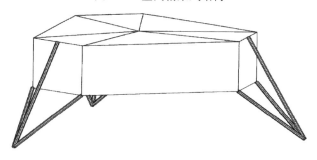

图 7.3　半硬壳式结构

腿式着陆器的三种结构中,由于空间桁架式结构具有高的材料利用率及高的整体结构强度,且有利于结构优化,因此是首选的方案。

7.4　着陆器结构方案的选择

硬壳式结构、半硬壳式结构和空间桁架式结构均满足着陆器设计准则。但着陆器的质量和航天成本密切相关,每送入轨道 1 kg 有效载荷,发射费用需上万美元[8]。因此考虑到探测成本,上述三种方案中质量最轻的空间桁架式结构方案成为首先考虑的方案。

对于空间桁架式着陆器,其结构可分为三腿式、四腿式及更多腿式。三腿式结构是最简单、最有效的着陆器结构形式,较适合于小型的月球探测任务。其缺点是在月球表面着陆时地面适应能力略显不足;五腿式甚至更多腿式结构质量较大,对结构刚强度和稳定性提高不明显,同时增加了结构的复杂性,不适合应用于月球探测中。考虑到我国月球探测任务的持续性及继承性,四腿式结构更具适应性,因此主要对四腿式着陆器进行设计研究。

月球探测器均采用机械式的缓冲结构方案,主要是因为月球表面呈超真空状态(其表面大气压力约为 3×10^{-10} Pa),昼夜温差特别大(白天太阳直射部分温度可达 130 ~ 150 ℃,夜间可降到 −160 ~ −180 ℃),因此只能采用反冲火箭减速配合机械式缓冲,而不宜采用减速伞式减速装置或气囊式减速装置减速。由此可见,我国的月球探测器缓冲装置宜采用这种反冲火箭减速配合机械式缓冲的方式。

由于铝蜂窝、薄壁管和泡沫铝等结构材料具有较高的比吸能及较宽的温度适应性,因此有望在月球探测器中得到应用。近些年来出现了很多高性能的新型缓冲材料,如薄壁复合材料、磁流体阻尼材料、金属橡胶等,它们有可能应用在类似月球探测器缓冲结构的工作环境中,有关这方面的研究还有很多工作要做。

7.5　四腿桁架式着陆器结构

由杆件和梁组成的空间桁架式着陆器结构具有材料承载利用率高、受力合理及结构质量轻的优点,特别适用于质量要求高的无人探测任务中。考虑到我国月球探测的实际情况,应尽可能地减少探测成本,质量较小的桁架式着陆器结构具有良好的应用前景,据此提出一种四腿桁架式可折叠的月球探测器结构。

7.5.1　可折叠主辅着陆腿的组合方式

可折叠主着陆腿和辅助着陆腿结构的组合形式主要有两种,如图 7.4 所示。着陆腿的折叠通过连接在着陆器舱体和辅助着陆腿之间的连杆来实现。图 7.4(a)中主辅着陆腿交于主着陆腿底端,并与着陆足垫之间通过球铰相连,这种结构形式为倒三角式,主着陆腿在冲击的瞬间会受到很大的弯矩,使传力杆上端的导向压板发生较大的变形而可能卡死,导致主着陆腿缓冲吸振作用丧失,进而产生很大的着陆冲击,因此该结构形式较适合于小型的着陆器结构中。图 7.4(b)则是辅助着陆腿通过铰链连接于主着陆腿下端,而主着陆腿的底端通过球铰与着陆器连接,具有这种结构形式的悬臂式主着陆腿的受力情况较好,大大降低了导向压板卡死的可能,较适合于大型的着陆器结构中,本节选用此种结构形式进行研究。着陆足垫的主要作用是增大着陆接触面积,使得着陆瞬时的冲击力趋于平稳,并减弱着陆时着陆足垫横向滑动和穿入月球表面的可能。着陆器主辅着陆腿和着陆足垫共同工作以保证着陆器安全着陆,并保护着陆器携带的探测仪器不受冲击损伤。

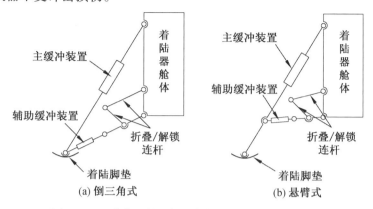

图 7.4　两种典型的可折叠主辅着陆腿组合结构形式

7.5.2　空间桁架式着陆器舱体结构

由于选用四腿式着陆器结构,为便于安装,选用容积相对较大的正八棱柱结构作为着陆器舱体的基本结构,考虑到八棱柱的八个侧面均为不稳定的四边形结构,在四个相间的八棱柱侧面上布置四个五面体形的凸起,其结构原理图如图 7.5 所示。四个五面体形凸起的引入给着陆腿的安装和折叠提供了空间,也使得整个八棱柱结构趋于稳定,同时也使得整个桁架结构的受力更合理。四个分别位于八棱柱相间侧面的五面体的外凸结构与主着陆腿的一端连接,辅助着陆腿则一端与着陆器舱体底端连接,一端与主着陆腿连接。

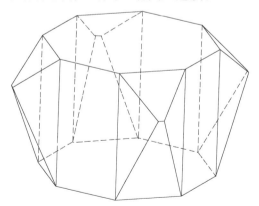

图 7.5　八棱柱形空间桁架结构原理图

7.5.3　着陆腿折叠机构

着陆器在发射时被固定在火箭整流罩中的载荷舱中,要经历复杂和恶劣的载荷环境,为保证着陆器的发射状态不受损伤,需要对着陆器做必要的隔振防护,而处于工作位置的着陆器不但占有很大的空间,而且不利于发射状态的防护和固定,因此采用可折叠着陆腿式结构很有必要。

鉴于着陆器只需要在载荷舱中折叠,与载荷舱分离后着陆腿只要展开到工作位置并能保持姿态即完成任务,在此称之为一次折叠展开系统。鉴于此种展开系统的特殊性,选用弹簧作为展开系统的驱动力,用凸轮实现展开连杆的导向和锁紧位置的确定,其机构原理如图 7.6 所示。图 7.6 中只给出了辅助着陆腿的位置。

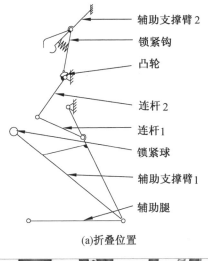

辅助支撑臂 2
锁紧钩
凸轮
连杆 2
连杆 1
锁紧球
辅助支撑臂 1
辅助腿

(a)折叠位置

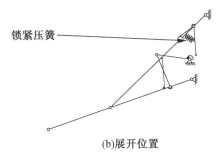

锁紧压簧

(b)展开位置

(c)折叠机构折叠状态三维造型图

(d)折叠机构展开状态三维造型图

图 7.6　着陆腿折叠机构原理图

为实现整个着陆腿的折叠,把辅助着陆腿分成两个部分,即辅助支撑臂 1 和辅助腿,其中辅助支撑臂 1 与折叠机构连接以实现着陆腿的折叠,为不可伸缩刚性结构;辅助腿采用活塞式结构,中间装有缓冲吸振材料,其一端通过球铰与主着陆腿连接,另一端通过万向节与辅助支撑臂 1 连接。图 7.6(a)为其折叠(发射)状态,当着陆腿需要展开时,弹簧装置驱使连杆 2 带动连杆 1 进而带动辅助支撑臂 1 顺时针方向转动,当到达完全展开位置时,即辅助支撑臂 1 下端的杆件和辅助腿在一条直线时,辅助支撑臂 1 上的锁紧球将会进入辅助支撑臂 2 末端的锁紧槽中,同时凸轮转到一定位置,使锁紧钩一端和凸轮接触的小球脱离接触,这样锁紧钩在锁紧压簧的推动下逆时针转动并抱紧已进入锁紧位置的辅助支撑臂 1 末端的锁紧球,这样辅助支撑臂 1 上端的杆件和辅助支撑臂 2 位于一条直线上进而构成了具有自锁作用的二力杆,如图 7.6(b)所示,当进入展开位置后,辅助腿、辅助支撑臂 1 和辅助支撑臂 2 构成的系统可看成一刚性结构系统,着陆器折叠机构的三维实体图如图 7.6(c)和图 7.6(d)所示。

7.5.4　四腿桁架式可折叠着陆器构型设计

　　四腿桁架式可折叠着陆器的展开状态和折叠状态模型图及着陆器典型位置连接图如图 7.7 所示。着陆器由着陆腿和着陆器舱体两部分组成。着陆腿由安装有缓冲吸振器的主着陆腿、辅助着陆腿和着陆足垫组成。主辅着陆腿均采用活塞式结构,内装缓冲吸振材料(铝蜂窝、薄壁管和泡沫铝等)。着陆时主着陆腿可做单向收缩运动,以吸收竖直方向的冲击能量;辅助着陆腿可做双向(收缩和伸长)运动,用于适应不同的着陆姿态,并吸收来自横向的冲击能量;着陆足垫与主着陆腿之间通过球铰连接,用于适应不同的月面地形,着陆足垫主要用来增大着陆接触面积,使得着陆瞬时的冲击力趋于平稳;着陆器舱体采用空间桁架结构,舱体桁架杆采用管结构,各桁架杆之间通过连接块连接。为了能更好地控制着陆器的着陆姿态,需要保证着陆器的主着陆腿只能在与舱体八棱柱的两对带有五面体凸起的相间侧面垂直的纵向平面内运动,这可以通过每个主着陆腿均以球铰与两个以一定角度相连的辅助着陆腿连接,且主着陆腿的顶端与连接块之间通过转动副连接的方法来实现;辅助支撑臂 1 和辅助腿之间通过万向节连接[图 7.7(a)],以实现展开过程中辅助着陆腿内部各杆件之间的大角度异面相对转动。着陆器展开后的最大包络圆(四个着陆足垫的外端包络圆)直径为5 058 mm,高为 3 406 mm,八棱柱舱体的外接圆直径为 2 464 mm,舱体高为

1 790 mm，折叠后舱体的最大外包络（四个中间连接块的外端包络圆）直径为
3 320 mm。

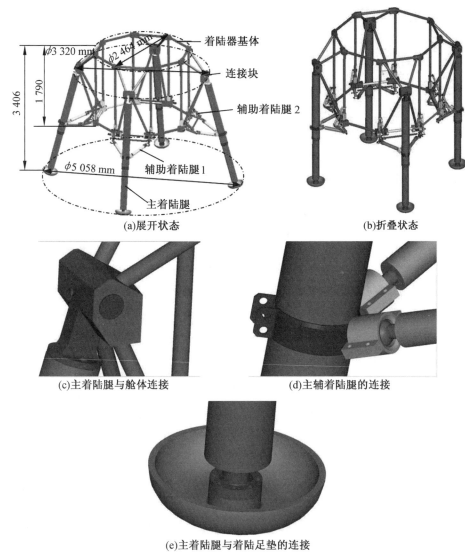

(a)展开状态   (b)折叠状态

(c)主着陆腿与舱体连接   (d)主辅着陆腿的连接

(e)主着陆腿与着陆足垫的连接

图 7.7   着陆器结构三维模型图

7.5.5   着陆器结构材料的选择

着陆器桁架为正八棱柱桁架结构，各桁架杆之间通过连接块连接，连接块与桁架杆之间则是通过焊接固定，因此桁架杆材料的选择必须要考虑可焊性问题。

铝合金具有比强度高、比刚度大、高低温性能稳定、可屏蔽电磁辐射等诸多优良性能,考虑到连接块部位的可焊性,采用焊接性能好且强度高的铝合金5A06作为着陆器舱体的结构材料。由于主着陆腿不涉及焊接问题,其选用高强度铝合金材料7A04。着陆器用铝合金材料均由东北轻合金有限责任公司定做加工,它们的详细参数见表7.1。

表7.1   着陆器用铝合金管材性能参数表

合金牌号	热处理状态	弹性模量 E/GPa	泊松比 μ	强度极限 σ_b/MPa	屈服极限 $\sigma_{0.2}/MPa$	延展率 $\delta/\%$
5A06	H112	70	0.3	317 ~ 335	225 ~ 227	22.6
7A04	T6	72	0.31	576 ~ 585	488 ~ 530	8.8 ~ 12.0

表中,H112为加工硬化状态;T6为固熔热处理后进行人工时效的状态

7.6   四腿桁架式着陆器结构优化设计

在空间桁架式着陆器结构的拓扑结构确定的基础上,为尽可能减少结构质量,有必要进行结构尺寸优化方面的研究。

桁架结构作为探测器的基本构架,是其他系统、设备安装布置的基础,其设计得好坏直接关系到探测任务的成败。桁架结构设计的指导思想是保证其强度和刚度足够的前提下使其质量最小。桁架结构的设计主要考虑以下三个问题:① 桁架需具有足够的强度来承受着陆器发射时的苛刻载荷和着陆过程中的冲击载荷作用,且不发生永久变形或破坏;② 在满足强度和刚度要求的基础上,尽量降低桁架的质量,由于桁架的质量影响到整个探测器的有效载荷,有效载荷是评价探测器性能的主要指标之一,因此桁架的质量是优化设计的重要目标;③ 设计尽量简单的桁架结构,便于制造和装配。

由于着陆器主桁架结构的复杂性和构件的多样性,导致设计参数大量增加,约束条件也越来越苛刻。在传统的设计方法中,仅仅依靠原有的经验来调整结构设计参数,不仅使得设计周期大大增加,而且很难对众多的设计参数进行正确的选择,因此,全面系统地开展对主桁架结构的优化设计研究具有非常重要的意义。

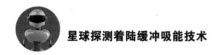

7.6.1　桁架结构的优化算法及优化方案

本节的研究对象为空间桁架式着陆器结构,主要由一些不同尺寸的管件通过连接块连接而成,属于桁架结构范畴。因此关于桁架结构的优化理论和分析方法同样适用于空间桁架式着陆器结构。

1. 优化问题描述

一般的桁架结构尺寸优化问题可表述为

$$\begin{cases} \text{Find} & \boldsymbol{X} = \begin{bmatrix} A_1, A_2, \cdots, A_N \end{bmatrix}^{\mathrm{T}} \\ \text{Min} & f(\boldsymbol{X}) \\ \text{s. t.} & g_j(\boldsymbol{X}) \leqslant 0, j = 1, 2, \cdots, J \\ & A_i^{\mathrm{L}} \leqslant A_i \leqslant A_i^{\mathrm{U}}, i = 1, 2, \cdots, N \end{cases} \tag{7.1}$$

式中　$A_1, A_2, \cdots, A_N$——桁架杆件的截面面积;

A_i^{L}、A_i^{U}——桁架杆件截面面积取值范围的上、下界;

$f(\boldsymbol{X})$——目标函数;

$g_j(\boldsymbol{X})$——约束函数,可为桁架结构的动力刚度和静力刚度、强度、位移、稳定性、基频和质量等任何性态函数;

N——设计变量数。

结合着陆器结构的具体应用场合和发射成本要求,设计目标是在足够的强度和刚度前提下结构质量最轻,即优化目标为桁架的质量最小化,它的优化模型可以表示为

$$\begin{cases} \text{Find} & \boldsymbol{X} = \begin{bmatrix} A_1, A_2, \cdots, A_N \end{bmatrix}^{\mathrm{T}} \\ \text{Min} & W(\boldsymbol{X}) = \sum_{i=1}^{N} L_i \cdot \rho_i \cdot A_i \\ \text{s. t.} & \sigma_j(\boldsymbol{X}) \leqslant [\sigma_j], j = 1, 2, \cdots, J \\ & u_{\mathrm{m}}(\boldsymbol{X}) \leqslant [u_{\mathrm{m}}], m = 1, 2, \cdots, M \\ & A_i^{\mathrm{L}} \leqslant A_i \leqslant A_i^{\mathrm{U}}, i = 1, 2, \cdots, N \end{cases} \tag{7.2}$$

式中　$A_1, A_2, \cdots, A_N$——桁架杆件的截面面积;

L_i——截面面积等于 A_i 的杆件的长度;

ρ_i——截面面积等于 A_i 的杆件的材料密度;

$[\sigma_j]$——截面面积等于 A_j 的杆件的许用应力;

$[u_{\mathrm{m}}]$——截面面积等于 A_m 的杆件的许用位移。

2. 敏度分析

敏度分析是指计算结构优化目标或约束中的性态函数对设计变量的导数。

敏度作为导数信息,反映出结构设计变量或参数对目标或约束函数影响的灵敏程度,利用它可以确定最优解的搜索方向,建立准则方程,构造优化迭代计算公式。结构优化中许多有效的算法均是以获得目标或约束函数对设计变量的灵敏度为前提的,敏度的分析与计算是结构优化设计中经常面临的问题。所以敏度分析是结构优化设计的基础,可以显著地提高优化效率,也是结构优化研究的重要领域。常见的敏度分析方法有差分法、半解析法和解析法三种。

(1)差分法。差分法的基本做法是使设计变量有一微小变化 Δx_i,通过结构分析求出结构性态,再由差分公式来计算约束函数 $g(X)$ 对设计变量 X 的近似导数,即

$$\frac{\partial g(X)}{\partial x_i} = \frac{g(X + \Delta x_i) - g(X)}{\Delta x_i} \tag{7.3}$$

差分法原理简单,易于应用,但其计算量很大,且设计变量的微小变化量 Δx_i 难于确定,且随着 Δx_i 取值的变小,舍入误差将变大,可能导致结果失真。

(2)半解析法。半解析法是利用有限元静力分析的基本方程,即

$$KU = P \tag{7.4}$$

式中　K——结构刚度矩阵;

　　　　P——结点载荷列阵;

　　　　U——结点位移列阵。

对式(7.4)两边的设计变量求导并化简可得

$$K\frac{\partial U}{\partial x_i} = \dot{P}_i \tag{7.5}$$

式中　$\dot{P}_i$——x_i 的敏度载荷,$\dot{P}_i = \frac{\partial P}{\partial x_i} - \frac{\partial K}{\partial x_i}U$。

式(7.5)和基本方程具有相同的形式,其求解可以利用已经分解好的刚度矩阵进行回代而完成,半解析法在敏度分析时使用差分法完成 K、P 等对设计变量的导数计算 $\partial K/\partial x_i$、$\partial P/\partial x_i$。半解析法公式推导简单,增加的程序较少,与差分法相比可以节省50%的计算量,但对设计变量的微小变化量 Δx_i 仍难以确定。

(3)解析法。解析法是直接利用 K、P 的解析表达式对设计变量 x_i 求导,进而直接求解出 $\partial U/\partial x_i$。结构刚度矩阵是由各单元刚度矩阵叠加而形成的($K = \sum_i K_i^e$),因此结构刚度矩阵对设计变量的导数 $\partial K/\partial x_i$ 可通过各单元刚度矩阵对设计变量的导数叠加而形成。载荷矩阵对设计变量的导数 $\partial P/\partial x_i$ 可以从各单元的等效节点载荷入手求得。

(3)质量函数及其敏度。质量函数是计算结构质量的函数,它与各设计变量密切相关,本节研究的桁架结构,其质量函数和设计变量呈线性关系,可表示为

$$W(\boldsymbol{X}) = \sum_{i=1}^{N} L_i \rho_i A_i \tag{7.6}$$

式(7.6) 对 A_i 求导,可得质量函数对设计变量的导数为

$$\frac{\partial W(\boldsymbol{X})}{\partial A_i} = L_i \rho_i \tag{7.7}$$

采用 Altair 公司的优化软件 OptiStruct 来实现优化分析过程,对于不同的优化问题,OptiStruct 都是利用局部近似法(Local Approximation Method) 来迭代求解,而且会根据不同特点自动选择合适的分析方法和优化算法,其完整的优化流程图如图 7.8 所示。

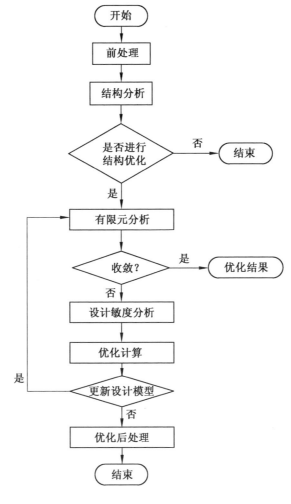

图 7.8　优化流程图

优化计算时,OptiStruct 假设在优化问题的每一步求解时,设计方案只有微

小的改变,所以优化结果只是局部最优解。敏度分析是优化分析的重要一环,通过计算出结构响应值对各设计变量的导数,以确定设计变化过程中对结构响应的灵敏部分,从而可以获得最关心的敏度系数和最佳设计参数,用于确定最优解的搜索方向。敏度分析有两种方法,即直接法(Direct Method)和伴随矩阵法(Adjoin Variable Mehtod)。

形状优化和尺寸优化问题中往往包含较少的设计变量与众多的约束,此时敏度分析采用直接法有效;而在拓扑优化中则是包含大量的设计变量和较少的约束,这是因为拓扑优化中应力约束通常不被考虑,为了提高计算效率,采用伴随矩阵进行敏度分析较好。

基于敏度分析结果,可以将原优化问题的非线性目标函数和隐式约束转换为近似的系列线性规划问题,通过计算该近似优化问题来决定设计的修改。Optistruct 有三种不同的优化方法,即优化准则法(Optimality Criteria Method)、对偶法(Dual Method)和可行性方向法(Primal Feasible Directions Method),后两者均基于设计空间的凸线性化。

7.6.2　着陆器舱体的优化模型

优化方案有两种:① 在现有的几个初步设计方案的基础上,在给定的约束条件下,根据静力或动力分析结果比较各方案的优劣,从而选定其中一个方案作为优选方案;② 以一个初步设计方案为基础,根据静力或动力分析结果对方案进行逐步的改进,直到所改进的方案满足设计要求为止。

本节针对本书提出的一种四腿桁架式着陆器为模型进行优化,在保证强度和刚度的前提下使得结构质量最轻。

采用 Altair 公司的 HyperMesh 作为前后处理器,OptiStruct 作为求解器对着陆器整体进行优化。由图 7.7 所示的着陆器三维模型图可知,着陆舱体主要由圆管和连接块相连接组成。由于连接块尺寸和管截面尺寸相对于管长度很小,且连接块的实际变形很小,根据有限元理论,可以把连接块简化为具有集中质量的节点,进而整个空间桁架结构可简化为由一维梁单元组成的简化结构;主辅着陆腿也由圆管组成,考虑到优化边界条件,即着陆器结构在受到最苛刻力学环境时,着陆器的强度和刚度均满足设计要求,而着陆瞬时的冲击载荷是整个着陆器着陆过程中强度最大的载荷,假设着陆瞬时的冲击加速度为 $50g$,设计时只要着陆器结构能在此载荷工况下安全工作,则可认为着陆器的强度和刚度是满足探测任务要求的。

着陆器结构在着陆的瞬时,主辅着陆腿中的缓冲材料还没有来得及产生变形,根据缓冲材料的应力－应变曲线,往往在塑性变形发生前一瞬间的应力最大,因此可把主辅着陆腿和着陆器舱体看成一个刚性体,此时的冲击力可以等效成作用到着陆器质心上的惯性力。进而主辅着陆腿也可简化为一维梁单元。

着陆器舱体材料采用铝合金5A06,着陆腿采用铝合金7A04,它们的材料性能参数见表7.2。

表7.2 材料性能参数表

材料	弹性模量 /GPa	泊松比	密度 /(kg·m⁻³)	强度极限 /MPa	屈服极限 /MPa
5A06	70	0.3	2 640	330	225
7A04	72	0.31	2 800	570	505

7.6.3 优化计算

(1)拓扑及布局方案的比较与选择。空间桁架式着陆器结构的特点决定了着陆器结构的多样性,在每个着陆腿采用1主2辅结构方案的基础上,对着陆器舱体结构提出了六种拓扑结构和布局方案,并进行比较和优化计算,最后综合比较计算结果和加工工艺性,选择最优的方案。图7.9给出了着陆器舱体的各种典型设计方案。

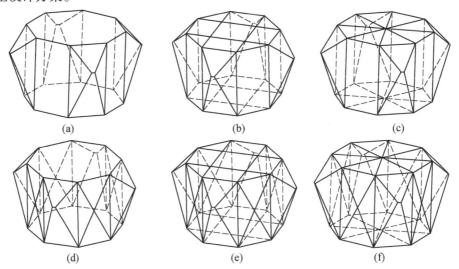

图7.9 着陆器舱体的各种典型设计方案

图7.9(a)为着陆器舱体最基本的结构形式。考虑到着陆器载荷布置,并使结构的强度和刚度足够大,给出了(b)～(f)五种较优的结构形式。图7.9中的(a)～(c)分别为在着陆器舱体上下底面不加肋、加"井"字形肋和加由中心处向八个角点呈辐射状肋的三种结构形式;(d)～(f)为着陆器舱体在(a)～(c)所示构型的基础上,在四边形侧面内加对角线方向的加强肋。

优化计算时以着陆器的总质量最小为目标函数,以组成着陆器的各个梁(管件或杆件)的截面尺寸(中径或外径)和壁厚为设计变量,约束条件为:所有单元的位移不大于 10 mm,最大压应力不大于 150 MPa,最大拉应力不大于200 MPa,载荷通过 RBE2 施加到底部平面的八个管上,优化结果见表7.3。

表7.3 六种方案的优化结果

	方案(a)	方案(b)	方案(c)	方案(d)	方案(e)	方案(f)
设计变量数	19	23	23	21	25	25
迭代次数	4	5	5	6	5	6
初始质量/kg	348.1	386.1	389.3	382.4	420.4	423.6
优化质量/kg	262.8	264.7	265.2	263.8	266.5	266.1

从表7.3可以发现,经过优化后各种方案的总质量较初始设计质量都有了显著的减少,但优化后的质量相差不多,可以认为是相同的,所不同的是,经过优化后各种方案的构件在相同位置处的尺寸分布(中径和壁厚)不同。这说明优化后的加强肋结构形式并没有带来结构质量的增加,加强肋的引入只导致了材料在整个结构形式上的再分配。但加强肋使得舱体结构变得复杂,工艺性变差,鉴于此结果,选用结构简单、便于加工的方案(a)作为设计方案。

(2)方案(a)的优化结果。选择方案(a)作为分析对象,其有限元模型如图7.10 所示,共划分梁(BAR)单元 18 160 个,图中CONM2 表示集中质量单元,用于模拟各个接头连接块,接头连接块总质量为 130.4 kg,包括上底面接头连接块质量 32 kg,中间接头连接块质量 52 kg,底部接头连接块质量 30.4 kg。

① 载荷。参照我国月球探测着陆器系统的初步技术要求,取着陆器的总质量(包括着陆器本体质量和有效载荷质量)为 2 000 kg,考虑到着陆系统的安全性,取着陆时受到的最大瞬时冲击加速度为 $50g$,则着陆器结构受到的载荷为 9.8×10^5 N($2\ 000 \times 50g$),计算时把这个力简化为作用在下底面中心点的集中力。下底面中心点通过 RBE2 与下底面八个管上的节点连接,用于模拟着陆器着陆瞬时受到的瞬态惯性力。

② 边界约束。假设着陆时着陆脚和着陆面之间不发生相对滑动,即只限制四个着陆脚的移动自由度,图 7.10 中的四个三角号和旁边的 123 表示约束对应节点(脚点)的三个移动自由度,CONM2 表示集中质量。

③ 优化目标。使着陆器总质量最小。总质量包括设计质量(各个构件的质量)和非设计质量(20 个接头连接块质量)。

④ 设计变量。以各个着陆器结构件的截面尺寸和壁厚为设计变量,共19个,表7.4列出各个设计变量的初始值和最终优化值。

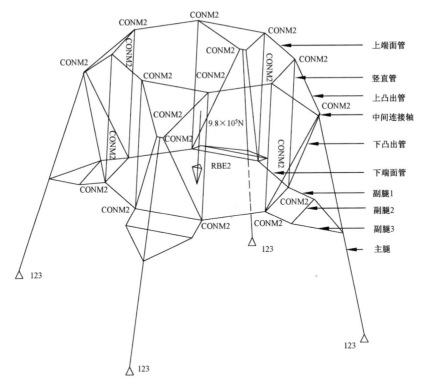

图 7.10 着陆器有限元模型

表 7.4 优化前后的设计变量值

设计变量		初始值 /mm	上限 /mm	下限 /mm	优化值 /mm	设计值 /mm
上端面管	中径	44	10	100	37.2	38
	壁厚	6	2	20	4.8	5
竖直管	中径	44	10	100	34.3	35
	壁厚	6	2	20	4.5	5
上凸出管	中径	44	10	100	43.7	44
	壁厚	6	2	20	5.8	6
中间连接轴	直径	50	10	200	55.9	56
下凸出管	中径	44	10	100	40.1	41
	壁厚	6	2	20	4.9	5
下端面管	中径	44	10	100	10.0	11
	壁厚	6	2	20	2.0	2

续表7.4

设计变量		初始值/mm	上限/mm	下限/mm	优化值/mm	设计值/mm
副腿1	中径	44	10	100	11.6	12
	壁厚	6	2	20	2	2
副腿2	中径	44	10	100	11.7	12
	壁厚	6	2	20	2.0	2
副腿3	中径	44	10	100	11.4	12
	壁厚	6	2	20	2.0	2
主腿	中径	150	50	200	163.7	164
	壁厚	6	2	20	4.2	5

由表7.4可以发现通过优化计算,结构件的几何尺寸有了很大的改变,有的已经达到了设计极限值。图7.11给出了目标函数和各个设计变量在优化迭代过程中的变化趋势。图7.11(a)为目标函数(总质量)在迭代过程中的变化曲线,经过四次迭代后,总质量由初始值348.1 kg 收敛到最优值262.8 kg,减少了24.5%,可见优化效果是明显的。优化前后的最大位移均发生在辅助着陆腿与舱体的连接处,优化前的最大位移为7.54 mm,优化后的最大位移达到了位移约束的上限值10 mm;优化前后的最大应力均发生在上凸出管与舱体连接处,优化前后的最大应力分别为116 MPa和150 MPa,优化后的最大应力没有达到应力约束上限值200 MPa。这也说明了两个约束条件中只有位移约束条件在优化计算中起到了约束作用。

考虑到结构的加工工艺性,对优化结果进行"圆整",各个结构件最终的设计尺寸列于表7.4中。

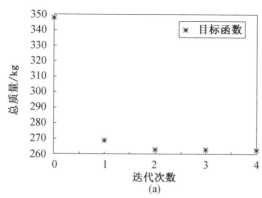

(a)

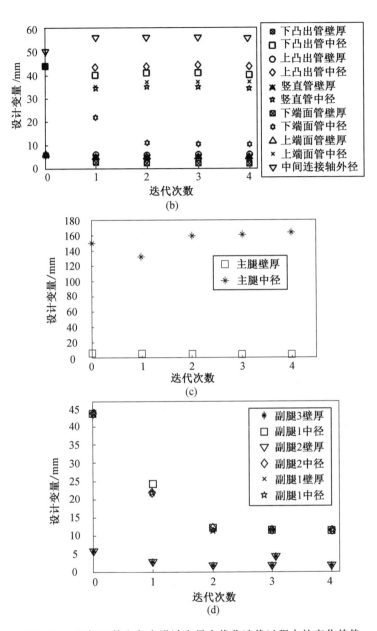

图 7.11　目标函数和各个设计变量在优化迭代过程中的变化趋势

（3）初始条件对优化结果的影响。由于 OptiStruct 采用的优化算法是基于局部最优的算法，这使得优化结果可能对初始条件敏感。而本节讨论的着陆器整体优化问题是一个复杂的多变量问题，因此有必要研究着陆器设计变量初始值的选取对优化结果影响的程度。分别取初始时着陆器舱体管截面尺寸（中径 × 壁厚）和主辅着陆腿的截面尺寸（中径 × 壁厚）为 $\phi50 \times 10/\phi150 \times 10/\phi20 \times$

5（工况 2）、$\phi30 \times 10/\phi150 \times 10/\phi20 \times 5$（工况 3），对图 7.10 所示的方案（a）进行优化分析，并和表 7.4 的结果（工况 1）对比，结果见表 7.5。表 7.5 只给出了优化后的质量和有代表性的管截面尺寸。可以看到这几种情况下优化后的目标函数（质量）相差很小，优化后的着陆器桁架各个管件的截面面积相差也很小，但着陆器舱体和主腿的中径与壁厚有较大的差别，这是因为优化计算时把管的属性（管截面面积和转动惯量）作为管中径和壁厚的函数输入而产生的。由于初始条件的不同使得优化后对应管截面尺寸和转动惯量相差很小，但却使得优化后的管中径和壁厚的相差较大，这也为设计者在优化得到数据的基础上，加入人为的创造性设计提供了可能，增强了设计者的能动性，考虑到加工的方便和工艺条件，选用表 7.4 中的设计值作为着陆器结构的最终设计值。

表 7.5　不同的初始值对优化结果的影响

工况	优化质量/kg	主腿		竖直管		上端面管/mm		上凸出管/mm		下凸出管/mm	
		截面面积/mm²	直径/壁厚/mm	截面面积/mm²	直径/壁厚/mm	截面面积/mm²	直径/壁厚/mm	截面面积/mm²	直径/壁厚/mm	截面面积/mm²	直径/壁厚/mm
1	262.8	2 136.6	163.7/4.2	480.6	34.3/4.5	567.1	37.2/4.8	795.6	43.7/5.8	616.4	40.1/4.9
2	262.9	2 119.3	105.7/6.4	491.5	32.0/4.9	569.4	28.1/6.4	807.9	30.9/8.3	623.7	38.7/5.1
3	263.0	2 119.1	133.0/5.1	491.2	21.8/7.2	567.9	23.5/7.7	805.5	28.1/9.1	623.4	25.0/7.9

7.7　本章小结

（1）本章在综合比较三种类型的月球探测器结构的基础上，选择质量最轻的空间桁架式结构作为着陆器的基本结构形式，在此基础上提出了一种四腿桁架式可折叠着陆器结构形式。

（2）运用有限元方法对不同舱体结构形式的桁架式着陆器进行了尺寸优化设计，得到了最优的结构形式和优化尺寸，以优化后的尺寸作为设计依据，完成了结构设计。

（3）研究了着陆腿折叠系统的原理和实现方法，通过弹簧驱动连杆凸轮机构实现了着陆腿系统的折叠与展开。

本章参考文献

[1] 马兴瑞，于登云，韩增尧，等. 星箭力学环境分析与试验技术研究进展[J]. 宇航学报，2006，27(3)：323-331.

[2] Apollo 11 Lunar Module/EASEP[OL]. NSSDC ID：1969-059A. http:// nssdc. gsfc. nasa. gov/database/MasterCatalog? sc = 1969-059A.

[3] Mars 6[OL]. NSSDC ID：1973-052A. http:// nssdc. gsfc. nasa. gov/database /MasterCatalog? sc = 1973-052A.

[4] Surveyor 1[OL]. NSSDC ID：1966-045A. http://nssdc. gsfc. nasa. gov /database/MasterCatalog? sc = 1966-045A.

[5] BARNES T A, PASHBY I R. Joining techniques for aluminium spaceframes used in automobiles[J]. Journal of Materials Processing Tech, 2000, 99(1)：62-71.

[6] BARNES T A, PASHBY I R. Joining techniques for aluminium spaceframes used in automobiles : Part II — adhesive bonding and mechanical fasteners [J]. Journal of Materials Processing Tech. , 2000, 99(1)：72-79.

[7] Viking 1 Lander[OL]. NSSDC ID：1975-075A. http://nssdc. gsfc. nasa. gov/ database/MasterCatalog? sc = 1975-075C.

[8] 郑伟，孙悦年. 泡沫铝在航天工程中的应用展望[J]. 航天器工程，2001(3)：24-29.

第 8 章

腿式着陆器动力学分析与仿真

8.1 概　　述

　　着陆器在发射和着陆阶段均会经历复杂动力学环境,尤其在发射阶段,着陆器要经历冲击环境、过载环境、低频振动环境和随机振动环境等复杂载荷环境。如果着陆器的固有频率过低,就会与激振频带重叠引发谐振,可能会对着陆器造成破坏,因此有必要对着陆器进行模态分析和频响分析,以检验着陆器舱体承受动力学环境的能力,为着陆器的工程化和理论分析提供参考。由于着陆器是一个复杂系统,对整个结构进行分析难度很大,本章基于子系统的思想,把着陆器按功能分成不同的子系统,即舱体子系统、缓冲子系统、动力子系统、控制子系统和热控子系统等,然后分别对其进行研究。子系统的思想在航天器的研究上得到了成功的应用[1]。

　　着陆器舱体子系统作为燃料储箱和有效载荷的载体,其作用至关重要,本章主要对其进行研究。由于着陆器舱体尺寸较大(高为 1.8 m,外包络直径为 3.32 m),限于实验条件的限制,现有实验设备很难完成各项测试工作。随着计算机技术和有限元技术的飞速发展,现在已经完全可以在计算机上实现着陆器舱体在经受动力学环境时的受力及响应情况仿真分析。本章主要基于有限元的方法对着陆器舱体的动力学行为进行研究。

　　结构系统的各种动力响应都可用固有模态进行线性组合,固有模态分析的结果是多种动态行为的判据,通过模态分析检验低阶模态频率是否与激振频率重合,根据振型形状可以判断出哪个方向上刚度较弱,进而改进着陆器结构以提高模态频率。模态分析也是进一步进行瞬态响应分析、频率响应分析和随机振动响应分析的基础,可见固有模态分析是十分重要的。采用 MSC 公司的大型有限元软件 Patran/Nastran 对着陆器舱体的动力学特性进行分析,先对其进行模态分析,得到结构的前 10 阶约束模态和振型,并分析各种影响因素对结构模态的影响,然后分析结构在顶部受到白噪声激励时的频率响应,进一步验证模态分析结果,进而分析结构在受到来自火箭的低频正弦振动激励和随机振动激励条件下的响应,得到结构的正弦振动响应曲线以及随机振动下的功率谱密度和加速度均方根值响应曲线。

8.2   模态分析的基本理论

一般系统的结构动力学方程均可以表示为内力、外力和惯性力的平衡方程

$$[M]\{\ddot{u}\} + [C]\{\dot{u}\} + [K]\{u\} = \{P(t)\} + \{N\} \tag{8.1}$$

式中 $[M]$—— 质量矩阵;

$[C]$—— 阻尼矩阵;

$[K]$—— 刚度矩阵;

$[u]$—— 位移矢量;

$\{\dot{u}\}$—— 速度矢量;

$\{\ddot{u}\}$—— 加速度矢量;

$\{P(t)\}$—— 与时间相关的外力函数矢量;

$\{N\}$—— 与 $\{u\}$ 和 $\{\dot{u}\}$ 相关的非线性外力项矢量。

令 $[C] = 0, \{P(t)\} = 0, \{N\} = 0$,可由式(8.1)导出系统的无阻尼自由振动方程

$$[M]\{\ddot{u}\} + [K]\{u\} = 0 \tag{8.2}$$

对线性系统,$[M]$ 和 $[K]$ 均为实对称阵,这一问题成为典型的实特征值问题,可以通过求解特征方程 $|K - \omega^2 M| = 0$ 得到此结构的特征值 $\lambda_i(\lambda_i = \omega_i^2)$ 和对应的特征向量 $\{\phi_i\}$,其中,ω_i 为结构第 i 个模态的角频率(rad/s);$\{\phi_i\}$ 对应结构第 i 个模态的振型。

注意到特征矢量之间关于 $[M]$ 矩阵和 $[K]$ 矩阵均具有正交性,即

$$\{\phi_i\}[M]\{\phi_j\} = \begin{cases} M_{ii}, & i = j \\ 0, & i \neq j \end{cases} \tag{8.3}$$

$$\{\phi_i\}[K]\{\phi_j\} = \begin{cases} K_{ii}, & i = j \\ 0, & i \neq j \end{cases} \tag{8.4}$$

而模态刚度 K_{ii} 与模态质量 M_{ii} 和特征值 λ_i 的关系为

$$\lambda_i = \frac{K_{ii}}{M_{ii}} = \omega_i^2 \tag{8.5}$$

以结构模态坐标 ξ_i 取代物理上的位移矢量 $\{u_i\}$，即令 $\{u\} = [\phi]\{\xi\}$，代入式 (8.1)，再左乘 $[\phi]^T$，可得

$$[\phi]^T[M][\phi]\{\ddot{\xi}\} + [\phi]^T[C][\phi]\{\dot{\xi}\} + [\phi]^T[K][\phi]\{\xi\} =$$
$$[\phi]^T\{P(t) + N\} = R(t) + [\phi]^T N \tag{8.6}$$

由模态的正交性，并假设模态阻尼 $[\phi]^T\{C\}[\phi]$ 为对角阵，除去非线性外力项，式 (8.6) 可写成非耦合运动方程组

$$M_{ii}\ddot{\xi} + C_{ii}\dot{\xi}_i + K_{ii}\xi_i = R_i(t), \quad i = 1, 2, 3, \cdots \tag{8.7}$$

这样，结构方程式的阶数由原系统的自由度数转换为 $[\phi]$ 矩阵的模态（列数）。在得到每个振型的响应以后，可按 $\{u\} = [\phi]\{\xi\}$ 将它们叠加起来，就得到了系统的响应。

8.3　模态分析有限元模型

由图 7.5 可知，着陆器舱体为八棱柱形空间桁架结构，由管和连接块组成，管与管之间通过连接块连接。由于连接块尺寸和管截面尺寸相对于管长度很小，且连接块的实际变形很小，根据有限元理论，可以把连接块简化为具有集中质量的节点，进而整个空间桁架结构可简化为由一维梁单元组成的简化结构。

本章采用 MSC 公司的大型有限元软件 Nastran 作为求解器，采用 Patran 作为前后处理器对着陆器样机舱体进行模态分析。梁单元采用 Nastran 中的直线常截面梁单元 BAR 模拟，共划分了 15 336 个梁单元，另外用 20 个集中质量单元来模拟连接块，如图 8.1 所示。考虑到着陆器发射状态下在整流罩中需要对其底面和中间连接块部位施加约束，分析时采用全约束来模拟这种约束形式，图 8.1 中的 12 个 123456 表示约束对应节点的六个自由度，三角号表示集中质量。

表 8.1 给出了样机的前 10 阶模态频率值和具体的模态描述，样机的管截面尺寸为：外径 50 mm，壁厚 6 mm。

图 8.2 中给出了具有代表性的前 5 阶和第 10 阶模态振型图。从图 8.2 可以看出，前 4 阶振型为横向振型，第 1 阶振型主要是由无凸起的四个方形框架产生变形所形成的振型，这是因为无凸起框架的刚度要比有凸起框架的刚度弱；第 2 阶和第 3 阶模态为对称模态，它们的振型之间相差 90°，振型的主要贡献仍然来自舱体上无凸起的 4 个方形框架的变形；第 4 阶模态为由横向往纵向模态的过渡模态，且伴随八棱柱舱体的一定"扭转"，第 5 阶到第 10 阶模态可以看成八根竖管的纯纵向变形引起，所不同的是各个管的变形方向和分布。因为前 4 阶振型为横向振型，因此可以判断着陆器横向方向的刚度低于纵向方向。可以通过在上端面上增加支撑构件的方法来提高低阶模态频率。

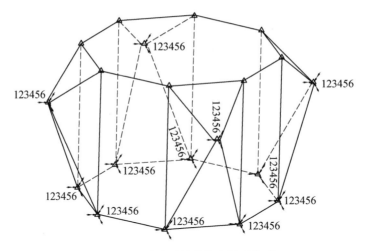

图 8.1　着陆器舱体的有限元模型

表 8.1　样机模型振型描述

	1 阶	2 阶	3 阶	4 阶	5 阶	6 阶	7 阶	8 阶	9 阶	10 阶
频率 /Hz	36.12	43.36	43.36	52.49	76.79	78.71	78.71	80.51	83.70	83.79
振型描述	横向	横向	横向	横向	纵向	纵向	纵向	纵向	纵向	纵向

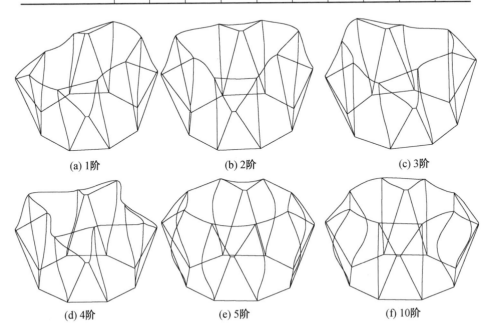

(a) 1阶　　　　　　　(b) 2阶　　　　　　　(c) 3阶

(d) 4阶　　　　　　　(e) 5阶　　　　　　　(f) 10阶

图 8.2　部分典型的前 10 阶振型图

8.3.1　着陆器约束模态的影响因素

为了研究各种因素对结构模态的影响,本节主要考虑以下因素对结构模态的影响:连接块质量、上下八边形管管截面尺寸变化、竖管管截面尺寸变化和凸出管管截面尺寸的变化。对后四种情况在保证管壁厚(6 mm)不变的情况下,分别取这些要改变管的外径为 $\phi40$ mm、$\phi60$ mm 和 $\phi70$ mm 进行计算,计算时其他管的截面尺寸保持不变,即内外管管径分别为 $\phi38$ mm 和 $\phi50$ mm。通过计算给出了各种情况下舱体的前 10 阶频率。

表 8.2 给出了考虑连接块质量和不考虑连接块质量时样机的前 10 阶模态频率值和具体的振型描述。

表 8.2　样机模型振型描述

	1 阶频率 /Hz	2 阶频率 /Hz	3 阶频率 /Hz	4 阶频率 /Hz	5 阶频率 /Hz	6 阶频率 /Hz	7 阶频率 /Hz	8 阶频率 /Hz	9 阶频率 /Hz	10 阶频率 /Hz
考虑连接块质量	36.12	43.36	43.36	52.49	76.79	78.71	78.71	80.51	83.70	83.79
不考虑连接块质量	52.75	62.36	62.36	72.64	76.79	79.07	79.07	80.53	83.70	84.40
振型描述	横向	横向	横向	横向	纵向	纵向	纵向	纵向	纵向	纵向

图 8.3 为连接块质量对模态的影响效果柱状对照图。从图 8.3 与图 8.2 中可以看出,连接块质量对结构的前 4 阶模态影响非常大,考虑连接块质量时前 4 阶模态频率较不考虑连结块质量分别减小了 16.63 Hz、19.00 Hz、19.00 Hz 和 20.15 Hz,而后 6 阶模态频率值变化较小,可见分析时必须考虑连接块质量。由边界约束条件可知,只有上端连接块质量对结构模态有影响,这可以从振型图得到解释,前 4 阶振型主要为横向振型,每个振型图中上端连接块都产生了较大的位移,即振型对连接块质量变化敏感;而后 6 阶振型均为纵向振型,从振型图中可以看到纵向位移较小,所以上端连接块的质量对振型及模态频率影响较小。这里也给出了一种提高结构前 4 阶模态频率的有效手段,即减小上端连接块质量。连接块所采用的材料与连接块的质量密切相关,着陆器结构中的连接块采用铝合金材料,上端连接块总质量为 41.6 kg。以下计算中均考虑了连接块质量。考虑各种管径变化情况下的模态频率着陆器舱体管截面尺寸变化对模态的影响见表 8.3,相应的柱状图如图 8.4 所示。

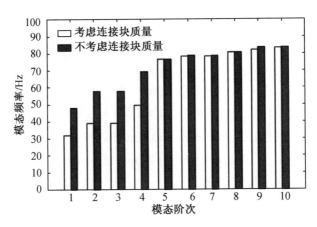

图 8.3　连接块质量对模态的影响效果柱状图

表 8.3　着陆器舱体管截面尺寸变化对模态的影响

管外径 × 壁厚 /(mm × mm)	上端面管			竖直管			凸出管		
	$\phi40 \times 6$	$\phi60 \times 6$	$\phi70 \times 6$	$\phi40 \times 6$	$\phi60 \times 6$	$\phi70 \times 6$	$\phi40 \times 6$	$\phi60 \times 6$	$\phi70 \times 6$
1 阶频率 /Hz	34.97	37.55	39.33	34.99	37.16	38.20	32.79	39.69	43.58
2 阶频率 /Hz	37.81	49.43	55.95	42.87	43.82	44.32	39.65	47.41	51.63
3 阶频率 /Hz	37.81	49.43	55.95	42.87	43.82	44.32	39.65	47.41	51.63
4 阶频率 /Hz	41.66	63.38	73.50	52.47	52.26	52.05	48.72	56.76	61.12
5 阶频率 /Hz	74.91	78.54	80.22	64.31	88.56	100.40	73.59	79.72	82.28
6 阶频率 /Hz	76.31	80.95	83.04	65.72	90.56	102.22	75.88	81.30	83.52
7 阶频率 /Hz	76.31	80.95	83.04	65.72	90.56	102.22	75.88	81.30	83.52
8 阶频率 /Hz	77.58	83.19	85.41	66.88	92.54	103.98	78.43	82.58	84.44
9 阶频率 /Hz	81.59	85.77	87.65	68.83	96.32	107.76	81.02	86.11	88.02
10 阶频率 /Hz	81.90	85.95	87.87	68.88	96.90	108.85	81.33	86.25	88.26

由表 8.3 和图 8.4 可以看出,上端面管和凸出管的管径对前 4 阶模态频率的影响大。当上端面管管径由 $\phi40$ mm × 6 mm 增至 $\phi70$ mm × 6 mm 时,1 ~ 4 阶模态频率分别增加了 4.36 Hz、18.14 Hz、18.14 Hz 和 31.84 Hz,平均增大率为 46.22%;而 5 ~ 10 阶模态频率也有一定的增大,但增大不明显。这主要是因为上端面管截面尺寸的增大使得舱体横向刚度增大,增强了舱体结构的横向抗变形能力,使得前 4 阶模态频率增大明显,这与样机振型图(图 8.3)显示的结论是一致的。

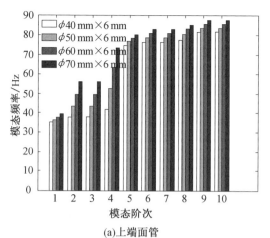

(a)上端面管

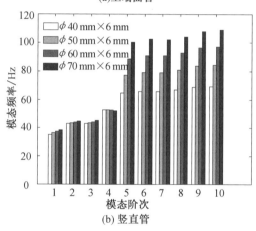

(b) 竖直管

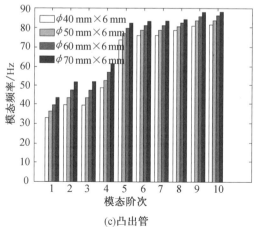

(c)凸出管

图 8.4　截面尺寸对模态的影响效果柱状图

改变竖直管的管径则对后 6 阶的模态频率影响明显。由表 8.3 可以看出,当竖直管管径由 $\phi40$ mm × 6 mm 增至 $\phi70$ mm × 6 mm 时,5 ~ 10 阶模态频率分别增加了 36.09 Hz、36.50 Hz、36.50 Hz、37.10 Hz、38.93 Hz 和 39.97 Hz,平均增大率为 44.37%;而对前 4 阶的模态频率影响较小。这主要是因为竖直管管径的增大使得舱体纵向刚度增大明显,增强了舱体结构的纵向抗变形能力,进而使得后 6 阶模态频率增大明显,这和样机振型图(图 8.2)显示的结论是一致的。

当凸出管管径由 $\phi40$ mm × 6 mm 增至 $\phi70$ mm × 6 mm 时,前 10 阶模态频率均有一定程度的增大,但增大效果远没有上述两种情况大。其中 1 ~ 4 阶模态频率增大较大,分别增大了 10.79 Hz、11.98 Hz、11.98 Hz 和 12.40 Hz,平均增大率为 29.70%。这说明凸出管管截面尺寸的增大使得舱体横向刚度和纵向刚度均增大,但横向刚度增大较多。

改变底部八边形管管径对结构的模态没有影响,这是因为底部八边形的 8 个交点(连接块位置)采用固定约束的缘故。

8.3.2 提高 1 阶模态频率的方法

着陆器发射时需要承受复杂的低频振动环境,为了避免着陆器产生共振,要求着陆器的 1 阶频率尽可能高,由 8.3.1 节的模态分析可知,连接块质量和组成着陆器舱体的桁架杆截面尺寸对 1 阶频率影响显著,它们都是基于着陆器舱体的基本拓扑结构不变的前提下进行的。本节则从改变着陆器舱体结构的局部拓扑结构形式入手,采用加筋的形式提高着陆器的 1 阶频率,由于 1 阶模态为横向模态,因此筋的施加指导原则为增大结构的横向刚度。

采用三种加筋方式,即侧面加筋、顶面加筋和侧面顶面同时加筋,分别如图 8.5 所示。侧面加筋选择在没有凸出管的四个侧面上加通过侧面对角线的交叉筋[图 8.5(b)];顶面加筋采用通过顶面八边形八个顶点的四条"井"状筋,它们的布置形式有两种:①沿两对凸出管所在的舱体方向上加筋,②沿两对没有凸出管的舱体方向加筋,分别如图 8.5(c)和图 8.5(d)所示;侧面和顶面都加筋的结构形式如图 8.5(e)和图 8.5(f)所示,它们可以看成图 8.5(b)和图 8.5(c)、图 8.5(b)和图 8.5(d)这两种加筋形式的综合。考虑到如果筋的截面尺寸与结构桁架杆的截面尺寸相差太大,可能带来局部模态,使得整个结构的 1 阶模态大大降低,因此选择筋的截面尺寸和结构桁架杆的截面尺寸相同,即为 $\phi50$ × 6 mm。表 8.4 给出了加筋后结构的前 5 阶模态频率。

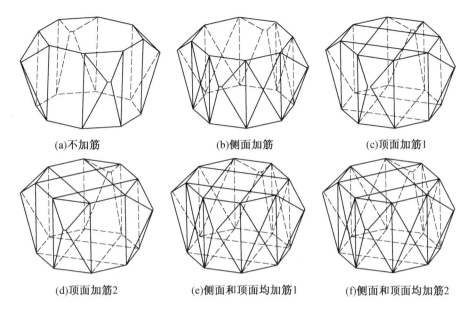

图 8.5　　不同加强筋布置方式图

表 8.4　　引入加强筋后结构的前 5 阶模态频率

	1 阶频率 /Hz	2 阶频率 /Hz	3 阶频率 /Hz	4 阶频率 /Hz	5 阶频率 /Hz
（a）无加强筋	36.12（横向）	43.36（横向）	43.36（横向）	52.49（横向）	76.79（纵向）
（b）侧面加筋	35.04（横向）	42.53（横向）	42.53（横向）	53.89（横向）	61.93（纵向）
（c）顶面加筋 1	42.67（横向）	50.07（纵向）	70.03（纵向）	77.77（纵向）	77.77（纵向）
（d）顶面加筋 2	49.56（纵向）	60.17（纵向）	77.24（纵向）	77.24（纵向）	82.68（纵向）
（e）侧面和顶面均加筋 1	40.63（横向）	51.05（纵向）	65.05（纵向）	65.05（纵向）	69.64（纵向）
（f）侧面和顶面均加筋 2	50.34（纵向）	62.08（纵向）	65.30（纵向）	65.30（纵向）	68.34（纵向）

　　图 8.6 给出了各种加筋形式下着陆器舱体结构的 1 阶振型图。由图可以看出,侧面加筋使得结构的 1 阶模态频率较无加强筋时减小了 1.05 Hz,说明侧面交叉筋的引入并没有使得横向刚度增大,反而使得结构的横向刚度减小,可见这种加筋方式是不可取的。

　　顶面加筋 1 使得结构的 1 阶模态频率较无加强筋时增大了 6.55 Hz,从其 1 阶模态振型图可以发现 1 阶模态振型出现在两对没有凸出管的舱体横向方向上,这种加筋方式在一定程度上增大了舱体的横向刚度,但加筋后的结构在舱体两对没有凸出管方向上的刚度仍小于舱体两对凸出管方向上的刚度。

顶面加筋 2 使得结构的 1 阶模态频率较无加强筋时增大了 13.44 Hz,且其 1 阶模态为纵向模态,这是由于加强筋增大了舱体的横向刚度,使得舱体在没有凸出管方向的刚度加强,且接近于凸出管方向的刚度和舱体的纵向刚度,这可以从 1 阶模态图中得到验证,可见这种加筋方式是合理的。

侧面和顶面均加筋 1 使得 1 阶模态频率较无加强筋时增大了 4.51 Hz,但其 1 阶模态仍然是横向模态,说明加强筋的引入虽然增大了结构在没有凸出管方向上的横向刚度,但其刚度较凸出管方向的刚度为小。

侧面和顶面均加筋 2 较顶面加筋 2 加筋方式的 1 阶模态频率增大了 0.78 Hz,2 阶模态增大了 1.91 Hz,但其后各阶模态均低于顶面加筋 2 加筋方式,且侧面和顶面均加筋方式 2 在四个侧面上均加筋,一方面增大了结构质量,同是也使结构的工艺性变得复杂,不利于加工。

通过上述分析,建议采用顶面加筋 2 这种加筋方式。

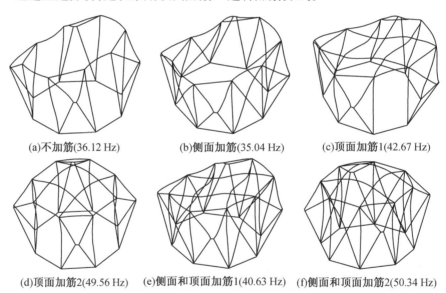

(a)不加筋(36.12 Hz)   (b)侧面加筋(35.04 Hz)   (c)顶面加筋1(42.67 Hz)

(d)顶面加筋2(49.56 Hz)   (e)侧面和顶面加筋1(40.63 Hz)   (f)侧面和顶面加筋2(50.34 Hz)

图 8.6   各种加筋形式下着陆器舱体结构的 1 阶振型图

8.4   频率响应分析

采用与上述相同的分析模型,对着陆器进行频率响应分析,模型尺寸为样机实际尺寸。如图 8.7 所示,在着陆器顶部平面内与凸出管相连的一个管中间节点

（节点 3721）上施加垂直于管轴线方向的白噪声激励（三个坐标轴方向的分量加速度均为 1 m/s²）。白噪声频率范围为 0 ～ 100 Hz,结构阻尼取 0.02。取着陆器上三个观测点（节点 3810、节点 11511 和节点 10919）的频率响应曲线为分析对象,如图 8.8 所示。

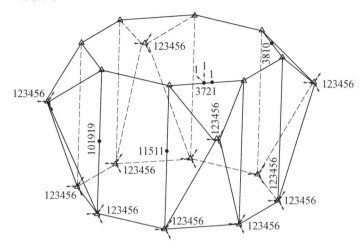

图 8.7　频率响应分析的边界约束条件

图 8.8(a) 为观测点 1(节点 3810) 的加速度响应曲线。可以看出,观测点 1 在频率段 30 ～ 50 Hz 产生三个很大的加速度响应峰值,对应着陆器舱体结构的前 4 阶模态频率,而高阶频率段 75 ～ 85 Hz 也有加速度峰值出现,但其峰值较小,对应于舱体结构的后 6 阶模态频率,说明相同激励下该点对低频谐振敏感。

而图 8.8(b) 为观测点 2 的加速度响应曲线,即最大加速度响应点(节点 11511,为竖直管中间位置附近节点)的加速度响应曲线,可以看出其在较高频率段 70 ～ 90 Hz 出现了较大的加速度峰值,对应结构的后 6 阶模态频率,而低阶频率加速度响应峰值较小,对应结构的前 4 阶模态频率。

图 8.8(c) 为观测点 3 的加速度响应曲线,观测点 3 对应另一竖管中间位置附近节点(节点 10919),在低频段 30 ～ 50 Hz 和高频段 75 ～ 85 Hz 都出现了加速度的峰值,对应结构的前 10 阶模态频率。综合图 8.8 中的各加速度响应曲线可以发现,加速度响应峰值的大小依赖于选取节点的位置,各个加速度响应峰值对应的频率值和模态分析结果相符,进一步验证了模态分析结果的正确性。

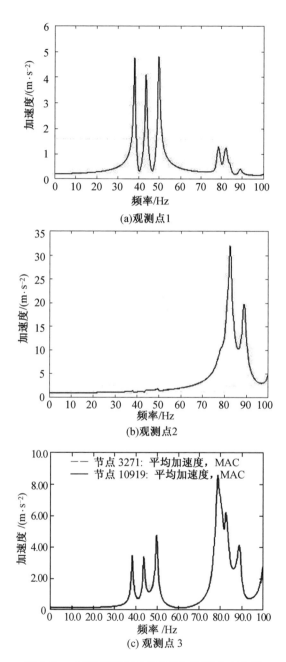

(a)观测点1

(b)观测点2

(c) 观测点 3

图 8.8   白噪声激励下节点的加速度响应曲线

8.5　受迫振动分析

着陆器在发射过程中会受到来自火箭的低频正弦振动和随机振动激励。低频正弦振动激励主要来自火箭发动机不稳定燃烧所产生的推力脉动变化,旋转设备的不平衡转动,液体运载火箭所特有的飞行器结构与液体推进剂、储箱及供应系统在燃烧室压力和推动脉冲变化下,相互作用而产生的纵向自激振动,即通常所说的POGO振动。正弦激励主要是低频正弦,振动频率为4 ~ 100 Hz,其振动载荷谱见表8.5[2]。

表8.5　低频正弦振动载荷谱

频率/Hz	4 ~ 10	10 ~ 20	20 ~ 70	70 ~ 100
幅值	6 mm	$2.4g$	$6.0g$	$4.0g$
载荷方向	发射方向			
作用点	着陆器舱体与火箭连接位置			

着陆器经受的随机激励主要是一种声致振动,主要来自两个方面:① 起飞排气噪声;② 运载火箭跨声速飞行和高速飞行时引起的气动噪声,其频率范围为10 ~ 2 000 Hz。随机振动的激励信号是随机波,在任一时刻,同时存在着各种可能的频率,振动的幅度也是不确定的。为表征这种随机激励,采用随机振动功率谱密度(PSD)作为激励,作用于着陆器的舱体与火箭的连接处,载荷功率谱密度PSD见表8.6。

表8.6　随机振动载荷功率谱密度

频率/Hz	10 ~ 150	150 ~ 500	500 ~ 2000
PSD	3 dB/oct	$0.07g^2$/Hz	− 12 dB/oct
载荷方向	发射方向		
作用位置	着陆器舱体与火箭连接位置		

本研究中分别以表8.5给出的低频正弦振动载荷谱和表8.6给出的随机振动功率谱为激励,采用和上面所述相同的有限元模型,如图8.9所示,约束底面八边形的8个角点和中间四个连接块,激励输入点(节点21385)位于底面八边形的中心,通过多点约束技术与12个舱体固定约束点刚性连接,模拟来自火箭的激励。

采用大质量法计算响应,释放振动方向(z向)的约束,所以图8.9中只约束了五个方向的自由度(12456),结构的临界阻尼比(ζ)分别取为0.01和0.02。对

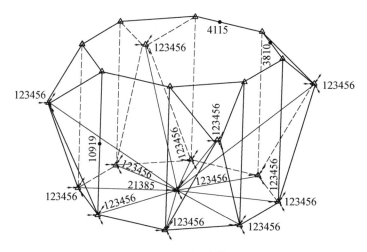

图 8.9　受迫振动模型图

于低频正弦振动,由于 10 Hz 以下的振动对结构的影响很小(结构的 1 阶模态频率为 36.120 Hz),分析时选取分析频率段为 10 ~ 100 Hz,得到的响应曲线分别如图 8.10 和图 8.11 所示。

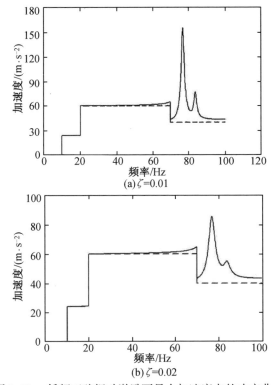

图 8.10　低频正弦振动激励下最大加速度点的响应曲线

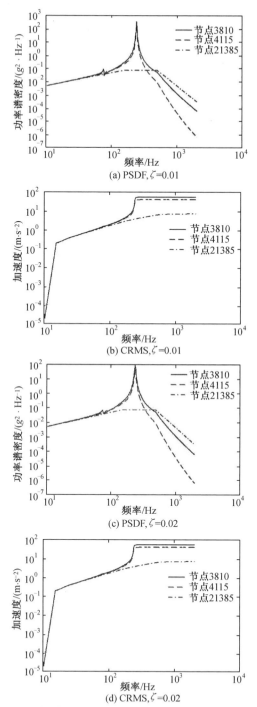

图 8.11   随机振动激励下功率谱密度与加速度响应曲线

图 8.10 给出了着陆器在表 8.5 给出的低频正弦振动载荷谱作用下,系统激励输入点(节点 21385)和最大加速度响应点(节点 10919)在两种临界阻尼比下的总量加速度响应曲线。从图 8.10 中可以看出,最大加速度响应曲线的峰值对应的频率均为 76.79 Hz,即此频率处产生共振,对应结构的第 5 阶模态频率。当临界阻尼比分别取为 0.01 和 0.02 时,最大加速度响应曲线的峰值分别达到了 15.6g 和 8.6g,相对峰值点的激励载荷 4g 分别增大了 3.9 倍和 2.15 倍,可见临界阻尼比对结构的加速度响应峰值影响很大。在结构设计过程中,可通过选择合适的结构参数和材料以得到较大的临界阻尼比,从而降低结构在低频正弦振动载荷激励下的最大加速度响应峰值,保护着陆器舱体结构和携带的科学探测仪器不受损坏。

图 8.11 给出了着陆器在表 8.6 给出的随机振动功率谱密度激励下,激励输入点(节点 21385)和顶部八边形相邻两个管中间位置节点(节点 3810,节点 4115)在两种临界阻尼比下的功率谱密度响应曲线与加速度均方根值响应曲线。从图 8.11 可以看出,在随机振动激励下,对两种临界阻尼比,均是频率分布在 200 Hz 附近的激励对着陆器舱体影响较大,当临界阻尼比分别为 0.01 和 0.02 时,功率谱密度响应的峰值分别达到了 350 g^2/Hz 和 90 g^2/Hz,加速度响应均方根值分别达到了 50 m/s^2 和 38 m/s^2。可见,临界阻尼比对结构的随机振动影响显著,可以通过增大结构临界阻尼比的方法减弱随机振动对结构的影响。

8.6　着陆冲击过程的模拟

着陆器在着陆过程中,受到着陆面与着陆足垫之间碰撞冲击力的作用,这个力经由主着陆腿内筒和减振材料传到主着陆腿外筒,进而作用到着陆器舱体上。此过程是一个短暂的微秒级的冲击过程,可能造成着陆器结构的破坏,因此有必要研究碰撞冲击过程中整个着陆器的受力及变形情况,即瞬态响应分析。由于着陆器在着陆过程中的冲击载荷主要由缓冲材料的力学性能决定,而缓冲材料在冲击载荷下的应力 – 应变曲线又表现为一个初始时较大的极限应力(对蜂窝材料为弹性压溃极限应力),可见瞬态冲击过程和这个极限应力直接相关。

对着陆器进行瞬态响应分析时,以蜂窝材料的力学特性曲线为例,假设蜂窝材料减振后的载荷使得着陆器舱体的加速度不大于 10g,若着陆器舱体的总质量(包括舱体、燃料和有效载荷等)为 2 000 kg,则可认为着陆器在着陆过程中通过蜂窝材料缓冲后经由主着陆腿作用到着陆器基体上的极限载荷为 2 000 kg × 10 ×9.8 m/s^2 = 1.96 × 10^5 N,则每条主着陆腿作用到着陆器舱体上的载荷为 1.96 ×10^5/4 = 4.9 × 10^4 N。分析时把此载荷简化为一均值为 4.9 × 10^4 N、周期为 0.004 s 的正弦信号,如图 8.12 所示。假设着陆瞬时着陆脚均与着陆面接触且不发生相对滑动,着陆器瞬态分析有限元模型如图 8.13 所示,整个模型均采用梁

单元(bar),共划分了 23 540 个梁单元,图中 CONM2 为连接块等效集中质量,123
表示只约束着陆脚点处的移动自由度。

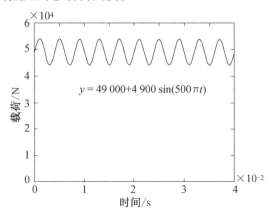

$$y = 49\,000 + 4\,900 \sin(500\pi t)$$

图 8.12　瞬态冲击载荷

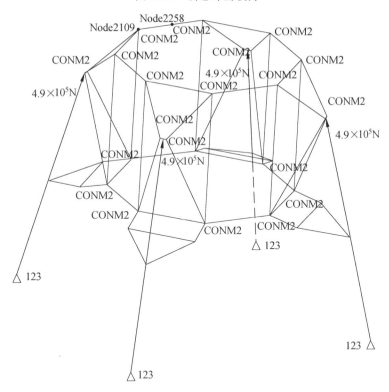

图 8.13　瞬态冲击时的有限元模型

瞬态响应分析计算结果表明,在 $t = 0.027\,5$ s 时结构在四个凸起的上端管与
中间连接块的结合处(节点 7026)出现最大应力 67.1 MPa,在 $t = 0.031\,2$ s 时结

构在舱体凸出管的下端管的中间位置处(节点 7720)出现最大位移 3.02 mm,结构在此两个时刻的变形图如图 8.14 所示,节点 7026 和节点 7720 在整个瞬态分析过程中的应力/位移 – 时间曲线如图 8.15 所示。可见,整个瞬态冲击响应分析中着陆器的应力和位移均在允许范围以内,即结构是安全的。

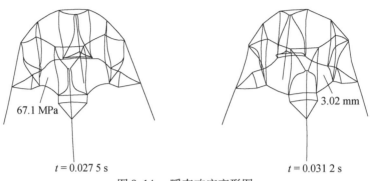

67.1 MPa

3.02 mm

$t = 0.027\ 5$ s

$t = 0.031\ 2$ s

图 8.14　瞬态响应变形图

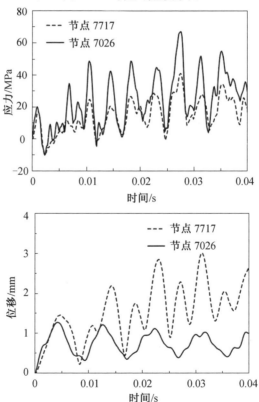

图 8.15　瞬态冲击过程仿真曲线

8.7　腿式着陆器软着陆过程动力学仿真

在多体系统动力学软件 ADAMS 中建立着陆器虚拟样机模型。ADAMS 软件是航空航天领域常用的虚拟样机分析软件,其建模与求解主要基于第一类拉格朗日方程,即以微分 – 代数混合方程组的形式对多体系统动力学模型进行建立及分析。基于 ADAMS 平台建立着陆器虚拟样机模型,可较为真实地复现着陆器的软着陆过程。

8.7.1　典型着陆姿态

着陆器着陆星球表面时,其着陆姿态是不可控的,但可预知几种典型着陆情况,这些着陆情况对设计腿式着陆器缓冲装置具有重要意义。图 8.16 为两种腿式着陆器典型着陆姿态示意图,其中图 8.16(a) 代表着陆器最理想的着陆模式:即在一平整的星球表面上着陆器四个主着陆腿同时与星球表面接触,且着陆器垂直着陆速度最低,水平着陆速度为零。图 8.16(b) 代表着陆器着陆较为苛刻的一种模式:着陆器着陆时,星球表面地形崎岖,着陆器姿态难以调整为理想的着陆姿态,此时可能会发生一个着陆腿首先与星球表面接触,然后其他两个着陆腿与星球表面接触,由于惯性效应最后一个着陆腿与星球表面接触,此种着陆条件是着陆器着陆时另外一种典型着陆姿态,定义为"1 – 2 – 1"着陆模式。

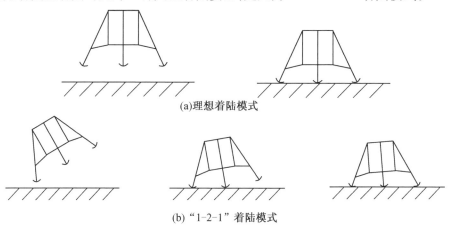

(a)理想着陆模式

(b) "1–2–1" 着陆模式

图 8.16　腿式着陆器典型着陆姿态示意图

8.7.2　动力学仿真模型

腿式着陆器动力学仿真模型主要分为三个部分:着陆器基体框架模型、着陆腿系统以及缓冲装置模型和星球表面环境模型。图 8.17 为着陆器基体仿真模型。着陆器基体框架采用八棱柱式桁架结构,外表面通过桁架结构与主着陆腿相连接。在着陆器基体内设置一个负载模型,可以模拟用于星球探测的探测车及相应科学仪器,负载模型与基体结构相固连,通过调整负载模型的位置和质量来模拟不同的搭载配置。本章进行的着陆器软着陆虚拟样机仿真研究,主要用于验证缓冲装置的有效性,因此不考虑着陆器基体结构弹性变形对缓冲效果的影响,将着陆器基体模型视为刚体模型,同时不计剩余燃料晃动,假设着陆舱内部有效载荷固定不动。

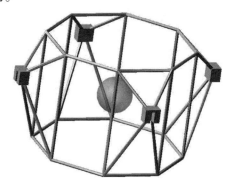

图 8.17　着陆器基体仿真模型

主着陆腿与辅助着陆腿模型如图 8.18 所示,主辅助着陆腿的外筒与内筒和足垫均视为刚体。主着陆腿与基体通过旋转铰连接,主辅助着陆腿间以圆柱副连接,主着陆腿与足垫间以球铰连接。

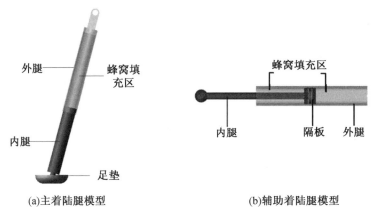

(a)主着陆腿模型　　　　　　　　　(b)辅助着陆腿模型

图 8.18　主着陆腿与辅助着陆腿模型

由于 ADAMS 软件不适宜研究大变形问题,因此缓冲装置用蜂窝结构无法通过类似于有限元建模方法引入,通常 ADAMS 中建立缓冲装置模型是通过等效弹簧阻尼进行模拟的,然而等效弹簧阻尼难以确定合适的弹簧刚度与阻尼值来模拟蜂窝结构的异面力学特性,且无法充分体现蜂窝结构的单向多级压缩特性。在前节中对二级蜂窝结构缓冲装置受冲击载荷作用进行了仿真研究,通过仿真研究可求得二级缓冲装置应力 – 应变曲线,由于着陆腿内安装蜂窝结构空间已知,因此可以计算出着陆腿内蜂窝结构缓冲力与着陆腿受压变形之间的关系。图 8.19 为仿真采用的腿式着陆器二级蜂窝结构缓冲装置缓冲力 – 位移特性曲线。

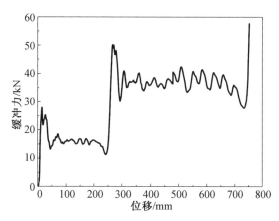

图 8.19　　二级蜂窝结构缓冲装置缓冲力 – 位移特性曲线

　　在主着陆腿内部设置一作用力,作用点分别位于主着陆腿内腿与外腿上。当着陆器与星球表面接触时主着陆腿内、外腿之间会产生相对位移,当相对位移大于 0 时,作用于主着陆腿内模拟缓冲装置的作用力开始工作,选择图 8.19 中缓冲力 – 位移曲线作为内腿和外腿间相互作用力与相对位移之间的对应关系。

8.7.3　理想着陆模式虚拟样机缓冲实验

　　前面涉及腿式着陆器理想的着陆条件,即着陆器四条腿同时着陆在平缓的月球表面。此种着陆姿态是设计和验证缓冲装置的重要工况,因此有必要对理想着陆姿态着陆时,缓冲装置的缓冲效果进行虚拟样机仿真验证。设置着陆器着陆时水平速度为 0 m/s,竖直方向速度为 4 m/s。图 8.20 为着陆器足垫在着陆过程中受到的冲击力随时间变化曲线。

　　从图 8.20 中可以看出,在初始阶段时冲击力较大,最大冲击力超过了 160 kN。但随着时间的推移,着陆器缓冲装置开始工作,由于着陆器足垫整体受力平衡,此时着陆器足垫受到的冲击力与缓冲力在冲击方向上的分量相接近,约为16 kN。为验证缓冲装置对冲击力隔离效果的有效性,测量仿真中着陆器主着陆腿与着陆器基体连接处冲击力。

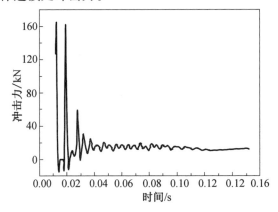

图 8.20　着陆器足垫在着陆过程中受到的冲击力随时间变化曲线

图 8.21 为仿真着陆过程,着陆器基体与主着陆腿连接处受到的冲击力随时间变化曲线。从图中可以看出,连接处受到的冲击力与缓冲装置的缓冲力基本相同,证明在冲击过程中缓冲装置对着陆器基体起到保护作用。与图 8.20 中足垫受到的冲击力相比,基体与主着陆腿连接处的冲击力在初始阶段虽然存在峰值力,但最大峰值力小于 30 kN,比着陆器足垫受到最大冲击力的 20% 还要小,这表明着陆器着陆过程中缓冲装置对冲击力起到了有效的隔离作用。

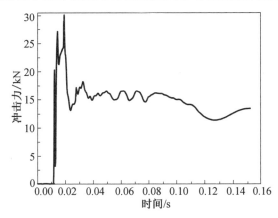

图 8.21　着陆器基体与主着陆腿连接处受到的冲击力随时间变化曲线

图 8.22 为仿真着陆过程,着陆器基体质心受到的冲击加速度随时间变化曲线。该图表明,由于进行理想着陆姿态软着陆,设计的缓冲装置只有一级缓冲装置工作,这与实际设计目的相同,着陆器着陆初期,产生一较大的峰值加速度,但该冲击加速度小于许用冲击加速度,证明了一级缓冲装置设计的有效性,且着陆

器基体冲击加速度波动较小,证明着陆器受到的冲击力相对变化较小,满足缓冲装置的缓冲吸能效果优良且缓冲力平稳的设计要求。

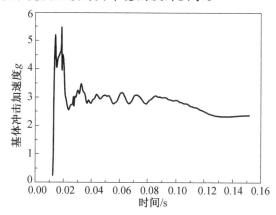

图 8.22　　着陆器基体质心受到的冲击加速度随时间变化曲线

8.7.4　"1 - 2 - 1"模式虚拟样机缓冲实验

在进行缓冲装置设计时,"1 - 2 - 1"着陆模式是另一重要的着陆姿态。为了验证优化后着陆器缓冲装置的缓冲效果,本节对着陆器进行"1 - 2 - 1"着陆模式的虚拟样机缓冲实验,设置着陆时着陆器水平速度为 0 m/s,竖直方向速度为4 m/s。图 8.23 为"1 - 2 - 1"着陆器着陆模式着陆过程姿态图。在仿真开始时,首个着陆腿与月球表面接触,单腿内一级缓冲装置起缓冲作用,在 0.1 s 时着陆器另外两腿与月球表面接触,随后在 0.14 s 时全部着陆腿都与月面接触,所有蜂窝结构缓冲装置都发挥缓冲作用,在 0.22 s 时冲击能量被完全吸收,着陆器稳定着陆。

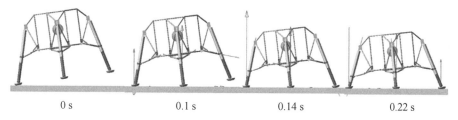

| 0 s | 0.1 s | 0.14 s | 0.22 s |

图 8.23　"1 - 2 - 1"模式着陆器着陆过程姿态图

为方便分析,将着陆器足垫与主着陆腿进行编号:将首个与月球表面接触的足垫和主着陆腿编号为 1 号,对另外两个同时与月面接触的足垫和主着陆腿编号为 2、3 号,将最后与月面接触的足垫及着陆腿编号为 4 号。图 8.24 为着陆器足垫在软着陆过程中受到的冲击力历史曲线。

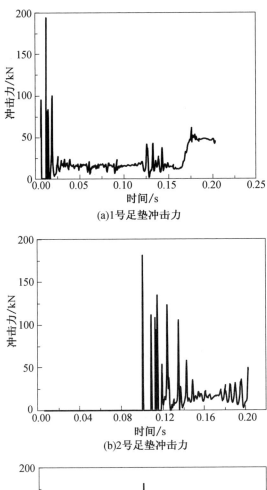

(a)1号足垫冲击力

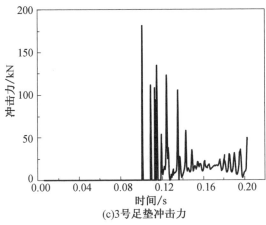

(b)2号足垫冲击力

(c)3号足垫冲击力

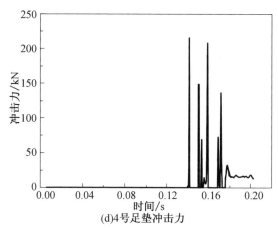

(d)4号足垫冲击力

图 8.24   着陆器足垫在软着陆过程中受到的冲击力历史曲线

从图中可以看出,全部足垫在冲击开始过程中都存在较大的冲击力,其中 4 号足垫受到的初始冲击力最大,大约为 220 kN。当缓冲装置开始工作时,足垫所受冲击力逐渐变得平稳。由于着陆器结构的对称性及"1 - 2 - 1"着陆模式的特点,2、3 号足垫受到的冲击力基本相同。

图 8.25 为着陆器在软着陆过程中,四个主着陆腿对基体冲击力的历史曲线图。从图中可以看出:由于着陆器结构的对称性以及"1 - 2 - 1"着陆模式的特点,2、3 号着陆腿对基体的冲击力基本相同;基体在着陆腿与月球表面初始接触时会受到较大冲击力,但随着缓冲装置开始工作,冲击力趋于稳定且冲击力值较低。

表8.7 为着陆器基体所受最大初始冲击力 F_m 与足垫所受最大初始冲击力 F_p 对比表。为便于比较分析,该表中还列出了两种最大初始冲击力比值 k_b。从表中可得,基体所受最大初始冲击力远小于足垫所受最大初始冲击力,通过使用缓冲装置,可有效地隔离 50% ~ 80% 的冲击力。

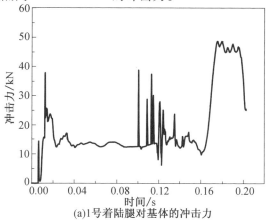

(a)1号着陆腿对基体的冲击力

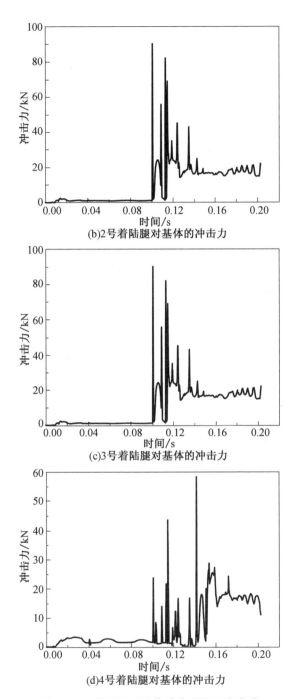

(b)2号着陆腿对基体的冲击力

(c)3号着陆腿对基体的冲击力

(d)4号着陆腿对基体的冲击力

图8.25　着陆腿对基体冲击力的历史曲线

表 8.7　　足垫冲击力与基体冲击力对比表

	1 号着陆腿	2 号着陆腿	3 号着陆腿	4 号着陆腿
F_m/kN	38	90	90	57
F_p/kN	193	181	181	215
$k_b/\%$	19.7	50	50	26.5

图 8.26 为"1 – 2 – 1"着陆模式着陆器基体冲击加速度曲线图。该图中,基体冲击加速度波动较大,这是因为在此着陆模式下着陆腿与月球表面接触次数较多,在着陆腿与月面初始接触阶段会产生一系列波动较大的冲击力,在整个着陆过程的三个不同时间点上,共有四组波动较大的冲击力作用在着陆器基体上,使得基体冲击加速度波动较大。但所有的冲击加速度都小于许用冲击加速度,证明缓冲装置起到了有效的缓冲吸能效果。整个冲击加速度历史曲线可分为三个阶段:第一阶段时间为 0 ~ 0.1 s,此阶段只有 1 号着陆腿内的一级缓冲装置起到缓冲吸能作用;第二阶段时间为 0.1 ~ 0.15 s,此阶段中 2、3 号着陆腿与月面接触,着陆器基体受到三个着陆腿内缓冲装置共同作用,由于着陆初期冲击力波动较大,使得着陆腿基体冲击加速度在此区间波动最大;第三阶段时间为 0.15 ~ 0.22 s,此阶段四个着陆腿全部与月面接触,为着陆器基体提供稳定的缓冲力。

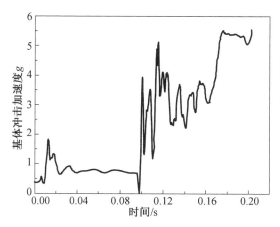

图 8.26　"1 – 2 – 1"着陆模式着陆器基体冲击加速度曲线

8.8　本章小结

（1）本章通过合理的简化着陆器舱体结构,运用有限元方法计算了着陆器舱体的前10阶模态频率,并给出了典型的振型图,发现结构的横向刚度小于竖直方向的刚度;发现着陆器舱管连接块质量对着陆器舱体模态影响显著;接着分析了着陆器舱体管截面尺寸对着陆器舱体模态的影响,发现增大上端面管和凸出管管截面尺寸使得前4阶模态显著增大,而增大竖直管管截面尺寸使得后6阶模态显著增大,这与模态分析得出的结论是一致的;最后探讨了五种加筋方案对1阶模态频率的影响,发现在正八棱柱顶面沿两对没有凸出管的舱体方向加井字形筋对1阶模态频率影响显著。

（2）本章对着陆器舱体结构在受到来自火箭的低频正弦振动和随机振动激励下的响应进行了仿真计算,得到了结构的最大加速度响应曲线、功率谱密度响应曲线和加速度响应均方根值响应曲线,发现结构的临界阻尼比对响应曲线的峰值影响显著,在设计时可通过合理的选用材料和优化结构设计参数来提高结构的临界阻尼比,以减弱着陆器舱体在来自火箭的低频正弦振动和随机振动激励下的响应,保护着陆器舱体和携带的探测仪器不受损伤。

（3）本章对着陆冲击过程进行了模拟,得到了着陆器在冲击瞬时的响应,并给出最大响应点处的位移 – 时间和应力 – 时间曲线,可用于指导着陆器的设计。

本章参考文献

[1] STAVRINIDIS C, KLEIN M, BRUNNER O, et al. Technical and programmatic constraints in dynamic verification of satellite mechanical systems[J]. Acta Astronautica, 1996, 38(1):25-31.

[2] 杨洪波. 空间遥感器动力学环境计算机仿真[J]. 光学精密工程, 1998, 6(6):39- 44.

[3] The lunar module descent Stage[OL]. http://www. apollosaturn. com/ Lmnr /descent. htm.

第9章

着陆器着陆稳定性分析

9.1　概　　述

　　着陆器在着陆瞬时(与月面碰撞时)具有一定的水平速度、竖直速度和转动角速度。由于受水平速度的影响,在月面地形状况又不确定的情况下,使得着陆器在着陆过程中有可能翻倒,从而导致整个探测任务失败。因此有必要对着陆器的着陆稳定性进行研究,分析其影响因素,以此来指导设计,使得着陆器在未知的月面环境中着陆时具有可靠的稳定性。

　　本章在作者提出的一种四腿桁架式月球探测器原理样机的基础上,先分析着陆过程中各种可能碰到的翻倒模式,建立其简化分析模型,并绘出给定条件下的稳定域;然后提出结合 ZMP 理论分析着陆器的稳定性条件的方法;进一步分析着陆器与着陆面撞击过程某个瞬时的受力情况,计算着陆器的姿态。

9.2　翻倒模式及稳定性简化模型的建立

9.2.1　基本假设

　　着陆器着陆地点是经过认真研究月面勘查卫星得到的高清晰图片并严格筛选后得到的较平坦月面。着陆器一般设计成对称模式,并使重心尽可能低,这使得着陆器与月面碰撞的复杂空间三维问题有可能转化为相对简单的平面二维问题。本节就是基于这种简化思想,把着陆器与月面的碰撞过程简化为二维非弹性碰撞过程,并对各种可能的着陆情况做详细的分析。基本假设如下[1]:

(1) 着陆器为刚性体,并与月面产生非弹性碰撞。

(2) 二维碰撞是指碰撞力和碰撞后着陆器的转动均位于通过着陆器重心的竖直平面内的碰撞。

(3) 着陆脚在与月面碰撞的瞬间,着陆脚与月面之间没有相对位移,且着陆器以着陆点为轴转动,直到下一个着陆脚与月面产生碰撞为止。

设计者最关心的是着陆器在月球表面着陆时的稳定性,以及满足稳定性的条件。下面分别讨论着陆器的可能极限着陆状况。

在二维非弹性碰撞假设基础上,根据着陆脚与月球表面同时接触的个数与次数可以定义出着陆器与月面碰撞时的四种翻倒姿态。

(1) 一个着陆腿着陆,然后翻倒,简称"1 型翻倒"模式。

(2) 一个着陆脚与月面接触,接着一对着陆脚与月面接触,然后第四个着陆脚与月面接触,最后翻倒,简称"1 – 2 – 1 型翻倒"模式[3-4]。

(3) 一对着陆脚同时与月面接触然后翻倒,简称"2 型翻倒"模式[1]。

(4) 一对着陆脚与月面接触,然后第二对着陆脚与月面接触,最后翻倒,简称"2 – 2 型翻倒"模式[1-2]。

上述四种翻倒模式示意图如图 9.1 所示。

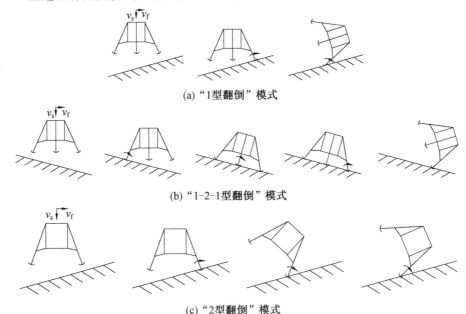

(a) "1型翻倒"模式

(b) "1–2–1型翻倒"模式

(c) "2型翻倒"模式

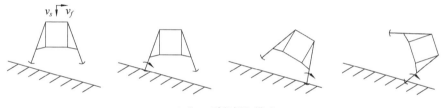

(d) "2-2型翻倒"模式

图9.1 二维对称模式着陆器可能翻倒模式图

9.2.2 各种翻倒模式稳定性分析

如图9.2所示,假设着陆器质量为m,过质心的转动惯量为I,着陆器与月面碰撞前的水平速度为v_f,竖直速度为v_s,转动角速度为$\dot{\alpha}$,碰撞后着陆器以碰撞点为转轴做角速度为$\dot{r}$的转动,质心与碰撞点的距离为L,碰撞点与质心和碰撞点与着陆脚连线的夹角为β,着陆脚之间的连线与地面夹角为λ,月球重力加速度为g^*。冲量矩和角速度均以逆时针为正,水平速度v_f向右为正,竖直速度v_s向下为正。

1. "2型翻倒"模式和"2－2型翻倒"模式的稳定性分析

"2型翻倒"模式分析图如图9.2所示。碰撞后着陆器以碰撞点A为转轴做角速度为$\dot{r}_2$的转动,过质心的转动惯量为I_2,其他参数如图9.2所示。

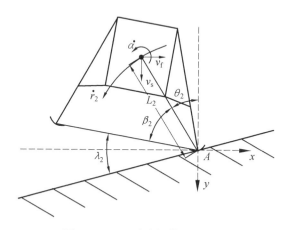

图9.2 "2型翻倒"模式分析图

根据碰撞时的冲量矩方程,可得到碰撞后着陆器的转动角速度$\dot{r}_2$与碰撞前的速度参数之间的关系为

$$I_2 \cdot \dot{r}_2 + m \cdot \dot{r}_2 L_2 \cdot L_2 = m \cdot v_s \cdot L_2 \sin \theta_2 + I_2 \cdot \dot{\alpha} - m \cdot v_f \cdot L_2 \cos \theta_2 \quad (9.1)$$

整理得

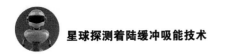

$$\dot{r}_2 = \frac{mL_2(v_s \sin \theta_2 - v_f \cos \theta_2) + I_2 \dot{\alpha}}{I_2 + mL_2^2} \tag{9.2}$$

若 $\dot{r}_2 < 0$，则着陆器可能发生"2型翻倒"模式，也有可能发生"2 − 2型翻倒"模式，其示意图如图9.3所示。

若 $\dot{r}_2 \geq 0$，则着陆器可能发生"2 − 2型翻倒"模式。

若 $\dot{r}_2 < 0$，则碰撞完成后只要着陆器的重心不越过 y 轴，着陆器就不会倾倒。由动能定理可以得到碰撞后不翻转时的临界值 $\dot{r}_{2cr}$：

$$\frac{1}{2} I_2 \cdot \dot{r}_{2cr}^2 + \frac{1}{2} \dot{r}_{2cr}^2 \cdot L_2^2 \cdot m = mg^* L_2 (1 - \cos \theta_2) \tag{9.3}$$

整理得

$$\dot{r}_{2cr} = - \left[\frac{2mg^* L_2 (1 - \cos \theta_2)}{I_2 + mL_2^2} \right]^{1/2} \tag{9.4}$$

若 $|\dot{r}_2| > |\dot{r}_{2cr}|$，则着陆器将发生"2型翻倒"模式。

若 $|\dot{r}_2| \leq |\dot{r}_{2cr}|$，发生第一次碰撞后，着陆器以初始碰撞点 A 为轴上升到极限位置，然后以初始碰撞点 A 为轴向相反的方向转动，直到下一对着陆腿与月面发生碰撞为止，并可能发生"2 − 2型翻倒"模式，其示意图如图9.3所示。

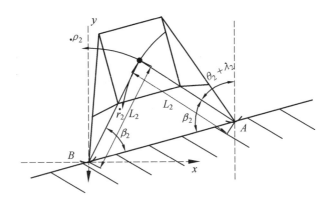

图9.3 "2 − 2型翻倒"模式分析图

在发生第二次碰撞前着陆器的角速度 $\dot{\rho}'_2$ 由动能定理可以得到

$$\frac{1}{2}(I_2 + mL_2^2)(\dot{\rho}'_2)^2 = \frac{1}{2}(I_2 + mL_2^2) \dot{r}_2^2 + mg^* L_2 [\cos \theta_2 - \cos(\theta_2 + \lambda_2)] \tag{9.5}$$

整理得

$$\dot{\rho}'_2 = \left\{ \dot{r}_2^2 + \frac{2mg^* L_2 [\cos \theta_2 - \cos(\theta_2 + \lambda_2)]}{I_2 + mL_2^2} \right\}^{1/2} \tag{9.6}$$

发生第二次碰撞后的角速度 $\dot{\rho}_2$ 由碰撞冲量矩定理可得

$$(I_2 + mL_2^2)\dot{\rho}_2 = m\dot{\rho}'_2 L_2 \cos(180° - 2\beta_2) \cdot L_2 + I_2 \dot{\rho}'_2 \tag{9.7}$$

整理得

$$\dot{\rho}_2 = \frac{[I_2 - m\cos(2\beta_2) \cdot L_2^2]\dot{\rho}_2'}{I_2 + mL_2^2} \tag{9.8}$$

代入 $\dot{\rho}_2'$、$\dot{r}_2$ 可得 $\dot{\rho}_2$ 的最终表达式为

$$\dot{\rho}_2 = \frac{I_2 - m\cos(2\beta_2) \cdot L_2^2}{I_2 + mL_2^2} \cdot \left\{ \frac{[mL_2(v_s\sin\theta_2 - v_f\cos\theta_2) + I_2\dot{\alpha}]^2}{(I_2 + mL_2^2)^2} + \right.$$
$$\left. \frac{2mg^*L_2[\cos\theta_2 - \cos(\theta_2 + \lambda_2)]}{I_2 + mL_2^2} \right\}^{1/2} \tag{9.9}$$

当 $\dot{r}_2 \geqslant 0$ 时,着陆器可能发生"2 - 2 型翻倒"模式,其计算过程和结果与上述过程一致,着陆器发生第二次碰撞后的角速度仍为 $\dot{\rho}_2$。根据能量守恒可得到翻转临界角速度 $\dot{\rho}_{2cr}$ 为

$$\frac{1}{2}(I_2 + mL_2^2)\dot{\rho}_{2cr}^2 = mg^*L_2[1 - \cos(180° - \theta_2 - 2\beta_2 - \lambda_2)] \tag{9.10}$$

整理得

$$\dot{\rho}_{2cr} = \left\{ \frac{2mg^*L_2}{I_2 + mL_2^2}[1 + \cos(\theta_2 + 2\beta_2 + \lambda_2)] \right\}^{1/2} \tag{9.11}$$

若发生第二次碰撞后的角速度 $\dot{\rho}_2$ 大于 $\dot{\rho}_{2cr}$,着陆器将发生"2 - 2 型翻倒"模式。若发生第二次碰撞后的角速度 $\dot{\rho}_2$ 不大于 $\dot{\rho}_{2cr}$,则着陆器不会翻倒。

图 9.1(d) 所示的"2 - 2 型翻倒"模式的计算过程与上述计算过程类似。

2."1 型翻倒"模式和"1 - 2 - 1 型翻倒"模式的稳定性分析

"1 型翻倒"模式分析图如图 9.4 所示。碰撞后着陆器以碰撞点 A 为转轴做角速度为 $\dot{r}_1$ 的转动,过质心的转动惯量为 I_1,其他参数如图 9.4 所示。根据初始条件,结合碰撞冲量矩定理,可得碰撞发生后着陆器的角速度 $\dot{r}_1$ 为

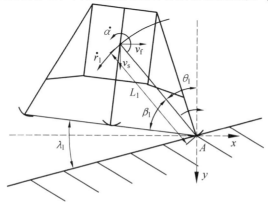

图 9.4　"1 型翻倒"模式分析图

$$\dot{r}_1 = \frac{mL_1(v_s\sin\theta_1 - v_f\cos\theta_1) + I_1\dot{\alpha}}{I_1 + mL_1^2} \tag{9.12}$$

若 $\dot{r}_1 < 0$，则着陆器可能发生"1型翻倒"模式，也有可能发生"1－2－1型翻倒"模式，如图9.5所示。

若 $\dot{r}_1 \geq 0$，则着陆器可能发生"1－2－1型翻倒"模式。

若 $\dot{r}_1 < 0$，碰撞完成后只要着陆的重心不越过 y 轴，着陆器就不会倾倒。根据动能定理，易得碰撞后不翻转的临界角速度 $\dot{r}_{1cr}$ 为

$$\dot{r}_{1cr} = -\left[\frac{2mg^* L_1(1-\cos\theta_1)}{I_1 + mL_1^2}\right]^{1/2} \tag{9.13}$$

若 $|\dot{r}_1| > |\dot{r}_{1cr}|$，则着陆器将发生"1型翻倒"模式。若 $|\dot{r}_1| \leq |\dot{r}_{1cr}|$，发生第一次碰撞后，着陆器以初始碰撞点 A 为轴上升到极限位置，然后以初始碰撞点 A 为轴向相反的方向转动，接着下一对着陆腿与月面 B 点发生碰撞，如图9.5(a)所示，因为着陆器四个着陆足垫底端在一个平面上，所以此碰撞过程几乎是不可能稳定的，着陆器继续以第二碰撞点 B 为转轴继续转动，直到下一个着陆脚与月面碰撞为止，如图9.5(b)所示。

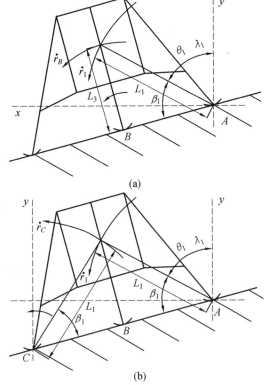

图9.5 "1－2－1型翻倒"模式分析图

同上述分析,由能量守恒可以求得在发生 B 点碰撞前着陆器的瞬时角速度 $\dot{r}_{1B}$ 为

$$\dot{r}_{1B} = \left\{ \dot{r}_1^2 + \frac{2mg^* L_1 (\cos\theta_1 - \cos[\theta_1 + \lambda_1])}{I_1 + mL_1^2} \right\}^{1/2} \qquad (9.14)$$

对点 B 采用冲量矩定理,可得在点 B 碰撞后着陆器的角速度 $\dot{r}_B$ 为

$$\dot{r}_{1B} = \left\{ \dot{r}_1^2 + \frac{2mg^* L_1 [\cos\theta_1 - \cos(\theta_1 + \lambda_1)]}{I_1 + mL_1^2} \right\}^{1/2} \qquad (9.15)$$

同理对点 C 使用冲量矩定理,可得在点 C 碰撞后着陆器的角速度 $\dot{r}_C$ 为

$$\dot{r}_C = \frac{(mL_1 L_3 \sin\beta_1 + I_1)\dot{r}_B}{I_1 + mL_1^2} \qquad (9.16)$$

把 $\dot{r}_{1B}$、$\dot{r}_B$、$\dot{r}_1$ 的表达式代入式(9.16),可得 $\dot{r}_C$ 的最终表达式为

$$\dot{r}_C = \frac{(mL_1 L_3 \sin\beta_1 + I_1)^2}{(I_1 + mL_1^2)(I_1 + mL_3^2)} \cdot \left\{ \left[\frac{mL_1 (v_s \sin\theta_1 - v_f \cos\theta_1) + I_1 \dot{\alpha}}{I_1 + mL_1^2} \right]^2 + \right.$$

$$\left. \frac{2mg^* L_1 [\cos\theta_1 - \cos(\theta_1 + \lambda_1)]}{I_1 + mL_1^2} \right\}^{1/2} \qquad (9.17)$$

3. "1 - 2 - 1 型翻倒" 模式临界翻转角的计算

当 $\dot{r}_1 \geqslant 0$ 时,着陆器可能发生"1 - 2 - 1 型翻倒" 模式,其计算过程和结果同上述过程一致,着陆器与月面 C 点发生碰撞后的角速度仍为 $\dot{r}_C$。根据能量守恒可得到翻转临界角速度 $\dot{\rho}_{1cr}$ 为

$$\dot{\rho}_{1cr} = \left\{ \frac{2mg^* L_1}{I_1 + mL_1^2} [1 + \cos(\theta_1 + 2\beta_1 + \lambda_1)] \right\}^{1/2} \qquad (9.18)$$

若 $|\dot{r}_C| > |\dot{\rho}_{1cr}|$,则着陆器将发生"1 - 2 - 1 型翻倒" 模式。

若 $|\dot{r}_C| \leqslant |\dot{\rho}_{1cr}|$,则着陆器不会翻倒。

图9.1(b) 所示"1 - 2 - 1 型翻倒" 模式的计算过程与上述计算过程类似。

综上,二维对称简化着陆器模型的四种着陆模式及其稳定性条件可通过图9.6得以更直观的显示。

9.2.3　各种翻倒模式下的稳定域

根据自行研制的四腿可折叠桁架式月球探测器的实际参数,可计算出着陆器在各种典型情况下的稳定域。取 v_s、v_f 的取值范围分别为 $0 \sim 5$ m/s 和 $-5 \sim 5$ m/s,取月面最大坡度为15°,初始碰撞时着陆器四个着陆脚点所在的平面与水平月面平行,即 $\lambda_1 = \lambda_2 = 15°$,$\theta_1 = 53°$,$\theta_2 = 44°$,且着陆器均位于过初始碰撞点的竖直线的左侧,着陆器基本参数见表9.1。

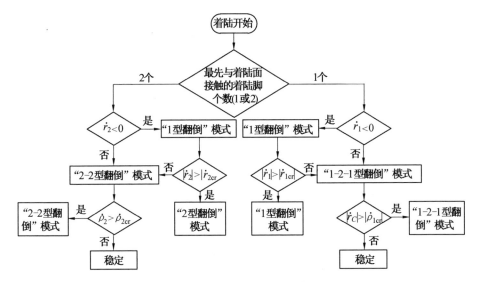

图 9.6　简化后四种着陆器稳定性条件的流程图

表 9.1　着陆器基本参数表

$g^*/$ $(kg \cdot m \cdot s^{-2})$	L_1 /m	L_2 /m	L_3 /m	M /kg	$I_1/$ $(kg \cdot mm^{-3})$	$I_2/$ $(kg \cdot mm^{-3})$	β_1 /(°)	β_2 /(°)	$\dot{\alpha}/$ $(rad \cdot s^{-1})$
1.633 3	2.976	2.539	1.815	488	1.078 6	1.076 4	37	46	0

1. "2 型翻倒" 模式的稳定域

根据"2 型翻倒"模式的稳定性条件

$$\begin{cases} \dot{r}_2 < 0 \\ |\dot{r}_2| \leqslant |\dot{r}_{2cr}| \end{cases} \tag{9.19}$$

可得如下稳定域表达式:

$$\begin{cases} v_s < v_f \cot \theta_2 \\ v_s \geqslant -\left[\dfrac{2mg^* L_2(1 - \cos \theta_2)}{I_2 + mL_2^2}\right]^{1/2} \dfrac{I_2 + mL_2^2}{mL_2 \sin \theta_2} + v_f \cot \theta_2 \end{cases} \tag{9.20}$$

代入表 9.1 中相应变量的数值可得

$$\begin{cases} v_s < 1.035\ 5v_f \\ v_s \geqslant -2.196\ 8 + 1.035\ 5v_f \end{cases} \tag{9.21}$$

结合初始着陆条件 $v_s \in [0,5]$ 和 $v_f \in [-5,5]$,可得"2 型翻倒"模式的稳定域如图 9.7 所示,即当 $\dot{r}_2 < 0$ 时,只要 v_s 和 v_f 的取值落在图中的阴影区,着陆器就不会发生"2 型翻倒"模式。

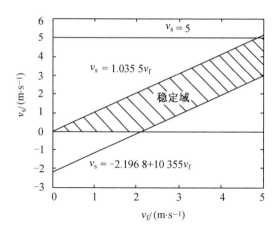

图 9.7　"2 – 翻倒"模式的稳定域

2."2 – 2 型翻倒"模式的稳定域

根据"2 – 2 型翻倒"模式的稳定性条件

$$\begin{cases} r_2 < 0 \\ |\dot{\rho}_2| \leqslant |\dot{\rho}_{2cr}| \end{cases} \quad \text{或} \quad \begin{cases} r_2 \geqslant 0 \\ |\dot{\rho}_2| \leqslant |\dot{\rho}_{2cr}| \end{cases} \tag{9.22}$$

可得如下稳定域表达式:

$$v_s < \frac{\left\{ \left[\dfrac{2mg^*L_2\left[1+\cos(\theta_2+2\beta_2+\lambda_2)\right](I_2+mL_2^2)}{I_2-m\cos(2\beta_2)\cdot L_2^2} - \dfrac{2mg^*L_2\left[\cos\theta_2-\cos(\theta_2+\lambda_2)\right]}{I_2+mL_2^2} \right](I_2+mL_2^2)^2 \right\}^{0.5}}{mL_2\sin\theta_2} +$$

$$v_f\cot\theta_2 \tag{9.23}$$

代入表 9.1 中相应变量的数值可得

$$v_s < 41.634\ 5 + 1.035\ 5v_f \tag{9.24}$$

其稳定域如图 9.8 所示,在这种条件下,着陆器是稳定的。

3."1 型翻倒"模式的稳定域

根据"1 型翻倒"模式的稳定性条件

$$\begin{cases} \dot{r}_1 < 0 \\ |\dot{r}_1| \leqslant |\dot{r}_{1cr}| \end{cases} \tag{9.25}$$

可得如下稳定域表达式:

$$\begin{cases} v_s < v_f\cot\theta_1 \\ v_s > -\left[\dfrac{2mg^*L_1(1-\cos\theta_1)}{I_1+mL_1^2} \right]^{0.5} \dfrac{I_1+mL_1^2}{mL_1\sin\theta_1} + v_f\cot\theta_1 \end{cases} \tag{9.26}$$

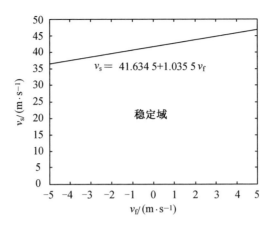

图9.8 "2－2型翻倒"模式的稳定域

代入表9.1中相应变量的数值可得

$$\begin{cases} v_s < 0.753\ 6v_f \\ v_s > -2.463\ 9 + 0.753\ 6v_f \end{cases} \qquad (9.27)$$

结合初始 v_s 和 v_f 的取值,可得"1型翻倒"模式的稳定域如图9.9所示,即在 $\dot{r}_2 < 0$ 时,只要 v_s 和 v_f 的取值落在图中的阴影区,着陆器就不会发生"1型翻倒"模式。

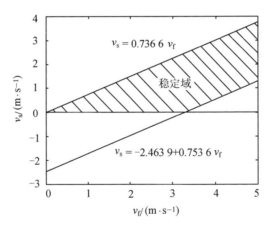

图9.9 "1型翻倒"模式稳定域

4. "1－2－1型翻倒"模式的稳定域

根据"1－2－1型翻倒"模式的稳定性条件

$$\begin{cases} r_1 < 0 \\ |\dot{r}_C| \leqslant |\dot{\rho}_{1cr}| \end{cases} \quad \text{或} \quad \begin{cases} r_1 \geqslant 0 \\ |\dot{r}_C| \leqslant |\dot{\rho}_{1cr}| \end{cases} \qquad (9.28)$$

可得如下稳定域表达式：

$$v_s < \left\{ \frac{2mg^*L_1[1 + \cos(\theta_1 + 2\beta_1 + \lambda_1)](I_1 + mL_1^2)(I_1 + m)^2}{(mL_1L_3\sin\beta_1 + I_1)^4} - \right.$$

$$\left. \frac{2mg^*L_1[\cos\theta_1 - \cos(\theta_1 + \lambda_1)]}{I_1 + mL_1^2} \right\}^{0.5} \cdot \frac{I_1 + mL_1^2}{mL_1\sin\theta_1} + v_f\cot\theta_1 \quad (9.29)$$

代入表 9.1 中相应变量的数值可得

$$v_s < 143.880\ 9 + 0.753\ 6v_f \quad (9.30)$$

其稳定域如图 9.10 所示，在这种条件下，着陆器是稳定的。

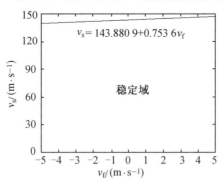

图 9.10　"1 - 2 - 1 型翻倒"模式的稳定域

9.3　考虑腿部压缩的着陆稳定性分析

为分析方便，在保证着陆器各部分功能不变的前提下，其结构原理图可简化为图 9.11 所示的形式。该简化模型中，着陆器由着陆腿和着陆器舱体两部分组成，着陆腿由安装有缓冲装置的主着陆腿、辅助着陆腿和着陆足垫组成。缓冲装置采用活塞式结构，内装缓冲吸振材料（铝蜂窝、薄壁管和泡沫材料等）。着陆时主着陆腿可做单向收缩运动以吸收竖直方向的冲击能量；辅助着陆腿可做双向（收缩和伸长）运动以用于适应不同的着陆姿态，并吸收来自横向的冲击能量；着陆足垫主要用来增大着陆接触面积，使得着陆瞬时的冲击力趋于平稳。着陆器舱体由实际的正八棱柱桁架结构简化为正六面体桁架结构。着陆腿只能在舱体所在六面体的纵向对角面内运动。计算着陆时着陆足垫的受力时，可以把着陆足垫简化为作用到连接副上的具有集中质量的质点，本书称之为着陆脚点。

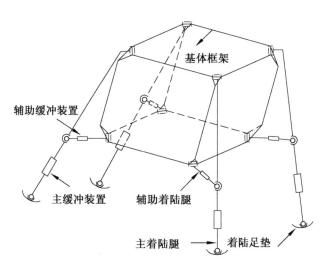

图 9.11　着陆器结构原理图

9.3.1　零力矩点理论

零力矩点(Zero-Moment Point,ZMP) 理论由南斯拉夫学者 Vukobratovic 和 Stepanenko 在 1972 年提出,用于判断机器人是否会摔倒、其足底是否与地面保持接触[3]。ZMP 是指地面上的一个点,接触点受到的地面反作用力绕该点的力矩分量在地面上的投影为零。着陆器的着陆过程和机器人的行走过程类似,其稳定性都是设计者最关心的问题之一,本节把 ZMP 理论应用于着陆器的着陆稳定性判断。

根据ZMP理论,着陆器在着陆过程中的稳定性条件可表述为:如果ZMP位于各个着陆脚点形成的支撑多边形(能包容着陆器着陆脚与着陆面之间所有接触点的最小多边形区域)之内,则着陆器不会翻倒。

1.基于静力学的 ZMP 计算

在图 9.12 中,在参考坐标系 xyz 中 $\boldsymbol{p}$ 点为 ZMP 所在位置,作用在离散点 $\boldsymbol{p}_j(j = 1,2,\cdots,N)$ 上 的 地 面 反 作 用 力 为 $\boldsymbol{f}_j = \begin{bmatrix} f_{jx} & f_{jy} & f_{jz} \end{bmatrix}^{\mathrm{T}}$,力 矩 为 $\boldsymbol{\tau}_j = \begin{bmatrix} \tau_{jx} & \tau_{jy} & \tau_{jz} \end{bmatrix}^{\mathrm{T}}$,则绕点 $\boldsymbol{p} = [p_x,p_y,p_z]^{\mathrm{T}}$ 的总力矩为

$$\boldsymbol{\tau}(p) = \sum_{j=1}^{N} \left[(\boldsymbol{p}_j - \boldsymbol{p}) \times \boldsymbol{f}_j + \boldsymbol{\tau}_j \right] \tag{9.31}$$

将 x 和 y 的分量设定为零,可解出 ZMP 的位置,即 p_x 和 p_y 的表达式分别为

$$p_x = \frac{\sum\limits_{j=1}^{N} \left[-\tau_{jy} - (p_{jz} - p_z)f_{jx} + p_{jx}f_{jz} \right]}{\sum\limits_{j=1}^{N} f_{jz}} \tag{9.32}$$

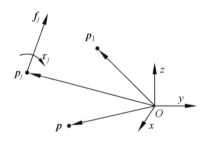

图9.12　作用于 ZMP 处的力和力矩

$$p_y = \frac{\sum_{j=1}^{N}\left[\tau_{jx} - (p_{jz} - p_z)f_{jy} + p_{jy}f_{jz}\right]}{\sum_{j=1}^{N}f_{jz}} \tag{9.33}$$

式中

$$\boldsymbol{f}_j = \left[f_{jx} \quad f_{jy} \quad f_{jz}\right]^{\mathrm{T}}$$

$$\boldsymbol{\tau}_j = \left[\tau_{jx} \quad \tau_{jy} \quad \tau_{jz}\right]^{\mathrm{T}}$$

$$\boldsymbol{p}_j = \left[p_{jx} \quad p_{jy} \quad p_{jz}\right]^{\mathrm{T}}$$

2. 基于动力学的 ZMP 计算

地面作用力与动量之间的关系满足

$$\dot{\boldsymbol{P}} = m\boldsymbol{g} + \boldsymbol{f} \tag{9.34}$$

式中　　m——着陆器的总质量;

$\boldsymbol{g}$——星球表面的重力加速度矢量;

$\boldsymbol{f}$——重力之外的其他外力,可认为是地面对着陆脚的反作用力。

地面作用力的力矩与角动量之间的关系满足

$$\dot{\boldsymbol{L}} = \boldsymbol{c} \times m\boldsymbol{g} + \boldsymbol{\tau} \tag{9.35}$$

式中　　$\boldsymbol{c}$——质心所在位置矢量;

$\boldsymbol{\tau}$——重力之外的其他外力产生的力矩。

地面作用力绕原点的力矩为

$$\boldsymbol{\tau} = \boldsymbol{p} \times \boldsymbol{f} + \boldsymbol{\tau}_{\mathrm{p}} \tag{9.36}$$

式中　　$\boldsymbol{\tau}_{\mathrm{p}}$——绕 ZMP($\boldsymbol{p}$) 点的力矩。

将式(9.34) 和式(9.35) 代入式(9.36),可求得

$$\boldsymbol{\tau}_{\mathrm{p}} = \dot{\boldsymbol{L}} - \boldsymbol{c} \times m\boldsymbol{g} + (\dot{\boldsymbol{P}} - m\boldsymbol{g}) \times \boldsymbol{p} \tag{9.37}$$

利用 ZMP 理论中绕 x 和 y 轴两个分量为零的条件,令式(9.37) 中的 x 和 y 分量为零,可得如下坐标分量形式:

$$\tau_{px} = \dot{L}_x + mgy + \dot{P}_y p_z - (\dot{P}_z + mg)p_y = 0 \tag{9.38}$$

$$\tau_{py} = \dot{L}_y - mgx - \dot{P}_x p_z + (\dot{P}_z + mg)p_x = 0 \tag{9.39}$$

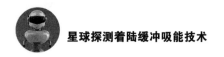

式中　　P—— 动量，$P = \begin{bmatrix} p_x & p_y & p_z \end{bmatrix}$；

　　　　L—— 角动量，$L = \begin{bmatrix} L_x & L_y & L_z \end{bmatrix}$；

　　　　g—— 重力加速度，$g = \begin{bmatrix} g_x & g_y & g_z \end{bmatrix}$；

　　　　c—— 质心坐标，$c = \begin{bmatrix} x & y & z \end{bmatrix}$。

从上面的方程式可解得 ZMP 的位置 p_x 和 p_y 分别为

$$\begin{cases} p_x = \dfrac{mgx + p_z \dot{P}_x - \dot{L}_y}{mg + \dot{P}_z} \\[4mm] p_y = \dfrac{mgy + p_z \dot{P}_y + \dot{L}_x}{mg + \dot{P}_z} \end{cases} \tag{9.40}$$

式中　　p_z—— 着陆面高度，若着陆面为平地，则 $p_z = 0$。

如果把着陆器简化为一个位于质心的质点，则其动量和角动量分别为

$$P = m\dot{c} \tag{9.41}$$

$$L = c \times m\dot{c} \tag{9.42}$$

式中

$$\begin{bmatrix} \dot{P}_x & \dot{P}_y & \dot{P}_z \end{bmatrix}^{\mathrm{T}} = \begin{bmatrix} m\ddot{x} & m\ddot{y} & m\ddot{z} \end{bmatrix}^{\mathrm{T}}$$

$$\begin{bmatrix} \dot{L}_x & \dot{L}_y & \dot{L}_z \end{bmatrix}^{\mathrm{T}} = \begin{bmatrix} m(y\ddot{z} - z\ddot{y}) & m(z\ddot{x} - x\ddot{z}) & m(x\ddot{y} - y\ddot{x}) \end{bmatrix}$$

将式（9.41）和式（9.42）代入式（9.40），可求得 ZMP 的表达式为

$$\begin{cases} p_x = x - \dfrac{(z - p_z)\ddot{x}}{\ddot{z} + g} \\[4mm] p_y = y - \dfrac{(z - p_z)\ddot{y}}{\ddot{z} + g} \end{cases} \tag{9.43}$$

下面的主要任务是确定式（9.43）右边的变量表达式，即质心坐标和质心加速度的表达式，以确定 ZMP 的位置，并用于最终的稳定性判断。

9.3.2　惯性系和动坐标系之间变换方程

取惯性坐标系 $\xi\zeta\eta$ 的 η 轴正向为 g（月球重力加速度）的负方向，动坐标系 xyz 的原点 O 取为着陆器质心，在惯性系中的坐标为（ξ_o, ζ_o, η_o），三个坐标轴分别垂直于着陆器舱体所在六面体的六个面，惯性系和动坐标系均为右手系，如图 9.13 所示，为绘图方便，取 η 轴正向为水平向左方向。取欧拉变换次序为：先把惯性系原点移至着陆器质心使其与动坐标系原点重合，然后绕惯性坐标系的 ζ 轴转 ψ 角，然后绕转动后得到的动坐标系的 x 轴（节线）为转轴转 θ 角，最后绕动坐标系的 y 轴转 ϕ 角，由欧拉坐标系的定义知 $\theta \neq 0$，结合着陆器实际姿态得 θ 的取值范围为（$0, \pi$），可得欧拉变换矩阵

$$T = \mathrm{Trans}(\xi_o, \zeta_o, \eta_o)\,\mathrm{Rot}(\zeta, \psi)\,\mathrm{Rot}(x, \theta)\,\mathrm{Rot}(y, \phi) =$$

$$\begin{bmatrix} c\psi c\phi - s\psi c\theta s\phi & s\psi s\theta & c\psi s\phi + s\psi c\theta c\phi & \xi_0 \\ s\theta s\phi & c\theta & -s\theta c\phi & \zeta_0 \\ -s\psi c\phi - c\psi c\theta s\phi & c\psi s\theta & -s\psi s\phi + c\psi c\theta c\phi & \eta_0 \\ 0 & 0 & 0 & 1 \end{bmatrix} \tag{9.44}$$

式中　　s——sin；

　　　　c——cos；

　　　　Trans——移动矩阵；

　　　　Rot——转动矩阵。

下文中出现的相同符号意义相同。

最后得到由动坐标系到惯性系的关系式

$$\begin{bmatrix} \xi & \zeta & \eta & 1 \end{bmatrix}^{\mathrm{T}} = T \begin{bmatrix} x & y & z & 1 \end{bmatrix}^{\mathrm{T}} \tag{9.45}$$

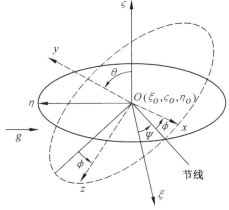

图 9.13　欧拉坐标系的确定

9.3.3　着陆过程中着陆器的姿态描述

着陆器着陆过程中为变拓扑结构。以质心 O（在惯性系中的坐标为 $\xi_0,\zeta_0,$ η_0）为坐标原点，分别垂直于六面体六个面的矢量为坐标轴，建立如图 9.14 所示的动坐标系 xyz。由于着陆腿的质量较着陆器舱体的质量小很多，计算时可以忽略着陆腿对惯性矩的影响，取此时着陆器对动坐标系三个坐标轴的主惯性矩分别为 I_x、I_y 和 I_z，着陆器舱体为正六面体结构，其边长（转动副中心距离）为 a，高（转动副中心距离）为 b，主腿外筒长（RE，SF，TH，UM）为 d，则八个角点（转动副中心位置）的坐标分别为 $E(a/2，-a/2,b/2)$、$F(a/2,a/2,b/2)$、$H(-a/2,a/2,$ $b/2)$、$M(-a/2，-a/2,b/2)$、$N(a/2，-a/2，-b/2)$、$G(a/2,a/2，-b/2)$、$P(-a/2,a/2，-b/2)$、$Q(-a/2，-a/2，-b/2)$。

四个主着陆腿初始长度为 l_1，着陆过程中的压缩量分别为 s_1、s_2、s_3、s_4，四个辅助着陆腿的初始长度为 l_2，着陆过程中的变化量分别为 n_1、n_2、n_3、n_4（压缩为正，伸长为负）。

分别以 N、G、P、Q 为原点，建立局部坐标系 $x_1y_1z_1$、$x_2y_2z_2$、$x_3y_3z_3$、$x_4y_4z_4$，NE、GF、PH、QM 为 z_1、z_2、z_3、z_4 的正向，着陆腿 ARE/RN、BSF/SG、CTH/TP、DUM/UQ 分别位于各自坐标面 z_1x_1、z_2x_2、z_3x_3、z_4x_4 中。

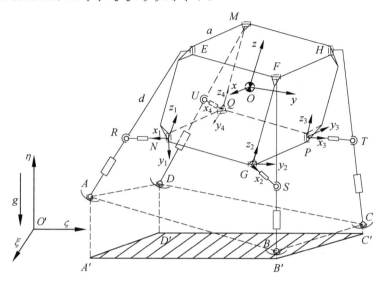

图 9.14　着陆器各个坐标系关系图

坐标系 $x_1y_1z_1$ 可由坐标系 xyz 经如下变换得到：先绕 z_1 轴旋转 $-45°$，然后沿 x_1 平移 $\sqrt{2}a/2$，最后绕 z_1 轴平移 $-b/2$。

则坐标系 $x_1y_1z_1$ 到 xyz 的变换矩阵 $_1T$ 为

$$_1T = \mathrm{Rot}(z,-45)\,\mathrm{Trans}\!\left(x,\frac{\sqrt{2}}{2}a\right)\mathrm{Trans}\!\left(z,-\frac{b}{2}\right) = \begin{bmatrix} \dfrac{\sqrt{2}}{2} & \dfrac{\sqrt{2}}{2} & 0 & \dfrac{a}{2} \\[2mm] -\dfrac{\sqrt{2}}{2} & \dfrac{\sqrt{2}}{2} & 0 & -\dfrac{a}{2} \\[2mm] 0 & 0 & 1 & -\dfrac{b}{2} \\[2mm] 0 & 0 & 0 & 1 \end{bmatrix}$$

$$(9.46)$$

同理，可得到 $x_2y_2z_2$、$x_3y_3z_3$、$x_4y_4z_4$ 到 xyz 的变换矩阵 $_2T$、$_3T$ 和 $_4T$ 分别为

$$
_2\boldsymbol{T} = \mathrm{Rot}(z,45)\,\mathrm{Trans}\left(x,\frac{\sqrt{2}\,a}{2}\right)\mathrm{Trans}\left(z,-\frac{b}{2}\right) = \begin{bmatrix} \dfrac{\sqrt{2}}{2} & -\dfrac{\sqrt{2}}{2} & 0 & \dfrac{a}{2} \\ \dfrac{\sqrt{2}}{2} & \dfrac{\sqrt{2}}{2} & 0 & \dfrac{a}{2} \\ 0 & 0 & 1 & -\dfrac{b}{2} \\ 0 & 0 & 0 & 1 \end{bmatrix}
$$

$$(9.47)$$

$$
_3\boldsymbol{T} = \mathrm{Rot}(z,135)\,\mathrm{Trans}\left(x,\frac{\sqrt{2}\,a}{2}\right)\mathrm{Trans}\left(z,-\frac{b}{2}\right) = \begin{bmatrix} -\dfrac{\sqrt{2}}{2} & -\dfrac{\sqrt{2}}{2} & 0 & -\dfrac{a}{2} \\ \dfrac{\sqrt{2}}{2} & -\dfrac{\sqrt{2}}{2} & 0 & \dfrac{a}{2} \\ 0 & 0 & 1 & -\dfrac{b}{2} \\ 0 & 0 & 0 & 1 \end{bmatrix}
$$

$$(9.48)$$

$$
_4\boldsymbol{T} = \mathrm{Rot}(z,225)\,\mathrm{Trans}\left(x,\frac{\sqrt{2}\,a}{2}\right)\mathrm{Trans}\left(z,-\frac{b}{2}\right) = \begin{bmatrix} -\dfrac{\sqrt{2}}{2} & \dfrac{\sqrt{2}}{2} & 0 & -\dfrac{a}{2} \\ -\dfrac{\sqrt{2}}{2} & -\dfrac{\sqrt{2}}{2} & 0 & -\dfrac{a}{2} \\ 0 & 0 & 1 & -\dfrac{b}{2} \\ 0 & 0 & 0 & 1 \end{bmatrix}
$$

$$(9.49)$$

上述四个变换矩阵可统一表述为

$$
_i\boldsymbol{T} = \mathrm{sign}(2.5-i)\,\boldsymbol{\cdot} \begin{bmatrix} \dfrac{\sqrt{2}}{2} & (-1)^{i+1}\dfrac{\sqrt{2}}{2} & 0 & \dfrac{a}{2} \\ (-1)^{i}\dfrac{\sqrt{2}}{2} & \dfrac{\sqrt{2}}{2} & 0 & (-1)^{i}\dfrac{a}{2} \\ 0 & 0 & 1 & -\mathrm{sign}(2.5-i)\dfrac{b}{2} \\ 0 & 0 & 0 & 1 \end{bmatrix}
$$

$$(9.50)$$

式中

$$
\mathrm{sign}(2.5-i) = \begin{cases} 1, & i=1,2 \\ -1, & i=3,4 \end{cases}
$$

则在坐标系 $x_1y_1z_1$ 中,主着陆腿 AE 始终位于坐标面 x_1z_1 中,E 在此坐标系中

的坐标为 $(0,0,b)$，可得 A 在坐标系 $x_1y_1z_1$ 下的坐标为

$$((l_1 - s_1)\sin \angle AEN, 0, -(l_1 - s_1)\cos \angle AEN + b)$$

其中

$$\cos \angle AEN = \frac{b^2 + d^2 - (l_2 - n_1)^2}{2bd}$$

同理可求得 B 点、C 点、D 点在相应坐标系下的坐标：

B 点在 $x_2y_2z_2$ 坐标系下坐标为

$$((l_1 - s_2)\sin \angle BFG, 0, -(l_1 - s_2)\cos \angle BFG + b)$$

其中

$$\cos \angle BFG = \frac{b^2 + d^2 - (l_2 - n_2)^2}{2bd}$$

C 点在坐标系 $x_3y_3z_3$ 下的坐标为

$$((l_1 - s_3)\sin \angle CHP, 0, -(l_1 - s_3)\cos \angle CHP + b)$$

其中

$$\cos \angle CHP = \frac{b^2 + d^2 - (l_2 - n_3)^2}{2bd}$$

D 点在 $x_4y_4z_4$ 下的坐标为

$$((l_1 - s_4)\sin \angle DMQ, 0, -(l_1 - s_4)\cos \angle DMQ + b)$$

其中

$$\cos \angle DMQ = \frac{b^2 + d^2 - (l_2 - n_4)^2}{2bd}$$

通过式(9.50)给出的变换矩阵 $_1\boldsymbol{T}$、$_2\boldsymbol{T}$、$_3\boldsymbol{T}$ 和 $_4\boldsymbol{T}$ 可以把 A、B、C、D 四个点在各自局部坐标系中的坐标变换到动坐标系 xyz 中，分别为

$$\boldsymbol{A}_{xyz} = {}_1\boldsymbol{T}[(l_1 - s_1)\sin \angle AEN \quad 0 \quad -(l_1 - s_1)\cos \angle AEN + b \quad 1]^{\mathrm{T}}$$
$$(9.51)$$

$$\boldsymbol{B}_{xyz} = {}_2\boldsymbol{T}[(l_1 - s_2)\sin \angle BFG \quad 0 \quad -(l_1 - s_2)\sin \angle BFG + b \quad 1]^{\mathrm{T}}$$
$$(9.52)$$

$$\boldsymbol{C}_{xyz} = {}_3\boldsymbol{T}[(l_1 - s_3)\sin \angle CHP \quad 0 \quad -(l_1 - s_3)\sin \angle CHP + b \quad 1]^{\mathrm{T}}$$
$$(9.53)$$

$$\boldsymbol{D}_{xyz} = {}_4\boldsymbol{T}[(l_1 - s_4)\sin \angle DMQ \quad 0 \quad -(l_1 - s_4)\sin \angle DMQ + b \quad 1]^{\mathrm{T}}$$
$$(9.54)$$

最后再通过式(9.45)给出的变换公式，可以得到 A、B、C、D 四个点在惯性系中的坐标，分别如下：

A 点在惯性系中坐标为

$$
\begin{bmatrix} \xi_1 \\ \zeta_1 \\ \eta_1 \end{bmatrix} = \begin{bmatrix} (c\psi c\phi - s\psi c\theta s\phi - s\psi s\theta)\Delta_{12} + (c\psi s\phi + s\psi c\theta c\phi)\Delta_{11} + \xi_0 \\ (s\theta s\phi - c\theta)\Delta_{12} - s\theta c\phi\Delta_{11} + \zeta_0 \\ (-s\psi c\phi - c\psi c\theta s\phi - c\psi s\theta)\Delta_{12} + (c\psi c\theta c\phi - s\psi s\phi)\Delta_{11} + \eta_0 \end{bmatrix}
$$

$$(9.55)$$

B 点在惯性系中坐标为

$$
\begin{bmatrix} \xi_2 \\ \zeta_2 \\ \eta_2 \end{bmatrix} = \begin{bmatrix} (c\psi c\phi - s\psi c\theta s\phi + s\psi s\theta)\Delta_{22} + (c\psi s\phi + s\psi c\theta c\phi)\Delta_{21} + \xi_0 \\ (s\theta s\phi + c\theta)\Delta_{22} - s\theta c\phi\Delta_{21} + \zeta_0 \\ (c\psi s\theta - s\psi c\phi - c\psi c\theta s\phi)\Delta_{22} + (c\psi c\theta c\phi - s\psi s\phi)\Delta_{21} + \eta_0 \end{bmatrix}
$$

$$(9.56)$$

C 点在惯性系中坐标为

$$
\begin{bmatrix} \xi_3 \\ \zeta_3 \\ \eta_3 \end{bmatrix} = \begin{bmatrix} (s\psi c\theta s\phi - c\psi c\phi + s\psi s\theta)\Delta_{32} + (c\psi s\phi + s\psi c\theta c\phi)\Delta_{31} + \xi_0 \\ (c\theta - s\theta s\phi)\Delta_{32} - s\theta c\phi\Delta_{31} + \zeta_0 \\ (s\psi c\phi + c\psi c\theta s\phi + c\psi s\theta)\Delta_{32} + (c\psi c\theta c\phi - s\psi s\phi)\Delta_{31} + \eta_0 \end{bmatrix}
$$

$$(9.57)$$

D 点在惯性系中坐标为

$$
\begin{bmatrix} \xi_4 \\ \zeta_4 \\ \eta_4 \end{bmatrix} = \begin{bmatrix} (s\psi c\theta s\phi - c\psi c\phi - s\psi s\theta)\Delta_{42} + (c\psi s\phi + s\psi c\theta c\phi)\Delta_{41} + \xi_0 \\ (-s\theta s\phi - c\theta)\Delta_{42} - s\theta c\phi\Delta_{41} + \zeta_0 \\ (s\psi c\phi - c\psi s\theta + c\psi c\theta s\phi)\Delta_{42} + (c\psi c\theta c\phi - s\psi s\phi)\Delta_{41} + \eta_0 \end{bmatrix}
$$

$$(9.58)$$

式中

$$
\begin{cases} \Delta_{i1} = \dfrac{-l_1 + s_i}{2bd}[b^2 + d^2 - (l_2 - n_i)^2] + \dfrac{b}{2} \\ \Delta_{i2} = \dfrac{\sqrt{2}}{4}(l_1 - s_i)\left\{4 - \dfrac{[b^2 + d^2 - (l_2 - n_i)^2]^2}{b^2 d^2}\right\}^{1/2} + \dfrac{a}{2} \end{cases}, i = 1,2,3,4
$$

A、B、C、D 四个点在惯性系中的坐标表达式也可以统一表述为

$$
\begin{bmatrix} \xi_i \\ \zeta_i \\ \eta_i \end{bmatrix} = \begin{bmatrix} \mathrm{sign}(2.5 - i)(c\psi c\phi - s\psi c\theta s\phi + (-1)^i s\psi s\theta)\Delta_{i2} + \\ (c\psi s\phi + s\psi c\theta c\phi)\Delta_{i1} + \xi_0 \\ \mathrm{sign}(2.5 - i)(s\theta s\phi + (-1)^i c\theta)\Delta_{i2} - s\theta c\phi\Delta_{i1} + \zeta_0 \\ \mathrm{sign}(2.5 - i)(-s\psi c\phi + (-1)^i c\psi s\theta - c\psi c\theta s\phi)\Delta_{i2} + \\ (c\psi c\theta c\phi - s\psi s\phi)\Delta_{i1} + \eta_0 \end{bmatrix}, i = 1,2,3,4
$$

$$(9.59)$$

式中

$$\begin{cases} \Delta_{i1} = \dfrac{-l_1 + s_i}{2bd}(b^2 + d^2 - (l_2 - n_i)^2) + \dfrac{b}{2} \\[3mm] \Delta_{i2} = \dfrac{\sqrt{2}}{4}(l_1 - s_i)\left(4 - \dfrac{(b^2 + d^2 - (l_2 - n_i)^2)^2}{b^2 d^2}\right)^{1/2} + \dfrac{a}{2} \\[3mm] \mathrm{sign}(2.5 - i) = \begin{cases} 1, & i = 1,2 \\ -1, & i = 3,4 \end{cases} \end{cases}$$

在实际着陆过程中,着陆器质心 O 处的坐标 (ξ_0, ζ_0, η_0) 是未知的,但过质心的动坐标系 xyz 到惯性系 $\xi\zeta\eta$ 的欧拉角 (θ, ϕ, ψ) 可由安装在着陆器上的陀螺仪测得。假设已知着陆脚点 A 在惯性系中的坐标 (ξ_A, ζ_A, η_A),则由式(9.55)可得到着陆器质心 O 在惯性系中的坐标表达式为

$$\begin{bmatrix} \xi_0 \\ \zeta_0 \\ \eta_0 \end{bmatrix} = \begin{bmatrix} \xi_A - (c\psi c\phi - s\psi c\theta s\phi - s\psi s\theta)\Delta_{12} - (c\psi s\phi + s\psi c\theta c\phi)\Delta_{11} \\ \zeta_A - (s\theta s\phi - c\theta)\Delta_{12} + s\theta c\phi\Delta_{11} \\ \eta_A + (s\psi c\phi + c\psi c\theta s\phi + c\psi s\theta)\Delta_{12} - (c\psi c\theta c\phi - s\psi s\phi)\Delta_{11} \end{bmatrix}$$

$$(9.60)$$

把式(9.60)代入式(9.59),可得着陆脚点 A、B、C、D 在惯性系中的坐标统一表达式为

$$\begin{bmatrix} \xi_i \\ \zeta_i \\ \eta_i \end{bmatrix} = \begin{bmatrix} \mathrm{sign}(2.5 - i)(c\psi c\phi - s\psi c\theta s\phi + (-1)^i s\psi s\theta)\Delta_{i2} + (c\psi s\phi + s\psi c\theta c\phi)\Delta_{i1} + \\ \xi_A - (c\psi c\phi - s\psi c\theta s\phi - s\psi s\theta)\Delta_{12} - (c\psi s\phi + s\psi c\theta c\phi)\Delta_{11} \\ \mathrm{sign}(2.5 - i)(s\theta s\phi + (-1)^i c\theta)\Delta_{i2} - s\theta c\phi\Delta_{i1} + \zeta_A - (s\theta s\phi - c\theta)\Delta_{12} + s\theta c\phi\Delta_{11} \\ \mathrm{sign}(2.5 - i)(-s\psi c\phi + (-1)^i c\psi s\theta - c\psi c\theta s\phi)\Delta_{i2} + (c\psi c\theta c\phi - s\psi s\phi)\Delta_{i1} + \\ \eta_A + (s\psi c\phi + c\psi c\theta s\phi + c\psi s\theta)\Delta_{12} - (c\psi c\theta c\phi - s\psi s\phi)\Delta_{11} \end{bmatrix}$$

$$i = 1,2,3,4 \qquad (9.61)$$

着陆器质心对时间的二阶导数可表示为

$$\begin{bmatrix} \ddot{\xi}_0 \\ \ddot{\zeta}_0 \\ \ddot{\eta}_0 \end{bmatrix} = \begin{bmatrix} \ddot{\xi}_A - (c\psi c\phi - s\psi c\theta s\phi - s\psi s\theta)\ddot{\Delta}_{12} - (c\psi s\phi + s\psi c\theta c\phi)\ddot{\Delta}_{11} \\ \ddot{\zeta}_A - (s\theta s\phi - c\theta)\ddot{\Delta}_{12} + s\theta c\phi\ddot{\Delta}_{11} \\ \ddot{\eta}_A + (s\psi c\phi + c\psi c\theta s\phi + c\psi s\theta)\ddot{\Delta}_{12} - (c\psi c\theta c\phi - s\psi s\phi)\ddot{\Delta}_{11} \end{bmatrix}$$

$$(9.62)$$

将式(9.62)代入式(9.43),可得 ZMP 在惯性系 $\xi\zeta\eta$ 的 $\xi\zeta$ 平面的投影坐标为

$$p_\xi = \xi_A - (c\psi c\phi - s\psi c\theta s\phi - s\psi s\theta)\Delta_{12} - (c\psi s\phi + s\psi c\theta c\phi)\Delta_{11} - $$

$$\frac{\eta_A + (s\psi c\phi + c\psi c\theta s\phi + c\psi s\theta)\Delta_{12} - (c\psi c\theta c\phi - s\psi s\phi)\Delta_{11} - p_z}{\ddot{\eta}_A + (s\psi c\phi + c\psi c\theta s\phi + c\psi s\theta)\ddot{\Delta}_{12} - (c\psi c\theta c\phi - s\psi s\phi)\ddot{\Delta}_{11} + g} \cdot$$

$$[\ddot{\xi}_A - (c\psi c\phi - s\psi c\theta s\phi - s\psi s\theta)\ddot{\Delta}_{12} - (c\psi s\phi + s\psi c\theta c\phi)\ddot{\Delta}_{11}] \qquad (9.63)$$

$$p_\zeta = \zeta_A - (s\theta s\phi - c\theta)\Delta_{12} + s\theta c\phi\Delta_{11} - $$

$$\frac{\eta_A + (s\psi c\phi + c\psi c\theta s\phi + c\psi s\theta)\Delta_{12} - (c\psi c\theta c\phi - s\psi s\phi)\Delta_{11} - p_z}{\ddot{\eta}_A + (s\psi c\phi + c\psi c\theta s\phi + c\psi s\theta)\ddot{\Delta}_{12} - (c\psi c\theta c\phi - s\psi s\phi)\ddot{\Delta}_{11} + g} \cdot$$
$$[\ddot{\zeta}_A - (s\theta s\phi - c\theta)\ddot{\Delta}_{12} + s\theta c\phi\ddot{\Delta}_{11}]$$

$$(9.64)$$

9.3.4　稳定性判断

由9.3.3节的推导可知,A、B、C、D四个着陆脚点在惯性系$\xi\zeta\eta$中的坐标分别为(ξ_i,ζ_i,η_i)($i=1,2,3,4$,分别对应A、B、C、D四个着陆脚点),它们在$\xi O'\zeta$平面的投影点A'、B'、C'、D'的坐标为(ξ_i,ζ_i)。着陆过程中,四个着陆脚点中与着陆面接触的着陆脚点围成的最小多边形在$\xi O'\zeta$平面的投影多边形,即为支撑多变形。ZMP在$\xi O'\zeta$面上的投影点记为P点,其坐标为$(\xi_p,\eta_p,0)$。支撑多边形与ZMP的关系图如图9.15所示。在着陆过程中,若P点位于支撑多边形的内部(包括边界),则着陆器是稳定的;反之,着陆器则会发生翻倒。

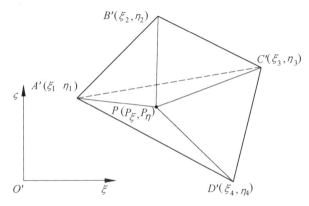

图9.15　支撑多边形与ZMP关系图

支撑多边形只可能有两种形状,即三边形和四边形,三边形对应三个着陆脚点着地,四边形对应四个着陆脚点着地。

对于三边形支撑情况,设三个着陆脚点在$\xi O'\zeta$平面的投影点分别为$A'B'C'$,则可用三个着陆脚点分别与P点连线的夹角之和判定P点与三角形$A'B'C'$的位置关系。$\angle A'PB'$的表达式为

$$\angle A'PB' = \arccos\frac{|AP|^2 + |BP|^2 - |AB|^2}{2|AP||BP|} =$$

$$\arccos\frac{p_\xi(p_\xi - \xi_1 - \xi_2) + p_\eta(p_\eta - \eta_1 - \eta_2) + \xi_1\xi_2 + \eta_1\eta_2}{\sqrt{(\xi_1 - p_\xi)^2 + (\eta_1 - p_\eta)}\sqrt{(\xi_2 - p_\xi)^2 + (\eta_2 - p_\eta)}} \in [-\pi,\pi]$$

$$(9.65)$$

同理可得其他角的表达式为

$$\angle B'PC' =$$

$$\arccos \frac{p_\xi(p_\xi - \xi_2 - \xi_3) + p_\eta(p_\eta - \eta_2 - \eta_3) + \xi_2\xi_3 + \eta_2\eta_3}{\sqrt{(\xi_2 - p_\xi)^2 + (\eta_2 - p_\eta)}\sqrt{(\xi_3 - p_\xi)^2 + (\eta_3 - p_\eta)}} \in [-\pi, \pi] \quad (9.66)$$

$$\angle C'PA' =$$

$$\arccos \frac{p_\xi(p_\xi - \xi_3 - \xi_1) + p_\eta(p_\eta - \eta_3 - \eta_1) + \xi_3\xi_1 + \eta_3\eta_1}{\sqrt{(\xi_3 - p_\xi)^2 + (\eta_3 - p_\eta)}\sqrt{(\xi_1 - p_\xi)^2 + (\eta_1 - p_\eta)}} \in [-\pi, \pi] \quad (9.67)$$

若 $\angle A'PB' + \angle B'PC' + \angle C'PA' = 2\pi$ 或 -2π,则 P 点在支撑三角形内,着陆器是稳定的,否则着陆器不稳定。

对于四边形支撑情况,四个着陆脚点在 $\xi O'\zeta$ 平面的投影点分别为 $A'B'C'D'$,则可用四个着陆脚点分别与 P 点连线的夹角之和判定 P 点与支撑四边形 $A'B'C'D'$ 的位置关系。$\angle A'PB'$ 和 $\angle B'PC'$ 可由式(9.65)和式(9.66)得到,$\angle C'PD'$ 和 $\angle D'PA'$ 的计算公式分别为

$$\angle C'PD' =$$

$$\arccos \frac{p_\xi(p_\xi - \xi_3 - \xi_4) + p_\eta(p_\eta - \eta_3 - \eta_4) + \xi_3\xi_4 + \eta_3\eta_4}{\sqrt{(\xi_3 - p_\xi)^2 + (\eta_3 - p_\eta)}\sqrt{(\xi_4 - p_\xi)^2 + (\eta_4 - p_\eta)}} \in [-\pi, \pi] \quad (9.68)$$

$$\angle D'PA' =$$

$$\arccos \frac{p_\xi(p_\xi - \xi_4 - \xi_1) + p_\eta(p_\eta - \eta_4 - \eta_1) + \xi_4\xi_1 + \eta_4\eta_1}{\sqrt{(\xi_4 - p_\xi)^2 + (\eta_4 - p_\eta)}\sqrt{(\xi_1 - p_\xi)^2 + (\eta_1 - p_\eta)}} \in [-\pi, \pi] \quad (9.69)$$

若 $\angle A'PB' + \angle B'PC' + \angle C'PD' + \angle D'PA' = 2\pi$ 或 -2π,则 P 点在支撑四边形内,着陆器是稳定的,否则着陆器不稳定。

9.4   着陆过程瞬时受力分析

机械式缓冲装置的原理是利用材料的塑性变形来吸收着陆冲击能量,且要求材料产生塑性变形时的应力变化小。蜂窝材料拥有较大的塑性变形能,同时压溃应力变化波动小,在航天领域有着广泛的应用。近年来,一些新型材料在缓冲吸振方面表现出了更优越的性能,比如发泡金属、复合材料与金属组成的薄壁复合圆管等,它们的缓冲吸振能力较传统的材料更强,质量更轻,是作为着陆器缓冲装置的理想材料。

图 9.16 所示为铝蜂窝试件在 Instron 标准实验机上得到的冲击载荷下的典型载荷 - 变形曲线。为了分析研究方便,用分段线性曲线拟合实际的载荷 - 变形曲线,载荷 - 变形曲线可以看成由初始上升段和平稳段两段折线组成。上升段可以看成材料弹性变形段,后继平稳段为铝蜂窝的稳定变形段,此段铝蜂窝产生永久塑性变形,同时吸收冲击能量。

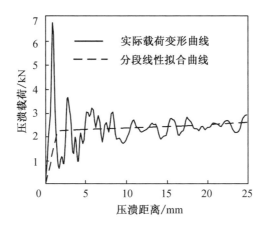

图 9.16   铝蜂窝典型载荷 – 变形曲线

着陆器的着陆过程是一个复杂的动力学过程,着陆过程中的受力与碰撞历程紧密相关,且与着陆姿态有关,为了分析整个着陆动力学过程,有必要对时间进行离散,以确定在已知时刻碰撞后的着陆器姿态和各项动力学参数,然后通过递推确定下一时刻乃至整个着陆过程动力学参数。

9.4.1   着陆脚点与着陆平面

为分析方便,把着陆器着陆足垫简化为一着陆脚点,则与着陆足垫相切的平面称为着陆平面,四个着陆脚对应四个着陆平面。设在某一瞬时,P_j 代表与着陆脚点 A、B、C、D 相对应的着陆面,取着陆脚点的坐标为 $(x_{F,j}, y_{F,j}, z_{F,j})$,则 P_j 方程为

$$N_{x,j}x + N_{y,j}y + N_{z,j}z + N_j = 0, \quad j = 1, 2, 3, 4 \tag{9.70}$$

式中 $N_{x,j}$、$N_{y,j}$、$N_{z,j}$——第 j 个着陆脚点所在着陆平面在三个坐标轴方向的单位法矢量。

着陆脚点与着陆面之间的关系可用穿入和自由界定。穿入是指着陆脚点与着陆面接触,且着陆脚点速度在接触面的法线方向的分量沿着陆面向下,即有使着陆脚穿入着陆面的趋势;自由则是指着陆脚点与着陆面不接触或接触但着陆脚点速度在接触面的法线方向的分量沿着陆面向上(使着陆脚有远离着陆面的趋势)。穿入和自由可以通过下面两组法则进行判别。

穿入时满足

$$\begin{cases} N_{x,j}x_{F,j} + N_{y,j}y_{F,j} + N_{z,j}z_{F,j} + N_j < 0 \\ N_{x,j}\dot{x}_{F,j} + N_{y,j}\dot{y}_{F,j} + N_{z,j}\dot{z}_{F,j} \leqslant 0 \end{cases} \tag{9.71}$$

式中 $x_{F,j}$、$y_{F,j}$、$z_{F,j}$——着陆脚点坐标。

自由时满足

$$\begin{cases} N_{x,j}x_{F,j} + N_{y,j}y_{F,j} + N_{z,j}z_{F,j} + N_j \geqslant 0 \\ \text{或} \begin{cases} N_{x,j}x_{F,j} + N_{y,j}y_{F,j} + N_{z,j}z_{F,j} + N_j < 0 \\ N_{x,j}\dot{x}_{F,j} + N_{y,j}\dot{y}_{F,j} + N_{z,j}\dot{z}_{F,j} > 0 \end{cases} \end{cases} \tag{9.72}$$

着陆面上部点到着陆面的距离为正,着陆面下部点到陆面的距离为负。

9.4.2 着陆脚点与着陆面的作用力

当第 j 个着陆脚点穿入着陆面[满足式(9.71)]时,着陆脚与着陆面之间的作用力由三个力组成,即与压入距离有关的准静态力 $\boldsymbol{F}_{\mathrm{FNS},j}$,与着陆脚速度在接触面法向的分量成正比的动态法向力 $\boldsymbol{F}_{\mathrm{FND},j}$,与着陆脚速度在接触面切向的分量成正比的动态切向力 $\boldsymbol{F}_{\mathrm{FTD},j}$,这三个力可通过下面各式计算[1]:

$$(F_{\mathrm{FNS}x,j}, F_{\mathrm{FNS}y,j}, F_{\mathrm{FNS}z,j}) = \boldsymbol{F}_{\mathrm{FNS},j}(N_{x,j}, N_{y,j}, N_{z,j}) \tag{9.73}$$

式中 $\boldsymbol{F}_{\mathrm{FNS},j} = K_{1,j}D_j + K_{2,j}D_j^2 + K_{3,j}D_j^3$,其中 $D_j = |N_{x,j}x_{F,j} + N_{y,j}y_{F,j} + N_{z,j}z_{F,j} + N_j|$,$K_{i,j}$ 为任意指定常数,$i = 1, 2, 3$。

$$(F_{\mathrm{FND}x,j}, F_{\mathrm{FND}y,j}, F_{\mathrm{FND}z,j}) = -(\dot{x}_{FN,j}, \dot{y}_{FN,j}, \dot{z}_{FN,j})/R_{N,j} \tag{9.74}$$

式中 $R_{T,j}$ —— 任意指定正常数;

$(\dot{x}_{\mathrm{FN},j}, \dot{y}_{\mathrm{FN},j}, \dot{z}_{\mathrm{FN},j})^{\mathrm{T}} = \boldsymbol{T}_{\mathrm{N},j}(\dot{x}_{F,j}, \dot{y}_{F,j}, \dot{z}_{F,j})^{\mathrm{T}}$,其中 $\boldsymbol{T}_{\mathrm{N},j}$ 为动坐标系下的矢量在接触面 P_j 法向上的投影变换矩阵,$\boldsymbol{T}_{\mathrm{N},j} =$

$$\begin{bmatrix} (N_{x,j})^2 & N_{x,j}N_{y,j} & N_{x,j}N_{z,j} \\ N_{x,j}N_{y,j} & (N_{y,j})^2 & N_{y,j}N_{z,j} \\ N_{x,j}N_{z,j} & N_{y,j}N_{z,j} & (N_{z,j})^2 \end{bmatrix}。$$

$$(F_{\mathrm{FTD}x,j}, F_{\mathrm{FTD}y,j}, F_{\mathrm{FTD}z,j}) = -(\dot{x}_{\mathrm{FT},j}, \dot{y}_{\mathrm{FT},j}, \dot{z}_{\mathrm{FT},j})/R_{\mathrm{T},j} \tag{9.75}$$

式中 $R_{\mathrm{T},j}$ —— 任意指定正常数;

$(\dot{x}_{\mathrm{FT},j}, \dot{y}_{\mathrm{FT},j}, \dot{z}_{\mathrm{FT},j})^{\mathrm{T}} = \boldsymbol{T}_{\mathrm{T},j}(\dot{x}_{F,j}, \dot{y}_{F,j}, \dot{z}_{F,j})^{\mathrm{T}}$,其中 $\boldsymbol{T}_{\mathrm{T},j}$ 为动坐标系下的矢量在接触面 P_j 切向上的投影变换矩阵,$\boldsymbol{T}_{\mathrm{T},j} =$

$$\begin{bmatrix} (N_{y,j})^2 + (N_{z,j})^2 & -N_{x,j}N_{y,j} & -N_{x,j}N_{z,j} \\ -N_{x,j}N_{y,j} & (N_{x,j})^2 + (N_{z,j})^2 & -N_{y,j}N_{z,j} \\ -N_{x,j}N_{z,j} & -N_{y,j}N_{z,j} & (N_{x,j})^2 + (N_{y,j})^2 \end{bmatrix}。$$

9.4.3 着陆腿与着陆脚点的相互作用

第 j 个着陆脚点的受力图如图9.17所示,着陆器舱体经由主着陆腿而作用到着陆脚点上的力为 $F_{F,j,1}$,辅助着陆腿产生的作用在着陆脚点上的力记为 $F_{F,j,2}$。把主辅着陆腿上的作用力沿着陆面的切向方向和法向方向分别投影,由力学平衡原理可得

$$\begin{cases} \boldsymbol{F}_{\mathrm{FNS},j} + \boldsymbol{F}_{\mathrm{FND},j} - \boldsymbol{F}_{\mathrm{FN}x,j} - \boldsymbol{F}_{\mathrm{FN}y,j} - \boldsymbol{F}_{\mathrm{FN}z,j} = 0 \\ \boldsymbol{F}_{\mathrm{FTD},j} - \boldsymbol{F}_{\mathrm{FT}x,j} - \boldsymbol{F}_{\mathrm{FT}y,j} - \boldsymbol{F}_{\mathrm{FT}z,j} = 0 \end{cases} \tag{9.76}$$

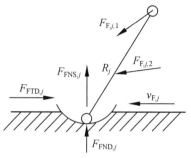

图 9.17   第 j 个着陆脚点受力图

把式(9.73) ~ (9.75)代入式(9.76),可得着陆脚点的速度在着陆面切线方向和法线方向的表达式为

$$\begin{cases} (\dot{\boldsymbol{x}}_{\mathrm{FN},j}, \dot{\boldsymbol{y}}_{\mathrm{FN},j}, \dot{\boldsymbol{z}}_{\mathrm{FN},j}) = R_{\mathrm{N},j} F_{\mathrm{FNS},j}(N_{x,j}, N_{y,j}, N_{z,j}) - R_{\mathrm{N},j}(\boldsymbol{F}_{\mathrm{FN}x,j}, \boldsymbol{F}_{\mathrm{FN}y,j}, \boldsymbol{F}_{\mathrm{FN}z,j}) \\ (\dot{\boldsymbol{x}}_{\mathrm{FT},j}, \dot{\boldsymbol{y}}_{\mathrm{FT},j}, \dot{\boldsymbol{z}}_{\mathrm{FT},j}) = - R_{\mathrm{T},j}(\boldsymbol{F}_{\mathrm{FT}x,j}, \boldsymbol{F}_{\mathrm{FT}y,j}, \boldsymbol{F}_{\mathrm{FT}z,j}) \end{cases}$$

$$\tag{9.77}$$

式中

$$(\boldsymbol{F}_{\mathrm{FN}x,j}, \boldsymbol{F}_{\mathrm{FN}y,j}, \boldsymbol{F}_{\mathrm{FN}z,j}) = \sum_{k=1}^{2} \boldsymbol{T}_{\mathrm{N},j}(\boldsymbol{F}_{\mathrm{F}x,j,k}, \boldsymbol{F}_{\mathrm{F}y,j,k}, \boldsymbol{F}_{\mathrm{F}z,j,k})$$

$$(\boldsymbol{F}_{\mathrm{FT}x,j}, \boldsymbol{F}_{\mathrm{FT}y,j}, \boldsymbol{F}_{\mathrm{FT}z,j}) = \sum_{k=1}^{2} \boldsymbol{T}_{\mathrm{T},j}(\boldsymbol{F}_{\mathrm{F}x,j,k}, \boldsymbol{F}_{\mathrm{F}y,j,k}, \boldsymbol{F}_{\mathrm{F}z,j,k})$$

9.4.4   着陆腿与着陆器舱体的相互作用

第 j 个着陆腿与着陆器舱体的连接点为 $E_{j,k}(k=1$,代表主着陆腿;$k=2$,代表辅助着陆腿),第 j 个着陆脚点为 F_j,主辅着陆腿的交点为 R_j。着陆腿作用在着陆器舱体上的作用力为 $\boldsymbol{F}_{Ex,j,k}$,$\boldsymbol{F}_{Ey,j,k}$ 和 $\boldsymbol{F}_{Ez,j,k}$,则

$$(\boldsymbol{F}_{Ex,j,k}\boldsymbol{F}_{Ey,j,k}, \boldsymbol{F}_{Ez,j,k}) = - (\boldsymbol{F}_{Fx,j,k}, \boldsymbol{F}_{Fy,j,k}, \boldsymbol{F}_{Fz,j,k}) \tag{9.78}$$

着陆腿的长度可表示为

$$\begin{cases} l_{j,1} = \sqrt{(x_{E,j,1} - x_{F,j})^2 + (y_{E,j,1} - y_{F,j})^2 + (z_{E,j,1} - z_{F,j})^2} \\ l_{j,2} = \sqrt{(x_{E,j,2} - x_{R,j})^2 + (y_{E,j,2} - y_{R,j})^2 + (z_{E,j,2} - z_{R,j})^2} \end{cases} \tag{9.79}$$

进而可得着陆腿的压缩行程 $S_{j,k}$ 为

$$S_{j,k} = l_{R,j,k} - l_{j,k} \tag{9.80}$$

式中 $l_{R,j,k}$——着陆腿初始长度。

因主着陆腿之缓冲装置总是受到压缩作用,故 $S_{j,1} \geqslant 0$;而对于辅助着陆腿,因其缓冲装置可作双向运用,故 $S_{j,2}$ 可取正值(压缩)或负值(伸长)。

由计算得到的 $S_{j,k}$ 并对照图 9.16 所示的缓冲减振器的载荷 – 变形曲线可以得到作用在着陆器舱体上的作用力 $\boldsymbol{F}_{Ex,j,k}$、$\boldsymbol{F}_{Ey,j,k}$ 和 $\boldsymbol{F}_{Ez,j,k}$。

则着陆腿作用在着陆器舱体上总的作用力为

$$(\boldsymbol{F}_{Ex}, \boldsymbol{F}_{Ey}, \boldsymbol{F}_{Ez}) = -\sum_{j=1}^{4}\sum_{k=1}^{2}(\boldsymbol{F}_{Fx,j,k}, \boldsymbol{F}_{Fy,j,k}, \boldsymbol{F}_{Fz,j,k}) \tag{9.81}$$

9.5　本章小结

(1)本章把着陆过程中的着陆器简化为二维对称模型,得到了着陆器着陆时的四种可能翻倒模式;分别对此四种翻倒模式下的着陆器进行了动力学分析,结合碰撞冲量矩定理和能量守恒定理得到了各自的稳定性条件,并给出了给定条件下的稳定域。该简化分析可用于着陆器着陆过程稳定性的定性分析。

(2)本章提出了基于 ZMP 理论的着陆稳定性判别方法,应用 D – H 坐标法推导了着陆器在着陆过程中的位置和姿态的计算公式,根据 ZMP 理论得出了着陆器的着陆稳定性条件,并给出了着陆稳定性判别方法。该分析方法可应用于着陆器着陆过程中的稳定性的判别。

(3)本章给出了判断着陆脚点和着陆面之间的关系(穿入或自由)的方法。当着陆脚点穿入着陆面时,把着陆面作用于着陆脚点的力简化为与压入距离有关的准静态力以及与着陆脚点速度有关的动态切向力和动态法向力,对着陆器着陆过程中的瞬态受力进行了分析,导出了着陆脚点与着陆面和着陆腿与着陆器舱体之间相互作用力的表达式。

本章参考文献

[1] HERR R W, LEONARD H W, WALTON W C J. Studies of touchdown stability for lunar landing vehicles[J]. Landing rehicles Jaurnal of spacecralf, 1964, 1(5):552-556.

[2] BLANCBARD U J. Full-scale dynamic landing-impact investigation of a prototype lunar module landing gear[R]. NASA TN D-5029,1969.

[3] VUKOBRATOVIC M. On the stability of anthropomorphic systems[J]. Mathematical Biosciences, 1972, 15(1):1-37.

第 10 章

腿式着陆器实验样机与模拟着陆实验

10.1 概 述

本章将在着陆器系统的结构、动力学、稳定性和缓冲材料的缓冲性能研究的基础上,在自行研制的单腿实验装置和四腿桁架式可折叠着陆器原理样机上进行着陆综合实验研究。一方面验证着陆器各主要组成部分的功能和可靠性,即着陆器对地面的适应能力、舱体结构的强度、主辅着陆腿在着陆过程中各自的缓冲行程对着陆姿态的影响、主辅着陆腿之间的相互作用、着陆腿展开锁紧装置的可靠性以及着陆足垫在着陆过程中的作用;另一方面测试缓冲材料的综合缓冲性能,即不同的材料组合对着陆器着陆过程中最大加速度的影响。

10.2 腿式着陆器原理样机

通过对着陆器结构的尺寸优化设计,得到了着陆器最优的结构尺寸,本节在此基础上讨论实现整个着陆器具体结构的工艺。

10.2.1 着陆器舱体框架结构

由于铝合金在焊接时变形较大,大的桁架结构焊接后变形很大,因此如何有效地控制桁架的焊接变形,并使得焊接后的尺寸达到设计尺寸要求是一个很困难的问题。焊接过程可分为如下几个过程:首先通过实验确定关键焊接参数——材料收缩率和夹具的初压力;通过收缩率可以计算出焊接前后结构的尺寸,而夹具的初压力则是焊接质量的保证,初压力太大会限制焊接应力的释放而产生焊接裂纹,太小则不能有效地控制焊接变形;然后是确定焊接工序,并根据工序需要设计相应的夹具,最后以正确的工艺施焊。

图10.1为着陆器桁架结构三维造型图,整个桁架结构由40根圆管和20个四通管连接块组成。着陆器舱体为正八棱柱结构,四个凸出于八棱柱相间侧面的凸出部用于连接缓冲减振装置(着陆腿)。整个桁架结构由铝合金管组成,管件之间通过四通管连接块连接,管件与管连接块通过氩弧焊焊接,为了保证焊接后总体的强度,要求焊接后管连接块和热影响区的强度不低于母体强度的90%。每个管连接块均与四个管件连接,即有四道焊缝,由于受到质量的限制,连接块的尺寸要尽可能小,这就使得连接块易受焊接热变形的影响,变形明显,因此如何有效地控制焊接变形成为实现该结构的关键。

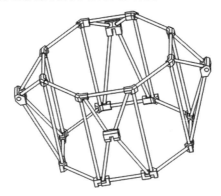

图10.1　着陆器桁架结构三维造型图

整个着陆器框架结构尺寸大(外包络直径为3 320 mm),管连接块连接部位总共有80道焊缝,不可能一次实现整体的焊接成形,因此合理地制订焊接工序成为有效控制焊接变形的关键。由于铝合金导热性能好,为了得到良好的焊接质量,使得熔池中的金属晶体有足够的结晶时间,必须尽可能减少焊接过程中由于热传导而损失的能量。工装和夹具的设计考虑了材料的导热性,选用绝热性好的中密度板和大理石板分别作为工装与辅助垫板,夹具采用弹性可调夹具。通过夹具施加在焊接件两个夹持面之间的正压力产生的摩擦力,可以控制连接块由于焊接热应力而产生的纵向变形。夹具具有一定的弹性,当焊接应力过大时,连接块可以在大理石垫板上横向滑动,释放一部分焊接热应力,减少焊接裂纹产生的可能,保证焊接质量。夹具的初始压力是一个很关键的参数,太大会使连接块在焊接时没有变形的空间,以致产生裂纹,其值由焊接开始前多次试焊得到,最终确定的初压力为每个夹具 2 000 N。

整个结构焊接的关键是八棱柱的焊接,而八棱柱的焊接决定于上下两个八边形的焊接。首先要依次焊接已清理完成的八棱柱顶面和底面两个八边形。焊接前通过实验测定铝合金在焊接后的变形量,由此可以确定此种铝合金的焊接变形率,以此为依据并根据设计尺寸可计算出整个八边形焊接前的尺寸(设计尺寸即为焊接变形完成后的尺寸),根据这个计算值在平板上画出各个管连接块和圆管的相应位置,放置大理石垫板,并找平,使所有大理石垫板的上平面均位于同一平面内,然后按画出的位置摆放管连接块并把圆管和管连接块组装到一起,测量(分别测量各个边长和四个对角线长度)确认准确后用夹具把管连接块、大理石垫板和中密度板夹持到一起,夹具压力根据试焊测试值施加。实验测得 5 mm ×5 mm × 50 mm 焊缝产生的焊接最大热应力为 1 500 N。

两个八边形框架焊接完成并经过时效处理后,安装八个立柱,调整它们使整个八棱柱达到要求的尺寸(此尺寸由焊接前实验得到的变形率为依据计算得到),测量各个立柱和对角线尺寸并确定达到要求尺寸,然后点固,最后按控制变形的原则依次沿对角焊接八个立柱,焊接过程中要经常测量各个关键尺寸,以确定下一步的焊接位置。

最后是四个凸出部的焊接。八棱柱焊接完成并时效处理后,按焊接前尺寸安装四个凸出部,用辅助装置暂时固定,然后测量各个尺寸并调整使其满足焊接前的尺寸要求,然后点固,最后按控制变形的原则依次焊接。焊接完成后的着陆装置舱体实物图如图 10.2 所示。整体框架焊接完成后的尺寸和设计尺寸误差在 ±2 mm 以内,达到了焊接前预期的尺寸要求,能很好地满足与其相连组件的安装和定位。

图 10.2　焊接完成后的着陆器舱体实物图

10.2.2　着陆腿及折叠机构的实现

图10.3为着陆腿展开后的实物图和主要零件照片,为减轻结构质量,着陆腿均采用高强度铝合金管结构。为了能很好地控制着陆姿态,采用1主2辅的结构方式,即每个主着陆腿均与两个辅助着陆腿通过球铰连接,辅助着陆腿的另一端通过万向节与辅助支撑臂连接,辅助腿可以带动主着陆腿实现很大范围的转动,即着陆腿由锁紧位置展开到展开位置和着陆过程中由于缓冲吸振器工作而导致的主辅着陆腿一定范围内的伸长、缩短和相应的转动。着陆腿的展开通过驱动拉簧驱动辅助支撑臂转动,锁紧钩的一端与连杆驱动的凸轮通过导轮接触,当着陆腿到达展开位置后,与凸轮接触的锁紧钩释放,锁紧钩在锁紧压簧的推动下到达锁紧位置,使整个辅助支撑臂得以锁紧。为减少着陆冲击载荷峰值,有必要增大着陆足垫的接触面积,同时考虑地面适应能力,采用平面和球面结合的着陆足垫外形,即足垫底部为平面,四周为球面的一部分。足垫与主着陆腿内筒通过球铰连接。

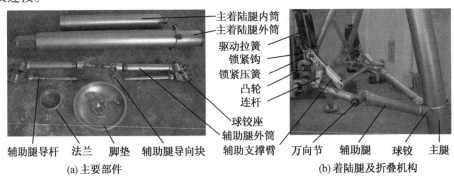

主着陆腿内筒
主着陆腿外筒
驱动拉簧
锁紧钩
锁紧压簧
凸轮
连杆
球铰座
辅助腿外筒
辅助支撑臂

辅助腿导杆　法兰　脚垫　辅助腿导向块

万向节　辅助腿　球铰　主腿

(a)主要部件　　　　　　　　　(b)着陆腿及折叠机构

图10.3　着陆腿实物图

10.2.3　着陆器样机整体结构

焊接完成后的着陆器舱体桁架结构经过蒙皮工艺后,与四个主着陆腿和八个辅助着陆腿分别连接,装配完成后的着陆器样机如图10.4所示。

10.2.4　自动脱钩装置

着陆器整体着陆实验在模拟月面砂场环境下进行,采用干燥的松花江江底细砂用以模拟月球的月壤。实验时由天

图10.4　着陆器样机

车吊起着陆器,在一定条件下释放,因着陆器着陆舱为一封闭系统,基于实验的

可重复性和安全性考虑,专门设计了一种自动脱钩和自动挂钩装置,如图 10.5 所示。该装置主要由张紧钩、四爪导向钩和自动导向架三部分组成。张紧钩为对称结构,由左右半钩、张紧钩导向杆、吊绳孔和锁紧螺栓组成,张紧钩左右部分可绕中间销轴转动,以实现张紧和脱钩,其左右半钩为交错式犬牙结构,在张紧状态左右钩在相应配重的作用下抱紧;配重的主要作用是提供张紧时所需的张紧力和保持左右钩工作时的抱紧状态,防止因左右半钩张开而导致的着陆器意外脱钩;张紧钩导向杆由两个杆组成,其中较长的杆为导向杆,用于保证脱钩时张紧钩能够在自动导向架设定的区域运动,短杆则用于限位,用于限制张紧钩最终的运动状态;吊绳孔用于连接固定在着陆器顶部滑轮的绳索,实验时可通过拉动绳索进而带动张紧钩左右半钩向上运动以释放着陆器;两对锁紧螺栓则用于张紧钩和天车吊钩连接时的锁紧,防止天车吊钩与张紧钩之间的相对滑动。四爪导向钩由一个轴和四个具有单向自锁功能的爪组成,轴用于连接张紧钩,四个单向自锁爪则用于连接与着陆器相连的钢丝绳,且可以防止钢丝绳从爪中脱离,保证了实验的安全性。自动导向架主要由张紧钩导向槽和四爪导向钩导向槽两部分组成,张紧钩导向槽用于张紧钩在脱钩状态下的导向和定位,在自动挂钩时还可以作为张紧钩左右部分的支撑,四爪导向钩导向槽则用于四爪导向钩脱钩状态下的导向和定位,自动导向架固定在着陆器底部。

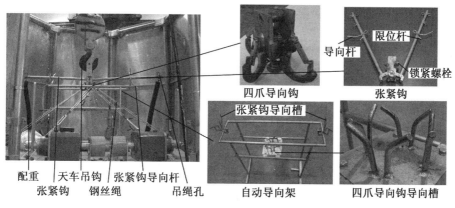

图 10.5　　自动脱钩／挂钩装置

自动挂钩时,天车吊钩带动张紧钩向下运动,到达工作位置时,两侧配重与着陆器底板接触,左右张紧钩在各自导向杆和限位杆的共同作用下到达工作位置,即左右张紧钩的导向杆和限位杆围成的区域正好位于张紧钩导向槽中,以此两点为支撑,左右张紧钩在上部天车吊钩自重的作用下张开,当四爪导向钩导向槽中的四爪导向钩的销轴完全位于张紧钩犬牙式左右半钩之中时,天车吊钩停止下降,随后提升天车吊钩,左右张紧钩在各自配重的作用下带动销轴上升并慢慢张紧,当张紧钩左右部分水平时,张紧钩完成锁紧,四爪导向钩拉紧与着陆器相连的绳索,进而带动着陆器上升。当到达释放位置后,通过滑轮拉动吊绳孔中的绳索,使张紧钩的左右两端慢慢提起,最终使中间的左右张紧钩与四爪导向钩的轴脱开,实现着陆器在特定条件下的释放。

10.2.5　测试系统

着陆器总体实验测试系统原理图如图10.6所示。该系统主要由三部分组成,即加速度传感器、动态信号采集处理系统和数据处理显示系统。加速度传感器采用江苏联能电子有限公司生产的CA – YD – 186通用型ICP加速度传感器。动态信号采集处理系统采用八通道 Nicolet 动态信号分析仪(Dynamic Signal Analyzer)。测试前需对加速度传感器的电压灵敏度进行标定,采用 Kistler 标准激振器标定,测试时以标定的加速度传感器之电压灵敏度为准进行相关设置并测量。冲击信号经动态信号分析仪采集后,即可通过其自带的软件进行后处理和显示,也可以通过把数据导入到Origin中进行处理。实验中采用导入Origin中处理的方法。

图 10.6　着陆器总体实验测试系统原理图

10.2.6　单腿实验装置

单腿实验装置如图10.7所示。该装置主要用来模拟单个主着陆腿在冲击过程中缓冲材料的缓冲吸振性能。它主要由着陆腿外筒、内筒、足垫和配重组成,其中外筒和配重总质量为42 kg,内筒和足垫总质量为71 kg。测试时在着陆足垫上端面沿圆周方向均布三个加速度传感器,用于测量着陆冲击加速度;着陆腿外筒顶部沿圆周方向均布三个加速度传感器,用于测量经缓冲材料缓冲减振后的加速度。

图 10.7　单腿实验装置

10.3　单腿着陆冲击实验

本节仅对典型的蜂窝材料(30 mm 高)和薄壁管材料(6A02O, ϕ30 mm)进行实验,以确定它们的缓冲吸振性能,为后继的总体实验做准备。因在着陆冲击过程中,缓冲前和缓冲后的加速度值均由三个加速度传感器测量,故实验后需把得到的缓冲前和缓冲后加速度值进行平均,并绘在同一张图上,以比较缓冲装置的缓冲效果。

10.3.1　单级蜂窝材料的单腿缓冲实验

采用高为30 mm、外径为150 mm的单层蜂窝片作为缓冲材料,实验时着陆足垫底端距地面高度为0.7 m。实验完成后观察到蜂窝片除顶部有些许未变形外,其余部分均产生了较充分的压溃变形,说明单腿装置在此高度下落时所具有的能量略小于蜂窝完全变形所能吸收的能量。缓冲前后的加速度响应曲线如图10.8 所示,可以发现,缓冲后的加速度峰值较缓冲前的加速度峰值有一定的滞后,这是因为着陆后着陆腿内筒、外筒和蜂窝之间有一定的间隙所致。缓冲前后的加速度峰值分别为432.30 m/s² 和231.02 m/s²。

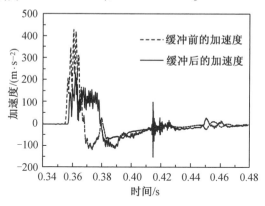

图 10.8　缓冲前后的加速度响应曲线

采用高为30 mm、外径为150 mm的单层蜂窝片作为缓冲材料,实验时着陆足垫底端距地面高度为0.8m。缓冲前后的加速度响应曲线如图10.9所示。由于着陆腿着陆时的能量大于蜂窝完全变形所能吸收的能量,使得蜂窝产生完全压溃变形,并导致缓冲的后期阶段由于蜂窝壁之间的相互压实而产生第二个加速度峰值,此时着陆腿内筒、外筒和蜂窝之间相当于直接撞击,因而它们的加速度峰值几乎同时出现,实际应用中必须杜绝此种情况的发生,设计时应考虑足够的蜂窝材料吸能安全系数。缓冲前后的加速度峰值分别为 477.28 m/s^2 和 222.18 m/s^2。

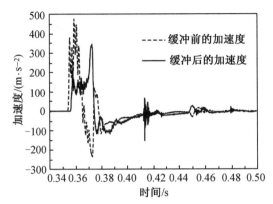

图 10.9　缓冲前后的加速度响应曲线

10.3.2　薄壁管缓冲的单腿实验

实验中采用 ϕ30 mm（外径）× 1 mm（壁厚）× 135 mm（高）的6A02O薄壁铝管作为缓冲材料,为保证其在冲击过程中能沿轴向压溃,专门设计了带有环形槽的夹具,实验时薄壁管夹持在两块夹具之间,夹具中心设计有通孔,以便实验时安装导向杆,以增加薄壁管在冲击下的稳定性。实验时着陆足垫底端距地面 1 m。缓冲前后的加速度响应曲线如图 10.10 所示。实验后薄壁管下端产生三层金钢石模式变形（非轴对称叠缩模式）,顶端也有变形的趋势,薄壁管变形后的长度为120 mm,相对于总长（135 mm）变形很不充分。缓冲前后的加速度峰值分别为 610.170 23 m/s^2 和 229.729 87 m/s^2。

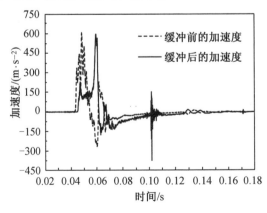

图 10.10　缓冲前后的加速度响应曲线

10.4　　腿式着陆器模拟着陆实验

10.4.1　　四腿桁架式着陆器实验装置

四腿桁架式着陆器实验装置系统图如图 10.11 所示。整个系统中总共采用八个加速度传感器(ICP),即每个着陆足垫和与着陆腿相连的连接块顶部水平面上各安装一个加速度传感器。图中的限位皮套系保护装置,用于着陆腿缓冲材料在极限压溃载荷下着陆腿内筒的限位,防止主腿外筒与着陆足垫直接撞击而发生的破坏。

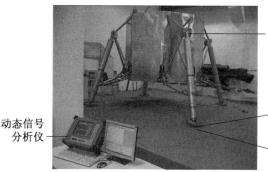

图 10.11　　四腿桁架式着陆器实验装置系统图

着陆器原理样机的质量为 500 kg,一般着陆情况下要求其着陆冲击峰值加速度不大于 10g,本节即以此为初始设计条件,对三种规格的蜂窝结构进行组合,以得到满足要求的着陆条件。

着陆器原理样机主腿内径和辅助腿内径分别为 ϕ156 mm 和 ϕ60 mm,选用 ϕ50 mm、ϕ100 mm 和 ϕ150 mm 三种规格铝蜂窝结构组合的方式来实现着陆缓冲。由于需要不同规格蜂窝结构之间的组合,两层蜂窝结构之间需要隔板,以避免蜂窝层之间的相互影响。表 10.1 给出了三种蜂窝结构的基础实验数据,可得到三种规格蜂窝结构的峰值载荷、均值载荷和吸收的能量。假设着陆器四个着陆脚同时着陆,则相当于每个着陆腿承担大约 500 kg/4 = 125 kg 的着陆器质量,则以表 10.1 给出的各类蜂窝材料作为缓冲材料,可由公式 $a = F/m$ 计算出着陆腿缓冲吸振后的加速度。

由第3章对蜂窝材料的冲击性能研究可知,蜂窝材料平均应力的实验值略大于其仿真值和理论值,而峰值应力的关系则比较复杂,因此在设计时应以实验值为准。又因为蜂窝材料压溃过程中的峰值应力对应的蜂窝结构极值载荷将产生着陆冲击加速度极值,所以设计时应以蜂窝结构的峰值应力为设计参数。由表 10.1 可以发现相同外径的高 60 mm 蜂窝结构的峰值载荷远大于其他两种蜂窝结构,如果假设四条着陆腿同时着陆,若要保证冲击峰值加速度峰值不大于 $15g$,高 60 mm 蜂窝结构中只有外径为 50 mm 的蜂窝结构能满足要求,因此组合实验时主腿中不选用此种规格的蜂窝结构,仅在辅助腿中采用此种规格的蜂窝结构作为缓冲元件。

表 10.1 三种规格蜂窝结构的力学特性及吸能量值表

蜂窝结构规格		高 30 mm	高 50 mm	高 60 mm
直径 ϕ50 mm	峰值载荷 /kN	1.931	1.622	5.265
	平均载荷 /kN	0.825	0.609	1.924
	缓冲后着陆腿加速度 /(m·s^{-2})	15.448 0	12.976 0	42.120 0
	吸收最大能量 /J	23.595	26.473	
直径 ϕ100 mm	峰值载荷 /kN	7.723	6.450	21.061 2
	平均载荷 /kN	3.299	2.435	7.697
	缓冲后着陆腿加速度 /(m·s^{-2})	61.784 0	51.600 0	168.489 6
	吸收能量 /J	94.380	105.893	
直径 ϕ150 mm	峰值载荷 /kN	17.376	14.514	47.388
	平均载荷 /kN	7.422	5.478	17.318
	缓冲后着陆腿加速度 /(m·s^{-2})	139.008 0	116.112 0	379.104 0
	吸收能量 /J	212.355	238.259	

实验中主着陆腿缓冲结构分别组合高 30 mm 和高 50 mm 两类不同外形尺寸的蜂窝结构,每类蜂窝结构均采用二级缓冲减振模式,即第一级由一层外径为 100 mm 的蜂窝结构组成,第二级由五层外径为 150 mm 的蜂窝结构组成,层与层之间采用 10 mm 厚 45# 钢板隔开,以防止由于层间蜂窝壁之间的相互切割而影响蜂窝结构的缓冲减振效果。主腿中两类蜂窝结构的二级缓冲减振结构实物图分别如图 10.12 和图 10.13 所示。辅助腿缓冲结构由拉伸段和压缩段组成,均采用单级缓冲形式,拉伸段采用高 50 mm、外径为 50 mm 蜂窝结构,压缩段采用内外径分别为 30 mm 和 50 mm 的 60 mm 高环形蜂窝结构,用于吸收来自水平方向的冲击能量。辅助腿拉伸压缩单级缓冲结构实物图如图 10.14 所示。

做着陆冲击实验时,着陆足垫的加速度信号分别接入动态信号分析仪的 1、3、5、7 通道,与之对应的经过缓冲后的连接块顶端平面处的加速度信号分别接入动态信号分析仪的 2、4、6、8 通道。下文中出现的实验后加速度响应曲线以通道名进行阐述。

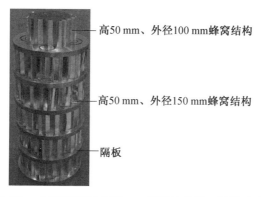

高50 mm、外径100 mm蜂窝结构

高50 mm、外径150 mm蜂窝结构

隔板

图 10.12　主着陆腿用高 50 mm 蜂窝结构的二级缓冲减振结构

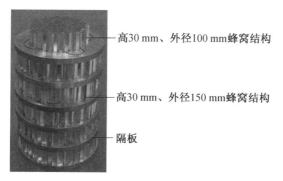

高30 mm、外径100 mm蜂窝结构

高30 mm、外径150 mm蜂窝结构

隔板

图 10.13　主着陆腿用 30 mm 高蜂窝结构的二级缓冲减振结构

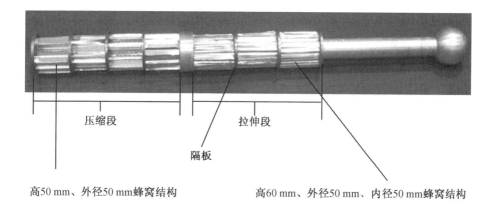

压缩段　　　　　　　拉伸段

隔板

高50 mm、外径50 mm蜂窝结构　　　　　　高60 mm、外径50 mm、内径50 mm蜂窝结构

图 10.14　辅助腿拉伸压缩单级缓冲结构实物图

10.4.2　高50 mm二级蜂窝结构缓冲实验(实验1)

此组实验中,主着陆腿采用高50 mm蜂窝二级缓冲结构形式,整个缓冲结构共采用ϕ150 mm蜂窝结构五片,ϕ100 mm蜂窝结构一片,每层蜂窝结构之间以隔板隔开,其实物图如图10.12所示。辅助着陆腿采用单级缓冲结构形式,其实物图如图10.14所示。着陆器释放时四个着陆脚离地高度分别为300 mm(对应传感器通道1、2)、290 mm(对应传感器通道3、4)、300 mm(对应传感器通道5、6)及380 mm(对应传感器通道7、8)。

冲击过程中八个测点的加速度响应曲线如图10.15所示。四个主着陆腿中的二级蜂窝缓冲结构在着陆冲击过程中均产生了较大的压溃变形,其缓冲完成后的主着陆腿蜂窝结构如图10.16所示。实验中观察到着陆足垫着陆后有明显的朝着陆器外的滑移运动,使得八个辅助着陆腿在实验条件下均产生了伸长,进而压缩辅助腿中的单级蜂窝缓冲结构之拉伸段,其缓冲完成后的辅助腿蜂窝结构如图10.17所示。从主腿和辅助腿蜂窝缓冲结构的压溃后照片可以发现,各个隔板间的蜂窝结构在冲击载荷下是依次发生变形的,每个蜂窝结构在产生压溃变形时都会产生一个弹性坍塌载荷,这也是缓冲后的加速度响应曲线上形成多个加速度峰值的原因。

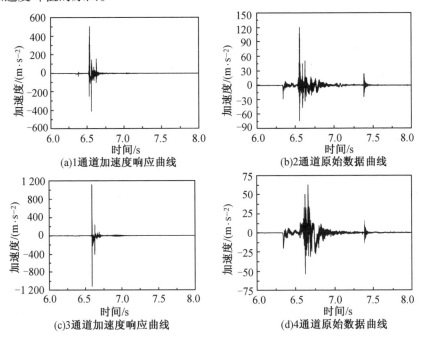

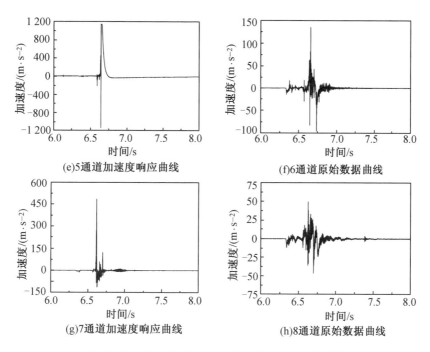

(e)5通道加速度响应曲线　　　　　　　(f)6通道原始数据曲线

(g)7通道加速度响应曲线　　　　　　　(h)8通道原始数据曲线

图 10.15　　冲击过程中八个测点的加速度响应曲线

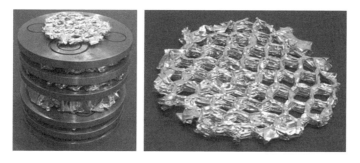

图 10.16　　缓冲完成后的主着陆腿蜂窝结构

图 10.17　　缓冲完成后的辅助腿蜂窝结构

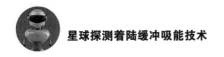

10.4.3　高50 mm二级蜂窝结构缓冲实验(实验2)

在此组实验中,主着陆腿采用高50 mm蜂窝二级缓冲结构形式,整个缓冲结构共采用ϕ150 mm蜂窝结构五片,ϕ100 mm蜂窝结构一片,蜂窝结构层与层之间以隔板隔开,如图10.12所示。辅助腿采用单级缓冲结构形式,如图10.14所示。释放时四个着陆脚离地高度分别为430 mm(对应传感器1、2)、430 mm(对应传感器3、4)、450 mm(对应传感器5、6)及430 mm(对应传感器7、8),冲击过程中的加速度响应曲线如图10.18所示。缓冲完成后主着陆腿中的二级蜂窝缓冲结构照片如图10.19所示。实验中观察到辅助着陆腿产生了拉伸,其缓冲后的典型拉伸段蜂窝缓冲结构照片如图10.17所示。

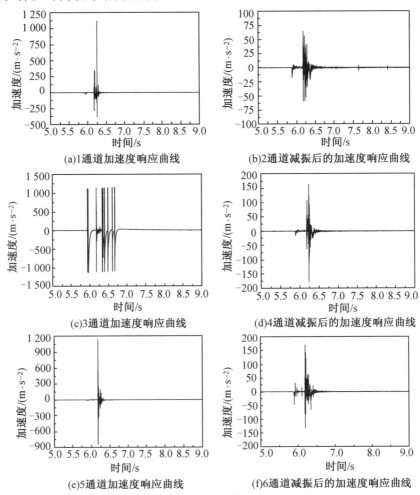

(a)1通道加速度响应曲线

(b)2通道减振后的加速度响应曲线

(c)3通道加速度响应曲线

(d)4通道减振后的加速度响应曲线

(e)5通道加速度响应曲线

(f)6通道减振后的加速度响应曲线

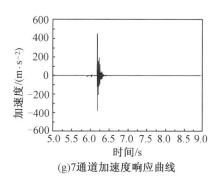
(g)7通道加速度响应曲线

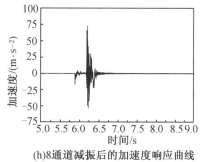
(h)8通道减振后的加速度响应曲线

图 10.18　缓冲过程中的加速度响应曲线

图 10.19　缓冲完成后的照片

10.4.4　高 30 mm 蜂窝结构二级缓冲实验(实验 3)

在此组实验中,主着陆腿采用高 30 mm 蜂窝二级缓冲结构形式,整个缓冲结构共采用 ϕ150 mm 蜂窝结构五片,ϕ100 mm 蜂窝结构一片,其实物图如图 10.13 所示。辅助着陆腿采用单级缓冲减振结构形式,其实物图如图 10.14 所示。释放时四个着陆脚离地高度分别为 390 mm(对应传感器 1、2)、440 mm(对应传感器 3、4)、350 mm(对应传感器 5、6)及 360 mm(对应传感器 7、8)。冲击过程中的加速度响应曲线如图 10.20 所示。缓冲完成后主着陆腿中的二级蜂窝缓冲结构照片如图 10.21 所示。实验中观察到辅助着陆腿产生了拉伸,其缓冲后的典型拉伸段蜂窝缓冲结构照片如图 10.17 所示。

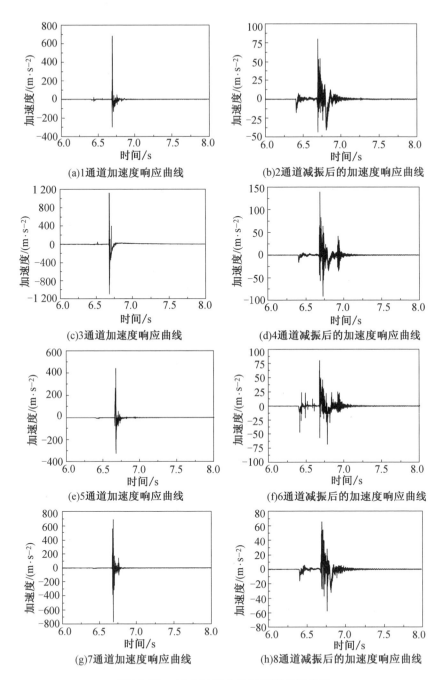

(a)1通道加速度响应曲线

(b)2通道减振后的加速度响应曲线

(c)3通道加速度响应曲线

(d)4通道减振后的加速度响应曲线

(e)5通道加速度响应曲线

(f)6通道减振后的加速度响应曲线

(g)7通道加速度响应曲线

(h)8通道减振后的加速度响应曲线

图10.20 冲击过程中的加速度响应曲线

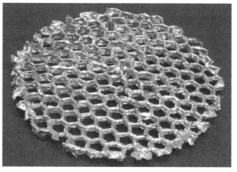

图 10.21　缓冲完成后主着陆腿中的二级蜂窝缓冲结构照片

10.4.5　三组二级蜂窝结构缓冲实验

着陆冲击过程中各个着陆腿测点处的加速度峰值列于表 10.2 中,它们的峰值加速度对照图如图 10.22 所示。

表 10.2　缓冲前后加速度峰值比较表

		缓冲前加速度 (足垫处)/(m·s^{-2})	缓冲后加速度 (连接块处)/(m·s^{-2})	理论缓冲后 加速度/(m·s^{-2})
实验 1	主腿 1	507.32(对应通道 1)	120.59(对应通道 2)	116.11
	主腿 2	1 124.44(对应通道 3)	62.57(对应通道 4)	
	主腿 3	1 146.00(对应通道 5)	135.66(对应通道 6)	
	主腿 4	485.96(对应通道 7)	49.71(对应通道 8)	
实验 2	主腿 1	1 121.89(对应通道 1)	64.78(对应通道 2)	116.11
	主腿 2	1 156.88(对应通道 3)	163.69(对应通道 4)	
	主腿 3	1 147.68(对应通道 5)	169.37(对应通道 6)	
	主腿 4	455.39(对应通道 7)	72.96(对应通道 8)	
实验 3	主腿 1	682.31(对应通道 1)	79.92(对应通道 2)	139.01
	主腿 2	1 124.36(对应通道 3)	139.28(对应通道 4)	
	主腿 3	443.46(对应通道 5)	80.44(对应通道 6)	
	主腿 4	689.36(对应通道 7)	65.63(对应通道 8)	

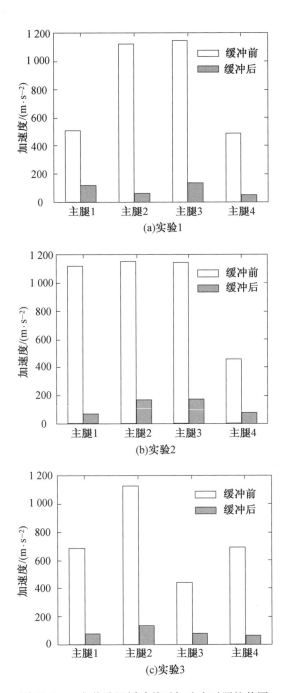

图 10.22 主着陆腿缓冲前后加速度对照柱状图

实验 1 中缓冲后的 2 通道和 6 通道的加速度峰值分别为 120.59 m/s²、135.66 m/s²，实验 2 中 4 通道和 6 通道的加速度峰值分别为 163.69 m/s²、169.37 m/s²，均大于据其缓冲材料（高 50 mm、外径为 150 mm 蜂窝结构）的弹性压溃极限所计算出的理论冲击加速度峰值 116.11 m/s²；实验 3 中 4 通道的加速度峰值为 139.28 m/s²，均大于据其缓冲材料（高 30 mm、外径为 150 mm 蜂窝结构）的弹性压溃极限所计算出的理论冲击加速度峰值 139.01 m/s²。即缓冲后的加速度峰值均大于理论计算的加速度峰值（见表 10.2），这主要由两个因素造成：①着陆时整个着陆器的质量不可能平均分配到四个着陆腿上，分配质量较少的着陆腿在压溃蜂窝结构过程中将产生较大的加速度；②蜂窝片及蜂窝片间的隔板与主腿内筒壁之间有摩擦力存在，此摩擦力在着陆冲击过程中带来较大的载荷，当主腿内筒壁有一定的椭圆度时，摩擦力的影响更显著，最终导致蜂窝结构的弹性压溃极限载荷表现为增大，进而使缓冲后的加速度峰值较理论值大。为减小摩擦力的影响，可以在主腿内筒壁上涂抹一层润滑脂。

由上述三组总体实验可见，二级蜂窝结构缓冲后的加速度峰值与蜂窝结构材料的弹性压溃极限载荷直接相关，而高 30 mm、高 50 mm 和高 60 mm 蜂窝结构的弹性压溃极限载荷分别是其均值压溃载荷的 2.34 倍、2.66 倍和 2.74 倍，因此如果能降低或消除蜂窝结构材料的弹性压溃极限载荷，则会使得整个缓冲结构更趋合理和可靠。结合第 3 章对蜂窝结构的冲击实验结果可知，如果给予组合蜂窝结构的每个蜂窝片 5% 的预变形，可以明显削弱蜂窝结构弹性极限载荷的影响，使得组合蜂窝结构的设计更趋于合理。

三组总体实验测得的缓冲后的加速度均为着陆器舱体连接块处的加速度，其值大于着陆器舱体内部的加速度，因为整个着陆器舱体桁架结构具有一定的柔度和结构阻尼，着陆冲击产生的冲击载荷经由着陆足垫传至着陆腿内筒、缓冲结构、外筒、连接块和着陆器舱体的过程中，载荷会有较大幅度的衰减。

10.5　本章小结

（1）本章通过单腿实验装置对典型规格的铝蜂窝、薄壁管材料进行了实验研究，发现蜂窝结构具有良好的缓冲性能，较适合于着陆器缓冲装置，而薄壁管材料因其载荷波动较大，较适合于重载的缓冲环境。

（2）本章在着陆总体实验装置上分别对不同规格的铝蜂窝组合结构进行了总体实验研究，发现缓冲后的加速度峰值和理论计算值之间较接近，但由于着陆

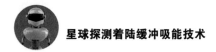

过程中着陆器的质量在四个着陆腿上的不均匀分布和缓冲过程中摩擦力的存在,使得个别着陆腿缓冲后的加速度峰值较理论值略大。

(3)本章通过实验发现,蜂窝结构的弹性压溃极限载荷直接影响缓冲后的加速度峰值,可以通过给予每个缓冲蜂窝片一定预变形的方法来减弱弹性压溃极限载荷的影响,使蜂窝组合缓冲结构更趋于合理。

第 11 章

星球探测着陆缓冲技术挑战及展望

11.1 概 述

　　星球探测着陆缓冲技术是星球探测任务能否成功的关键,目前我国已经掌握了月球探测腿式着陆缓冲技术,相关技术的研究为后续进一步月球开发以及深空探测奠定了基础,同时星球探测着陆缓冲技术仍面临着重载、可重复使用、广泛地形适应性等技术挑战。随着新技术的发展,缓冲吸能领域也涌现出了新概念缓冲技术,为未来缓冲耗能装置设计提供了新的选择。

11.2 当前着陆缓冲技术面临的挑战

　　几十年来世界各航天强国在星球探测着陆缓冲和小行星探测着陆缓冲领域开展了系统的研究,随着太空探索的延伸,探测任务的科学目标和探测器携带的科学载荷都为着陆缓冲任务提出了新的挑战。虽然我国在 CE – 3 探月任务中已经成功实现着陆器月面软着陆,然而现阶段我国掌握的着陆缓冲技术还不能满足未来载人登月、小行星探测任务对新概念着陆缓冲技术的需求,主要表现在以下方面:

　　(1) 多以腿式着陆器为主,缺少新式着陆缓冲方式研究。

　　美国和苏联共实施了 60 余次月球着陆探测和六次载人登月探测,在月球探测任务中多数采用腿式着陆缓冲技术。腿式着陆缓冲技术具有稳定性高、着陆姿态可调等优点,然而在面对未来载人登月任务中潜在的大量物资投送任务,传统的腿式着陆缓冲方式难以满足缓冲系统低成本、重复使用、大承载能力的需求,亟待开发新式着陆缓冲方式。

（2）以传统缓冲结构研究为主,且传统缓冲结构的缓冲性能探索已接近上限。

目前着陆缓冲结构的研究对象,还多局限在金属蜂窝、泡沫金属、薄壁金属管以及复合式缓冲结构等传统的一次性缓冲结构,多数一次性缓冲结构仅能单向承受冲击载荷,作为缓冲结构对星球表面着陆环境适应性低,且难以实现缓冲装置的小型化与轻量化,有必要开展新型抗多向冲击缓冲结构的应用基础研究。

（3）新概念缓冲技术需要相应理论研究支撑。

近年来,缓冲耗能研究领域中涌现出如多胞结构技术、功能梯度技术、折纸缓冲结构技术、仿生缓冲结构技术等新概念缓冲技术,这些缓冲结构及技术带来了新的缓冲方式以及新的缓冲性能,并在一些特殊领域已经开展了探索式的应用研究,起到了良好的效果。这些新概念缓冲技术的研究突破了传统缓冲结构的局限性,相关研究目前还处在前期探索阶段,其中新概念缓冲结构的理论分析、力学建模以及缓冲机理的研究是其科学验证和工程应用指导的基础。

（4）新技术的工程转化与应用的挑战。

新技术的转化与应用是一条漫长的道路,首先新技术从产生到成熟要经历很长的技术研究时间,待其到工程应用转化阶段还将面临工艺和成本等实际工程及经济因素的挑战。此外,对于缓冲结构技术,目前传统缓冲结构和缓冲技术在工程中已有成熟应用,新概念缓冲技术在传统缓冲领域推广应用仍面临较大的阻碍。

11.3 缓冲技术在其他领域的应用

11.3.1 直升机抗坠毁技术

直升机自诞生以来,以其独特的垂直起落、悬停性能,良好的低速特性,以及自转安全着陆等优势得到了广泛的应用。然而直升机也存在飞行高度低、非正常接地前驾驶员选择操纵动作的反应时间短、易坠地受损等问题。由于直升机没有安装固定翼飞机必备的弹射救生设备,直升机乘员伤亡的概率更高。究其原因,主要是机体结构缺乏抗坠毁（Crashworthiness,或称为耐撞性）设计[1-2]。

越战以后,美军正式将"耐撞性"作为军用攻击直升机抗坠毁设计的性能指标[3-4]，并为此制定了飞机生存率设计指南和相应的结构抗坠毁设计规范[5-7]。在对 UH－60 黑鹰直升机和 AH－64 阿帕奇直升机的抗坠毁设计表明，仅需3.7% 空重增加就足以满足抗坠毁的各项指标，目前美、欧诸国已将耐撞性（生存性）作为军用直升机初始设计阶段中重要的关键问题[7-9]，并且直升机抗坠毁技术已成为直升机研制过程中的五大关键技术之一。

20 世纪 60 年代起，美国军方对直升飞机坠毁进行了大范围的长期研究，研究发现大量军用直升机即便在低速撞击条件下也会导致严重的损伤，甚至引发灾难[10]。针对该问题，从 20 世纪 70 年代开始美国国家航空航天局（NASA）兰利研究中心及美国联邦航空局（FAA）通过与航空器生产企业合作，对各型飞机的抗坠毁动力学特性及坠毁安全性问题进行了一系列研究[11-13]。

NASA 兰利实验室冲击动力研究中心（IDRF）自 1974 年至 2000 年间进行了大量全尺寸飞机抗坠毁实验。全尺寸飞机撞击实验的主要目的是获取撞击过程中飞机结构的响应以及乘员所承受的冲击载荷，也可用于评估飞机结构及座椅与约束系统的耐撞性设计。IDRF 最初建于 20 世纪 60 年，为模拟登月着陆器而建立的月球着陆研究中心，70 年代早期改造为用于全尺寸飞机撞击实验平台，IDRF 的主要装置为高 73 m 的钢架托台（图 11.1），实验过程中通过绳索吊装实验用飞机撞击模拟地面以获取实验数据[13]。自 1974 年 2 月第一次进行全尺寸飞机撞击实验以来，IDRF 共进行了 11 次直升机全尺寸抗坠毁实验，包括运输直升机 CH－47、YAH－63 等型号[14-16]。Bell 和 Sikorsky 联合开展的"先进复合材料机身（ACAP）"研究项目也进行了数次复合材料直升机全尺寸抗坠毁实验[17-22]。除此之外，NASA 还开展了油箱耐撞性实验等研究[23-25]。这些实验为提高直升机的耐撞性能和结构改型提供了丰富的实验数据。

图 11.1　IDRF 实验测试平台

与星球探测着陆缓冲技术需求类似，直升机抗坠毁技术同样面临缓冲结构小型化与轻量化的挑战。然而直升机抗坠毁防护，无须面临辐射、高低温以及直空等恶劣的空间环境,有更多的缓冲结构基体材料可供选择,因此复合材料由于其轻质、高耗能、高强度、高韧性以及阻燃等特点,在直升机抗坠毁结构设计中得到了广泛的应用。

作为缓冲结构,金属缓冲结构主要通过塑性变形吸收能量,而复合材料缓冲结构通过多种破坏方式吸收能量。例如,碳纤维和玻璃加强的复合材料通过连续层间破坏、层内裂纹以及纤维断裂等方式吸收能量,复合材料缓冲结构的能量吸收特性直接依赖于基体材料的破损模式。

复合材料缓冲结构通常选择如波纹梁、夹层梁结构、十字交叉波纹梁、梯形夹层结构以及蜂窝结构等。国外研究表明,经设计良好的复合材料缓冲结构吸能效果优于铝合金材料缓冲结构件。在相同包络空间下,每千克复合材料缓冲结构吸收的能量是铝合金缓冲结构的2.7倍,每单位长度吸收的能量是铝合金试件的1.33倍[26]。荷兰国家航空实验室 NLR 参与设计了 NH-90 直升机的缓冲吸能地板和波纹梁结构(图11.2)[27]。上述这些研究项目包含了大量实验方面的研究工作,法国的 CEAT、德国的 DLR 及荷兰的 NLR 等机构承担了大部分飞机结构抗坠毁及其部件的耐冲击性实验研究。图11.3为欧洲研究机构设计的带有缓冲吸能结构的机身下腹部抗坠毁实验缩比件。

图11.2 直升机缓冲用波纹梁结构

图11.3 带缓冲结构的机身下腹部抗坠毁实验缩比件

11.3.2　车辆碰撞被动安全防护

根据国家统计局发布的《2018 年国民经济和社会发展统计公报》显示,截止到 2019 年年底全国民用汽车保有量 26 150 万辆(包括三轮汽车和低速货车 762 万辆),其中私人汽车保有量 22 635 万辆,民用轿车保有量 14 644 万辆,增长 8.7%,其中私人轿车 13 701 万辆。而2018 年我国发生交通事故总计244 937 起,死亡 63 194 人,受伤258 532 人,直接财产损失达138 455.9 万元。而提高车辆的耐撞性,可有效降低交通事故对乘员的伤害。由于车辆结构的特殊性,薄壁管结构因其轻质量、径向高强度、良好的缓冲吸能特点,受到研究人员的广泛关注。

作为车辆正面碰撞时最主要的耗能部件,薄壁管结构[28] 通常用于车辆前部正面碰撞防护,车辆前部缓冲结构设计的基本原则主要包括:① 保证前部结构能够很好地压缩吸收充分的能量,从而降低车身减速度;② 避免前部侵入量太大,保证充分的乘员生存空间。在此基本原则下,通常缓冲结构的设计策略可总结为:

(1) 缓冲结构具有高强度的变形截止结构;

(2) 前纵梁具有一定的抗弯能力;

(3) 缓冲结构由前至后逐渐增强;

(4) 保证有效可靠的连接性(焊接方式、焊点数量等)。

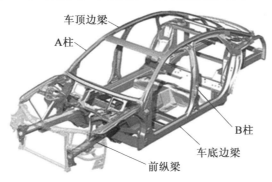

图 11.4　某汽车车体薄壁结构

车辆前端用于正面碰撞保护装置主要为前横梁和前纵梁(图 11.5[29]),汽车保险杠为最典型的前横梁,其作用为将载荷传递到纵向构件当中,要求具有较高的弯曲强度(尤其是在非完全正面碰撞当中);前纵梁为正面碰撞过程中最主要的耗能部件,同时还应具有抗弯性能,前横梁与前纵梁通常采用薄壁结构设计。

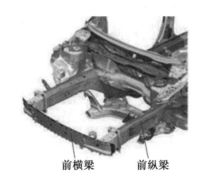

前横梁　　　前纵梁

图 11.5　车辆前端主要防护结构模型图

为提高缓冲吸能效率同时确保缓冲结构变形有序,在设计前纵梁时通常会进行有序的刚度设计以及诱导变形设计,有序刚度设计保证前纵梁随变形过程增加抵抗力逐渐增大,可通过改变薄壁结构结构参数以及薄壁结构厚度实现。典型的薄壁方管诱导变形设计如图 11.6 所示,通常可作沟槽设计[28]和打孔设计[30],通过引入初始缺陷控制缓冲结构有序变形。

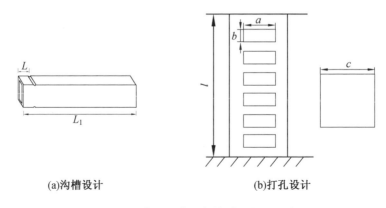

(a)沟槽设计　　　　　　　　　(b)打孔设计

图 11.6　典型的薄壁方管诱导变形设计

除前端碰撞防护结构外,以轿车为例,缓冲结构还包括前部组件、底盘框件、防火墙、A 柱、侧板、B 柱、侧梁底部、底板、后纵梁以及行李箱分割框架结构等。随着碰撞安全法规的不断完善和消费者对碰撞安全性能的日益重视,尤其针对车辆整车缓冲性能有效传递的汽车的 25% 小偏置正面碰撞,交通安全设施中的20° 正向侧碰与 20° 反向侧碰等法规的执行,使得车企进一步重视整车缓冲设计的协调性,而非单一侧重某一指标的防护性能[31],需要针对各种碰撞方式如正碰、偏碰、斜碰和正向侧碰等的碰撞要求开展研究。

11.4　未来着陆缓冲关键技术展望

11.4.1　仿生技术在着陆缓冲领域的应用展望

为增加越障性及对未知地形的探索能力,研究学者提出面向复杂地形的小型星球探测器及仿生着陆缓冲方式。该探测器为近球形,通过模仿袋鼠弹跳步态,研发了一套依靠电－力转换的弹跳－缓冲机构,通过内部电源使智能材料发生变形存储能量,待释放后提供弹跳力,着陆时依靠材料的力－电转换特性,通过材料变形将变形能转换为电能,实现缓冲吸能(图11.7)。该着陆缓冲方式对未知地形适应能力强,但其承载能力与所采用智能材料的系统规模与复杂度成正比,重载系统将需要更庞大的智能材料包覆,系统复杂,实现困难,成本极高。

上球壳
驱动模块
传动模块
储能机构
下球壳
控制模块

(a)袋鼠步态分析　　　　　　　　(b)仿生星球探测器示意图

图11.7　弹跳式着陆缓冲方案

为增加着陆器在着陆过程的地形适应性,以及未来着陆器全向着陆任务需求,可借鉴自然界蜘蛛网结构捕获猎物的全向性、轻量化、高效性等优点,采用近似各向同性缓冲材料为基材,设计着陆缓冲装置仿蛛网传力路径,探索缓冲装置轻量化设计新途径。

蛛网结构具有超轻质、高耐撞性能、优异的力学传递特性,另外,通过材料的有效分配,能够实现捕捉效率的最大化。蛛网所具备的力学结构是通过自然界优胜劣汰选择的结果,蛛网结构之所以能够在自然界中生存与发展,主要是由于其结构特征及行为特征与自然界环境相吻合,既不存在"短缺"的情况,也不存在"过度浪费"的现象。这与航天任务中轻量化设计原则相匹配。

模拟蛛网结构设计着陆器缓冲装置二维拓扑传力路径,如图11.8(a)所示,以缓冲过程中仿蛛网缓冲结构受力均匀性和缓冲装置质量最轻为目标,在满足许用应力、缓冲装置安装空间、设计参数拓扑关系等的约束下,找寻蛛网结构径向肋数量、蛛网圈数、各圈间距等影响蛛网拓扑结构特性的设计变量的最优解。基于着陆器结构特性以及着陆器着陆全向缓冲需求,因此采用周向均匀分布径向肋设计以最大限度地满足全向缓冲要求。图11.8(b)为某着陆工况下着陆缓冲装置仿蛛网传力路径,该图表明对于某类着陆工况其优化结构与蛛网拓扑结构相近,但由于着陆器几何约束,在近中心蛛网圈上表现出明显的外凸现象,需针对不同着陆工况下着陆缓冲装置仿蛛网传力路径进行设计,综合着陆缓冲任务边界,优选最佳结构。

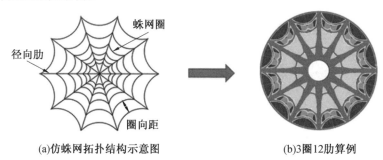

(a)仿蛛网拓扑结构示意图　　　　　　　　(b)3圈12肋算例

图11.8　仿蛛网拓扑结构及某算例示意图

11.4.2　折纸技术在缓冲领域应用展望

传统的薄壁管等金属轻质缓冲结构,当长径比过大时极易产生失稳情况,而合适的折痕形式能诱导和控制受压构件产生特定的屈曲形式,改变构件产生的应变能[32-35]。此外,折痕类似于"初始几何缺陷"将外力进行扩散,加速结构变形向未变形区域扩散,从而耗散能量[36-37]。如增加产生的应变能为其中的塑性应变能部分,则缓冲结构耗散了更多的能量,利用这一点来设计缓冲结构,将折纸方法引入缓冲结构设计中,是近年来缓冲吸能领域研究的一个热点。

张雄等[38]尝试在方管表面施加金字塔形的折痕,并提出了两种形式的折纸型方管,如图11.9所示,有限元模拟结果显示在轴向受压过程中方管发生了与圆管菱形屈曲类似的八边形屈曲形式,该屈曲形式在有效减小初始屈曲荷载的同时显著提高了构件的耗能能力。

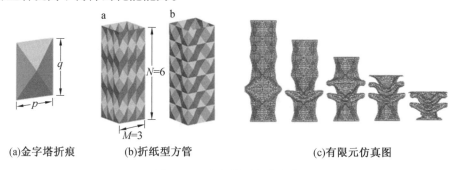

(a)金字塔折痕　　　(b)折纸型方管　　　　　　(c)有限元仿真图

图11.9　金字塔形折痕方管

马家耀等[39]对张雄[32]提出的金字塔折痕的方管进行了实验研究,实验中全部试件均未发生完全的八边形屈曲,仅部分试件发生了非完全的八边形屈曲,说明虽然八边形屈曲是较为理想的屈曲形式,但其对几何缺陷过于敏感,缺乏激发一致性,尚不能用于耗能构件的设计中。对于金字塔折痕的方管暴露出来的问题,牛津大学的由衷等[34-35]提出了一种"Origami crash box"的管状构件,其基本单元如图 11.10(a) 所示。该构件通过在普通方管的角部引入折痕以起到削弱作用,使得压溃过程更加均匀。有限元模拟结果显示,该构件能产生完全菱形屈曲,并伴随有更多的移动塑性铰线,耗能能力相对普通方管有大幅度提高。

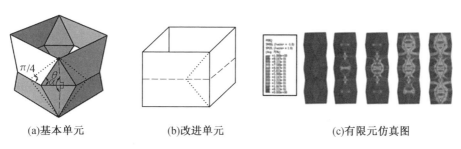

(a)基本单元　　　　　　(b)改进单元　　　　　　(c)有限元仿真图

图 11.10　"Origami crash box"基本单元

由衷等还对采用不带折痕的矩形管梁和带 Miura 单元的管梁在横向加载及轴向加载时进行了有限元对比分析[40]。分析结果均表明带有 Miura 单元的结构具有更好的能量吸收性能。由图 11.11 可知,不带折痕的短形管梁在荷载作用下于荷载点处出现屈服,塑性应变无法向两侧传递,最终无法继续承载,当出现较小的变形时即达到极限;当带 Miura 单元的管梁跨中出现较小的塑性时,应力会快速传递两侧单元,使得结构可以继续承载,在较大的变形时仍然保持刚度。由此可知,带有 Miura 单元的结构在横向荷载作用下能吸收更多的弹性应变能。

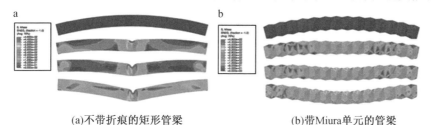

(a)不带折痕的矩形管梁　　　　　　(b)带Miura单元的管梁

图 11.11　两种结构横向加载的应力云图

折纸缓冲结构通过将折纸元素引入缓冲结构设计当中,通过不同的折叠角度及折痕布置位置,改变缓冲结构的变形模式,增加耗能区域,最终实现缓冲结构缓冲性能的可设计与可控制。

11.4.3 智能材料技术在缓冲领域应用展望

星球探测着陆缓冲所用的缓冲材料多数为铝合金等金属材料,但采用传统金属材料制备的缓冲结构仅能承受单次着陆缓冲任务,即缓冲结构仅能单次使用,无法多次或重复利用,限制了单次星球探测着陆缓冲任务中进行多地区着陆的探测设想。

形状记忆合金以及形状记忆聚合物等智能材料近年来得到了飞速发展[41-48],其受外界激励改变材料形态的特点受到了各领域研究人员的关注,产生了一批重要的研究成果。空间环境具有真空、高辐射、高温度变化的复杂特点,以及着陆缓冲要求缓冲材料具有足够的强度,这些因素限制了一些智能材料在星球探测着陆缓冲领域的应用,但经合理设计,形状记忆合金等力学性能受空间环境影响小的智能材料,有望在着陆缓冲领域中有所应用。

中国石油大学的郝世杰[49]研究团队,基于形状记忆合金材料,采用3D打印方式制造新构型缓冲结构,经测试研究表明,采用该工艺研制形状记忆合金结构其拉伸率可达15%以上,具有较高的弹塑性力学性能,适用于可变形缓冲吸能结构。图11.12为郝世杰团队研制的形状记忆合金,其经50%压缩后,通过升温处理可恢复至压缩前形状的99%,初步实现了可变形缓冲结构的重复使用。

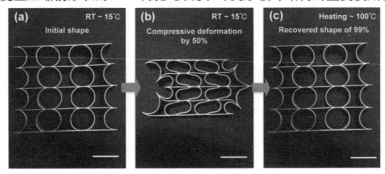

图11.12 3D打印制作的形状记忆合金试件

11.5 本章小结

本章首先介绍了当前星球探测着陆缓冲技术面临的重载、可重复使用、广泛地形适应性等技术挑战,总结了现阶段着陆缓冲技术发展的不足,以及在其他领域的应用,最后展望了未来的着陆缓冲关键技术。

本章参考文献

［1］SRIVASTAVA A N. Discovering system health anomalies using data mining techniques［R］. Source of Acquisition NASA Ames Research Center,2004.

［2］DEHAVEN H. Beginings of crash injury research［C］// Proceedings of the 38th stapp car crash conference. Detroit f Society of Automotive Engineering, 1969.

［3］CARNEII B L . Crash survivability of the UH-60A helicopter operational helicopter aviation medicine［G］. Neuilly-sur-Seine,France1 , 1978.

［4］WOLFE R A, GORMONT R E. The US Army UTTAS and AAH Programs［C］. California：In AGARD rotorcraft design symposium, Ames Research Center, 1977.

［5］SHANAHAN DF , SHANAHAN M O. Kinematics of U. S. Army helicopter crashes 1980-1985［J］. Aviation, Space and Environmental Medicine, 1989, 601：112-121.

［6］SHANAHAN D F, SHANAHAN M O. Injury in US Army helicopter crashes October 1979-September 1985［J］. Trauma,1989, 29(4)：1415 -1423.

［7］SHANAHAND F. Crash experience of the U. S. Army black hawk helicopter. Aircraft accidents 1 Trends in aerospace medical investigation techniques［G］. Neuilly-sur-Seine, France1 AGARD CP 532, 1992：40.

［8］DIETER R H NITSCHKE, ROLAND MILER. The system approach to crashworthiness for the NH90［C］. Fort Worth TX：American Helicopter Society Annual Forum,51st, 1995,3 (9-11)：581 -591.

［9］ZIMMERMANNR R. Advanced technology for rotary-wing aircraft crashworthiness［C］. Reno：SAFE Association, Annual Symposium, 32nd, 1994.

［10］Anon. Part 25-Airworthiness standards：transport category airplanes［S］. Federal Aviation Regulations, U. S. dept. of Transportation, 1997.

［11］曾晓平.国外有关飞机坠毁撞击安全性资料概述［J］.航空航天工业部 301 所,1991.

［12］张文宇. 通用飞机机身结构抗坠撞特性计算机模拟研究［D］. 南京：南京航空航天大学,2008.

［13］THOMSON R G , GOETZ R C. NASA/FAA general aviation crash dynamics program[R]. St. Louis:Structures, Structural Dynamics, and Materials Conference, 20th, 1979.

[14] SINGLEY G T. III, Full-Scale crash testing of a CH-47C helicopter[C]. Washington: Proceedings of the 32nd V/STOL Forum of the American Helicopter Society, 1976.

[15] BURROWS L, LANE R, MCELHENNEY J. CH-47 crash Test (T-40) structural, cargo restraint, and aircrew inflatable restraint experiments[R]. USARTL-TR-78-22, 1978.

[16] SMITH K F. Full-scale crash test (T-41) of the YAH-63 attack helicopter[R]. USAAVSCOM TR-86-D-2, 1986.

[17] KAREN E JACKSON, RICHARD L BOITNOTT, EDWIN L. Fasanella, A history of full-scale aircraft and rotorcraft crash testing and simulation at NASA langley research center[R]. US Army Research Laboratory, Vehicle Technology Directorate NASA Langley Research Center,2004.

[18] THOMSON D T, CLARKE C W. Advanced composite airframe program (ACAP) militarization test and evaluation[R]. USAAVSCOM TR-88-D-22A, 1989.

[19] PILATI B P, JONES L E. Active crew restraint demonstration[C]. Washington,C. D. : Proceedings of the American Helicopter Society 50th Annual Forum and Technology Display, 1994.

[20] PERSCHBACHER J P, CLARKE C, FURNES K, et al. Advanced composite airframe program (ACAP) militarization test and evaluation (MT&E)[R]. SAATCOM TR 88-D-22E, 1996.

[21] BOITNOTT R L,JACKSON K E,FASANELLA E L, et al. . Full-scale crash test of the Sikorsky advanced composite airframe program helicopter[C]. Proceedings of the American Helicopter Society Forum 56, 2000.

[22] JACKSON K E, FASANELLA E L, BOITNOTT R L, et al. Occupant responses in a full-Scale crash test of the Sikorsky ACAP helicopter[C]. Montreal: Proceedings of the AHS Forum 58, 2002.

[23] BURROWS LT. Verification testing of a UH-1 wire strike protection system (WSPS)[R]. Eustis,VA:U. S. Army Applied Technology Laboratory, 1982.

[24] BOITNOTT R L. Crash verification test of modified external fuel tanks[R]. VTD Internal Report, VTD NR 00-03, 2000.

[25] ROBERTSON H, BANKS F, NOLAN K. Development and testing of a

crashworthy external fuel system for the UH-60，AH-64，and RAH-66 helicopters［C］. Proceedings of the 59th AHS Forum, 2003.

［26］ BANNERMAN D C, KINDERVATER M. Crash impact behaviour of simulated composite and aluminum helicopter fuselage element［J］. Vetica, 1986, 10（2）：201-211.

［27］ 孙源森. 含诱导压痕的薄壁方管在冲击载荷下的动态响应研究［D］. 长沙：湖南大学, 2013.

［28］ 张博. 冲击载荷下薄壁方管的动态响应及变形机理研究［D］. 长沙：湖南大学, 2013.

［29］ 刘伟婧，刘志芳，路国运，等. 轴向冲击载荷下开孔薄壁方管吸能特性的研究［J］. 应用力学学报, 2016, 33（4）:620-626.

［30］ ZHANG X, CHENG G, YOU Z, et al. Energy absorption of axially compressed thin-walled square tubes with patterns［J］. Steel Construction, 2007, 45（9）：737-746.

［31］ ZHOU C, YAN Z, BO W. Crashworthiness design for trapezoid origami crash boxes［J］. Thin-Walled Structures, 2017, 117：257-267.

［32］ MA J. Energy absorption of thin-walled square tubes with a prefolded origami pattern—part I：geometry and numerical simulation［J］. Journal of Applied Mechanics, 2014, 81（1）：1003.

［33］ MA J. Thin-walled tubes with pre-folded origami patterns as energy absorption devices［D］. Oxford：University of Oxford, 2011.

［34］ YANG K, XU S, ZHOU S, et al. Design of dimpled tubular structures for energy absorption［J］. Thin-Walled Structures, 2017, 112：31- 40.

［35］ YANG K, XU S, SHEN J, et al. Energy absorption of thin-walled tubes with pre-folded origami patterns：Numerical simulation and experimental verification［J］. Thin-Walled Structures, 2016, 103：33- 44.

［36］ SMITH K F. Full-Scale Crash Test（T- 41）of the YAH-63 Attack Helicopter［J］.［s. l.]：[s. n.], 1986.

［37］ MA J, LE Y, YOU Z. Axial crushing tests of thin-walled steel square tubes with pyramid patterns［C］. Orlando：proceedings of the Proceedings of the 51st AIAA/ASME/ASCE/AHS/ASC Structures, Structural Dynamics, and Materials Conference, 2010.

［38］ MA J, YOU Z. Energy absorption of thin-walled beams with a pre-folded origami pattern［J］. Applied Mechanics & Materials, 2013, 566（4）：569-574.

［39］ OTSUKA K, WAYMAN C M. Shape memory materials［M］. Cambridge: Cambridge University Press, 1998.

［40］ OTSUKA K, REN X. Physical metallurgy of Ti-Ni-based shape memory alloys［J］. Progress in materials science, 2005, 50(5): 511-678.

［41］ VELMURUGAN C, SENTHILKUMAR V, DINESH S, et al. Machining of NiTi-shape memory alloys-A review［J］. Machining Science and Technology, 2018, 22(3): 355- 401.

［42］ TRIVEDI D, RAHN C D, KIER W M, et al. Soft robotics: biological inspiration, state of the art, and future research［J］. Applied Bionics and Biomechanics, 2008, 5: 99-117.

［43］ McMEEKING R M, LANDIS C M. Electrostatic forces and stored energy for deformable dielectric materials［J］. Journal of Applied Mechanics, 2005, 72: 581-590.

［44］ NEMAT-NASSER S, LI J Y. Electromechanical response of ionic polymer-metal composites［J］. Journal of Applied Physics, 2000, 87: 3321-3331.

［45］ XIONG Z W. Selective laser melting of NiTi alloy with superior tensile property and shape memory effect［J］. Journal of Materials Science & Technology, 2019, 35: 2238-2242.

名词索引